KB194607

과학의 첫 문장

The Story of Western Science:

From the Writings of Aristotle to the Big Bang Theory

일러두기

1. 책 제목과 논문집 제목은 『 』로, 논문은 「 」로 구분해 표시했습니다.
2. 동일한 제목의 한국어 번역본이 있는 경우에는 영문 병기를 하지 않았습니다.
3. 책에 소개된 주요 원전 발췌문은 저자 수잔 와이즈 바우어의 홈페이지에서 볼 수 있습니다.
http://susanwisebauer.com/story-of-science

역사로 익히는
과학 문해력 수업

과학의 첫 문장

수잔 와이즈 바우어 지음 | 김승진 옮김

윌북

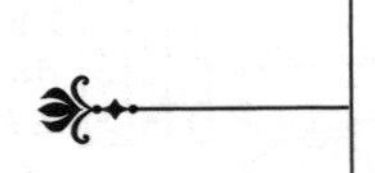

세상을 바꾼 위대한 과학책 36권

- 히포크라테스, 『공기, 물, 장소에 관하여』 (기원전 420년경)
  On Airs, Waters, and Places
- 플라톤, 『티마이오스』 (기원전 360년경)
  Timaeus
- 아리스토텔레스, 『자연학』 (기원전 330년경)
  Physics
- 아리스토텔레스, 『동물지』 (기원전 330년경)
  History of Animals
- 아르키메데스, 「모래알을 세는 사람」 (기원전 250년경)
  The Sand-Reckoner
- 루크레티우스, 『사물의 본성에 관하여』 (기원전 60년경)
  On the Nature of Things
- 프톨레마이오스, 『알마게스트』 (서기 150년경)
  Almagest
- 코페르니쿠스, 『주해』 (1514년)
  Commentariolus

- 프랜시스 베이컨, 『신논리학』 (1620년)
  Novum organum
- 윌리엄 하비, 『심장의 운동에 관하여』 (1628년)
  De motu cordis
- 갈릴레오 갈릴레이, 『대화: 천동설과 지동설, 두 체계에 관하여』 (1632년)
  Dialogue concerning the Two Chief World Systems
- 로버트 보일, 『회의적인 화학자』 (1661년)
  The Sceptical Chymist
- 로버트 훅, 『마이크로그라피아』 (1665년)
  Micrographia
- 아이작 뉴턴, 『프린키피아(자연 철학의 수학적 원리)』 (1687년 · 1713년 · 1726년)
  Philosophiæ naturalis principia mathematica

- 조르주-루이 르클레르(뷔퐁 백작), 『박물지』 (1749~1788년)
  Natural History: General and Particular
- 제임스 허턴, 『지구론』 (1785년)
  Theory of the Earth

- 조르주 퀴비에, 「기초 논의」 (1812년)
  Preliminary Discourse
- 찰스 라이엘, 『지질학 원리』 (1830년)
  Principles of Geology
- 아서 홈스, 『지구의 나이』 (1913년)
  The Age of the Earth
- 알프레드 베게너, 『대륙과 해양의 기원』 (1915년)
  The Origin of Continents and Oceans
- 월터 앨버레즈, 『티라노사우루스 렉스와 멸망의 운석 구덩이』 (1997년)
  T. rex and the Crater of Doom

- 장-바티스트 라마르크, 『동물 철학』 (1809년)
  Zoological Philosophy
- 찰스 다윈, 『종의 기원』 (1859년)
  On the Origin of Species
- 그레고어 멘델, 『식물의 잡종에 관한 실험』 (1865년)
  Experiments in Plant Hybridisation
- 줄리언 헉슬리, 『진화: 현대적 종합』 (1942년)
  Evolution: The Modern Synthesis
- 제임스 D. 왓슨, 『이중 나선』 (1968년)
  The Double Helix
- 리처드 도킨스, 『이기적 유전자』 (1976년)
  The Selfish Gene
- E.O. 윌슨, 『인간 본성에 대하여』 (1978년)
  On Human Nature
- 스티븐 제이 굴드, 『인간에 대한 오해』 (1981년)
  The Mismeasure of Man

- 알베르트 아인슈타인, 『상대성 이론: 특수 상대성 이론과 일반 상대성 이론』 (1916년)
  Relativity: The Special and General Theory
- 막스 플랑크, 「양자 이론의 기원과 발전」 (1922년)
  The Origin and Development of the Quantum Theory
- 에르빈 슈뢰딩거, 『생명이란 무엇인가?』 (1944년)
  What Is Life?
- 에드윈 허블, 『성운의 왕국』 (1937년)
  The Realm of the Nebulae
- 프레드 호일, 『우주의 본질』 (1950년)
  The Nature of Universe
- 스티븐 와인버그, 『최초의 3분』 (1977년)
  The First Three Minutes: A Modern View of the Origin of the Universe
- 제임스 글릭, 『카오스』 (1987년)
  Chaos

차례

4부 생명을 설명하다

5부 우주로 향하다

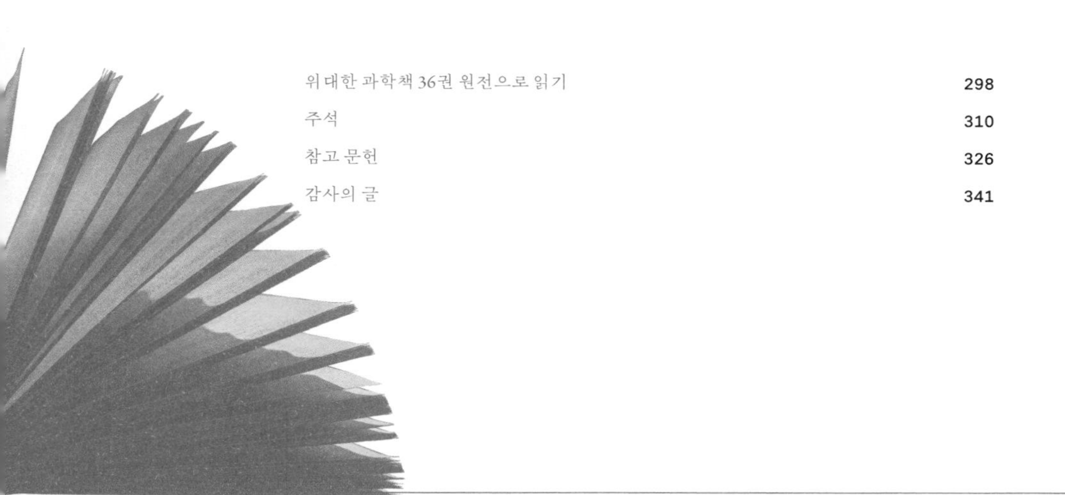

서문 혹은 이 책을 사용하는 방법

수잔 와이즈 바우어

인간의 모든 지식은,
그것이 어떤 조건에서 나왔는지, 그것이 답하고자 한 질문이 무엇이었는지,
그것이 수행하고자 한 기능이 무엇이었는지를 우리가 잊는 순간,
과학으로서의 특성을 상실한다.

-벤저민 패링턴, 「그리스 과학: 현재적 의미Greek Science: Its Meaning for Us」

이 책은 우리가 알고 있던 과학사 책이 아니다.

상세한 과학사 책은 이미 많이 나와 있다. 그리스 과학, 르네상스 과학, 계몽주의 시대 과학, 빅토리아 시대 과학, 현대 과학, 과학과 사회, 과학과 철학, 과학과 종교, 과학과 대중 등 내용도 다양하다.

모두 가치 있는 저술들이지만, 어쩐지 세부 내용에 빠져 과학 자체의 본질이 사라진 듯한 느낌도 든다. '대중', 그러니까 과학 전공자가 아닌 대부분의 사람들은 과학이 무엇을 하는 것인지, 과학이 어떤 의미를 가지는지 여전히 분명하게 알고 있지 못하다.

우리는 대개 신문 기사나 온라인상의 화젯거리를 통해 과학을 접한다. 이런 것들은 해당 사안에 대해 불완전하고 혼란스런 정보를 준다. 정보를 준다

해도, 21세기에 지속되고 있는 과학 논쟁들을 보건대 사실 관계에 대한 정보만으로는 부족하다. 줄기세포 연구, 지구 온난화, 초등학교의 진화론 교육과 같은 사안의 의사 결정은 유권자들(혹은 이론상 그들의 대표자들)이 내리는데, 이들은 생물학자들이 왜 줄기세포를 중요하다고 생각하는지, 환경 과학자들이 어떻게 해서 지구가 더워지고 있다는 결론에 도달했는지, 빅뱅이 실제로 무엇인지(빅뱅Big Bang 은 사실 '대big' 폭발도 아니고 대 '폭발bang' 도 아니다. 27장을 참고하라) 잘 알지 못한다.

그런 의미에서 이 책은 약간 다른 종류의 과학사다. 이 책에서는 위대한 과학 저술의 발달사를 따라간다. 과학이 수행되는 양상에 가장 직접적으로 영향을 미치고 변화를 일으켰던 저술을 짚어보는 책으로, 과학에 관심 있는 비전공자를 염두에 두고 썼다. 이 책을 보면 과학이 지극히 인간적인 추구임을 알게 될 것이다. 과학은 오류 없이 진리로 이끌어주는 길잡이가 아니다. 과학은 세상을 이해하는 인간 본연의 방법이다. 때로는 지극히 개인적이고, 때로는 오류에 빠져 있기도 하며, 또 많은 경우에 매우 뛰어난.

이 책은 총 5부로 구성돼 있다. 각 부는 해당 영역의 주요 과학 저술을 연대순으로 제시한다. 히포크라테스와 플라톤의 고대 문헌부터 리처드 도킨스, 스티븐 제이 굴드, 제임스 글릭, 월터 앨버레즈와 같은 현대 과학자들까지 다룬다. 각 장에는 해당 저술을 이해하는 데 필요한 역사적, 전기적, 기술적 정보를 담았으며 책의 말미에는 추천 판본의 도서 정보를 추가했다. 전체를 굳이 다 읽을 필요 없는 옛 저술은 이 책의 웹사이트에서 주요 부분의 발췌를 볼 수 있다. http://susanwisebauer.com/story-of-science(여기에서 전자책 목록도 볼 수 있다. 상당수는 20세기 이전 판본이라 종이책으로 구하기 어렵다).

이 책이 과학 저술을 종합적으로 다루고 있다고 말할 수는 없다. 내가 선정한 목록에 불만이 있는 독자도 있을 것이다. 중요한 과학책 중 여기에 포함되지 않은 것도 많다. ('위대한 과학책' 목록을 검색하면 족히 수백 개는 나올 것이다.) 나는 개개의 과학적 발견 자체를 강조하기 위해서가 아니라 우리가 어떤 방식으로 과학을 생각해왔는지를 조명해보기 위해 이 책들을 골랐다. 말하자면, 이는 해석적 목록이지 종합적 목록은 아니다.

1부는 과학의 기원을 다룬다. 2부는 오늘날의 과학적 방법론이 어떻게 생겨나게 됐는지 살펴본다. 3~5부는 지구 과학, 생명 과학, 우주 과학의 세 영역에서 주요 저술을 소개한다. 이 순서에는 이유가 있다. 지질학은 현대 생물학에서 요구하는 시간의 프레임으로 우리를 인도했고, 그 시간 프레임은 우주 전체를 새롭게 생각하도록 다시 우리를 인도했다.

3, 4부를 보면, 독자들은 추천 저술의 종류가 현대로 오면서 달라졌음을 알 수 있을 것이다. 제시한 저술 중 1940년대 이후의 것들은 주로 해당 이론이나 발견을 과학계에 처음 알린 학술 논문이 아니라 일반 독자에게 그것을 대중화시킨 책들이다. 가령 격변설을 이해하기 위해 우리는 월터 앨버레즈와 세 명의 공저자가 1980년에 발표한 학술 논문「백악기-제3기 대멸종의 외적 원인Extraterrestrial Cause for the Cretaceous-Tertiary Extinction」대신 1997년에 나온 앨버레즈의 책『티라노사우루스 렉스와 멸망의 운석 구덩이T.rex and the Crater of Doom』를 읽을 것이다. 빅뱅에 대해서는 우주 배경 복사를 다룬 학술 논문들보다는 그런 발견들이 이뤄진 이후에 출간된 스티븐 와인버그의 베스트셀러『최초의 3분』을 읽을 것이다.

2차 대전 이후 과학 분야는 점점 전문화, 세분화되었다.* 과학자들은 과학을 전체적으로 조망하려는 시도보다는 세부 주제를 정밀하게 조사하는 것을 통해 학계의 인정과 관심을 (그리고 금전적인 보상도) 받게 되었다. 과학 이론은 점점 더 외부인이 알아들을 수 없는 용어로 과학계 안에서만 만들어지고 평가되고 지지되고 거부된다. 『이중 나선』이나 『이기적 유전자』가 위대한 생물학책인 것은 윌리엄 하비의 『심장의 운동에 관하여』가 위대한 생물학책인 것과는 종류가 다르다. 하비는 자신이 알아낸 바를 학자와 일반인에게 동시에 설명할 수 있었다. 하지만 제임스 왓슨과 리처드 도킨스는 원래의 학술 논문을 생물학계 밖의 사람들이 읽으리라고 기대할 수 없었다. (도킨스의 논문 「기생자, 결함 목록, 그리고 유기 생명체의 패러독스Parasites, Desiderata Lists and the Paradox of the Organism」를 읽은 사람은 그리 많지 않다.) 그래서 차후에 내용을 종합하고 단순화하고 설명을 곁들여서 자신의 이론을 대중화해야 했다. 그래도 『이중 나선』, 『이기적 유전자』, 『심장의 운동에 관하여』는 자연 세계를 생각하는 새로운 방식을 우리 모두에게 열어주었다는 점에서 동일한 업무를 수행했다.

●

여기 제시된 저술을 다 읽을 필요는 없다. 시작하고 싶은 책을 고르라. 생물학에 관심이 있다면, 혹은 우주론에 관심이 있다면, 1부와 2부에서 추천한 책은 건너뛰고 바로 4부와 5부의 책들로 들어가도 좋다. 하지만 적어도 그 책과 그 책의 배경 개념들을 설명한 장만큼은 읽기를 권한다. 생물의 기원을 연구하는 과학자들은 오늘날에도 플라톤의 관념론에서 영향을 받는

● 세분화, 전문화 추세에는 몇 가지 원인이 있다. 서구 산업계의 대규모 연구 투자가 상업적 이득이 있을 만한 곳으로 쏠린 것과 대학이 과학자를 양성하고 고용하는 핵심 기관이 된 것 등이 주요인이겠지만, 다른 원인도 많다. 이 주제는 이 책의 범위를 넘어선다. 관심 있는 독자는 다음을 참고하라. John J. Beer and W. David Lewis, "Aspects of the Professionalization of Science," *Daedalus* 92, no. 4 (Fall 1963): 764–84; I. Bernard Cohen, *Revolution in Science* (Harvard University Press, 1985), 8장.

다. 찰스 라이엘의 19세기 지질학 이론은 지금도 인간 진화에 대한 우리의 생각에 영향을 미친다. 양자 이론은 여전히 프랜시스 베이컨의 방법론과 씨름 중이다.

과학을 해석하려면 과학의 과거를 알아야 한다. '우리는 무엇을 발견했는가'뿐 아니라 '우리는 왜 그것을 알아내려 했는가'를 끊임없이 질문해야 한다. 그렇지 않으면, 어째서 오늘날과 같은 방식으로 과학 지식이 인정되거나 거부되는지 알 수 없으며 어떤 것이 과학이 충족시킬 수 있는 약속이고 어떤 것이 의심해봐야 할 주장인지도 구별할 수 없다.

그런 것들을 질문해야만, 우리는 과학을 이해하기 시작할 수 있다.

용어에 대하여

이 책에서는 '이론'과 '가설'을 같은 의미로 사용했다. 21세기 과학자들은 이론이 가설보다 더 종합적인 개념이고 더 탄탄한 수학적 기반을 가졌으며 가설은 이론보다 잠정적인 것이므로, 이 둘을 구분해야 한다고 말할 수도 있을 것이다. 하지만 이론과 가설은 '현상들을 합리적으로 이해할 수 있게 해주는 이론적 구조'를 의미한다는 점에서 동일하다. 언제 어느 조건을 만족해야 가설이 이론으로 인정되는지도 분명치 않을 뿐더러 이 용어들이 시대와 분야마다 다른 맥락에서 사용됐기 때문에 이 책에서는 둘을 굳이 구별하지 않는 편이 낫다고 판단했다.

1

세상의 시초를 열다

The Beginnings

01

히포크라테스

최초의 과학 문헌

처음으로 자연 세계를 자연 용어로 기술하다

인생은 짧고, 의술의 길은 멀다.●
기회는 빨리 흘러가고,
경험은 부정확하며, 판단은 어렵다.
– 히포크라테스, 『공기, 물, 장소에 관하여』

그리스 의사 히포크라테스는 견고한 물질들과 신들이 있는 세계에 살았다. 그를 둘러싼 것은 모두 견고한 물질이었다. 초록과 회색의 올리브 잎, 그의 발이 딛고 있는 땅, 그가 치료하는 환자의 뇌와 방광, 그가 (절제하며) 마시는 와인까지. 모두가 절대적인 상태로, 혼합이나 합성이 아닌 단순한 상태로 존재했다. 이것들이 어떻게 해서 그러한 형태가 되었으며 미래에 그것들의 형태가 어떻게 달라질지에 대해 그리스 학자들은 오래도록 숙고했다. 하지만 그것들이 무엇으로 구성되어 있는지, 그것들의 표면 아래에 어떤 복잡한 작용들이 있어서 표면의 현상을 설명해주는지 묻는 것은 바위를 심문하는 격이나 마찬가지였다.

● 'Life is short, and Art is long'은 흔히 '인생은 짧고 예술은 길다'로 번역되나, 이 시기에는 오늘날의 '예술' 개념이 없었다. arts는 '기술', 이 맥락에서는 '의술'을 뜻하는 것으로 보는 것이 더 적절하다 – 옮긴이

2,300년 후 알베르트 아인슈타인과 물리학자 레오폴드 인펠트Leopold infeld는 고대 그리스인들이 봉착했던 곤경을 다음 같은 비유로 설명했다.

> 자연 세계를 조사하려 했던 고대 사람은 닫힌 시계의 작동 기제를 이해하려 애쓰는 것과 같았다. 겉면과 시곗바늘을 볼 수 있고 째깍거리는 소리도 들을 수 있지만 시계를 열어볼 수는 없다. 그가 독창적인 사람이라면 관찰되는 모든 것을 설명해주는 작동 기제에 대해 그림을 그려볼 수 있을 것이다. 하지만 … 그가 그려본 작동 기제를 실제 작동 기제와 비교해볼 수는 없을 것이고, 그런 비교의 가능성을, 아니 그런 비교의 의미 자체를 상상할 수조차 없을 것이다.[1]

작동 기제 대신, 그리스인에게는 신이 있었다. 신도 자연 세계의 견고한 물질들 사이에 살았다. 신들은 올리브 숲을 돌아다니고 자신을 위해 지어진 신전과 성스러운 땅에 거주했다. 신들은 늘 인간을 바라보고, 인간을 판단하고, 인간에게 경고를 보냈다. "신들은 … 내가 하는 모든 일과 그 각각의 일이 어떻게 되어갈지를 미리 알기 때문에 꿈과 예언을 통해 내가 무엇을 해야 하는지에 대해 계시를 줍니다." 크세노폰의 『향연Symposium』에 나오는 등장인물은 이렇게 말한다. 신성한 존재가 자연의 질서를 가득 채우고 그 질서를 이끈다. 히포크라테스보다 150년 전에 살았던 수학자 탈레스는 '만물에 신들이 가득하다'고 말했다. 모든 것에, 그리고 모든 곳에.[2]
그리스인들은 신의 존재와 견고한 자연 세계의 특성을 둘 다 연구했고 둘 다 철학의 대상으로 삼았다. 맹목적으로 받아들인 것이 아니라 호기심을 가지고 탐구했다. 하지만 우리 세계와 달리 그들의 세계는 신성의 세계와 물질의 세계로 나뉘어 있지 않았다. 신의 세계와 자연의 세계는 자유롭게 섞여 있었다. 다른 고대 문명들도 마찬가지였다. 이미 이집트 사람들은 달력을 만들 정도로 정확한 천체 관측을 할 줄 알았고 그것으로 나일강의 범람을 설명할 수도 있었다. 시리우스 별이 일출 직전에 동쪽 하늘에서 관찰되기 시작하는신출, 新出, heliacal rising 시기를 예측할 수 있었고 그것이 범람의 전조라는 것도 알고 있었다. 하지만 이렇게 정확한 지식도 나일강이 오시리스 신의 뜻에 따라 범람한다는 믿음을 깨뜨리지는 않았다.[3]

그리스 동쪽, 페르시아의 천문학자들은 사로스 주기saros cycle를 알아내 일식과 월식을 추적했다. 사로스 주기는 일식과 월식의 모든 패턴이 다 펼쳐지고서 다시 시작되는 주기로, 6,585.32일(약 18년)이다. 이를 알게 되면서 페르시아인들은 다음 월식일을 수학적으로 정확하게 예측할 수 있었고, 사제들은 월식 때 풀려 나올 사악한 기운에 맞설 의례를 준비하기에 충분한 시간을 가질 수 있었다. (기원전 550년경 페르시아 문서에 따르면 사악한 기운을 막기 위해 도시 성문에서 구리로 된 큰북을 치면서 '월식이다'라고 외쳤다고 한다.[4])

그리스인에게도 초자연과 자연은 같은 공간에 존재했다. 사실 최초의 과학 이론을 개진한 것으로 꼽히는 사람은 신을 믿은 수학자 탈레스였다. 탈레스는 우주가 단단해 보이지만 사실은 모두 물로 이뤄져 있다고 주장했다. 탈레스가 쓴 글은 오래 전에 소실됐지만 그의 주장은 300년 뒤에 아리스토텔레스가 『형이상학』에서 다음과 같이 전하고 있다.

> 탈레스는 … 우주의 기초 원리가 물이라고 보았다. (그래서 그는 땅이 물 위에 떠 있다고 주장했다.) 아마도 그는 모든 것의 양분이 수분임을 보고서 … 또 모든 것의 씨앗은 축축한 성질이 있고, 축축한 것이 갖는 본성의 원리가 물이기 때문에 그렇게 생각하게 됐을 것이다.[5]

훗날 밝혀지기로, 물은 잘못된 설명이었다. 하지만 **탈레스의 이론은 우주**

라는 시계의 내부를 들여다보려는 (알려진 바로) 최초의 시도였고, 신의 권능 외에 어떤 다른 작동 기제가 시계를 움직이는지 알아보려 한 최초의 시도이기도 했다. 탈레스가 신을 끌어들이지 않고 우주의 진리를 찾으려 한 것(생물학자 루이스 월퍼트Lewis wolpert는 이를 '탈레스의 도약Thales's Leap'이라고 부른다)이 정말로 그리스인 중 최초는 아니었겠지만, 이름과 함께 전해지는 최초의 사례이기는 하다. 그러나 탈레스의 저술은 현재 전해지는 것이 없다. 알려진 최초의 과학 이론이 '탈레스의 도약'이라면, 현전하는 최초의 과학 저술은 히포크라테스의 『전집Corpus』이다. 『전집』은 신을 끌어들이거나 탓하지 않으면서 질병을 설명한 약 60편의 의학 저술 모음집이다.

히포크라테스에 대해서는 많이 알려져 있지 않은데, 기원전 5세기의 의사로 소아시아 인근의 작은 섬인 코스 섬 출신이며 플라톤이 전하는 바에 따르면 의사 지망생들에게 수업료를 받고 의학을 가르쳤다고 한다. 『전집』 전체를 히포크라테스가 썼다고 보는 것이 정설이었지만 현재는 제자와 후계자들이 그의 가르침을 모아서 작성했다고 보는 것이 일반적이다.[6]

히포크라테스 시절의 의료인들은 사제이자 의사로, 아폴로 신의 아들이며 의술의 신인 아스클레피오스를 섬기는 사람들이었다. 환자는 치료를 받으려면 아스클레피오스의 신전까지 가서 아바톤abaton에서 밤을 보내야 했다. 아바톤은 신전에 딸린 성스러운 숙소인데, 신의 현존을 나타내는 뱀들이 자유롭게 돌아다녔다. 사람들은 환자가 이곳에서 밤을 보내면 그동안에 치유가 일어날 것이라고 여겼다. 뱀이 상처를 핥아서 치료해주거나 신이 꿈에 나타나 치료 방법을 알려준다는 식이었다. 아스클레피오스 신이 직접 나타나서 치료해줄 수도 있었다. 그리스의 역사가 파우사니오스는 이렇게 기록하고 있다.

헤라클레아의 고르기아스가 가슴에 화살을 맞았는데 고름이 너무 많이 나와서 열여덟 달 만에 예순일곱 잔을 채울 지경이 되었다. 아바톤에서 잠이 들었을 때 꿈에 신이 나타나 가슴에 박힌 화살촉을 빼주는 듯한 느낌을 받았다. 아침에 일어나니 상처가 다 나아 있었고 그의 손에 화살촉이 들려 있었다.[7]

히포크라테스가 아스클레피오스 신의 존재를 믿지 않은 것은 아니었지만, 질병과 관련해 아스클레피오스가 하는 역할에 대해서는 회의적이었다. 히포크라테스는 눈에 보이는 세계, 질서 잡힌 우주에 의지해 질병을 설명하려 했다. 그가 보기에 질병은 신의 분노로 생기는 것이 아니었고, 따라서 자애로운 신의 은혜로 치료되어야 하는 것도 아니었다. 악마에 씐 상태이거나 신성에 씐 상태라고 오래도록 여겨져온 간질도 그가 보기에는 '다른 질병보다 더 영적이거나 신성하지 않으며, 그것 또한 자연적인 원인으로 생기는 것'일 뿐이었다. 히포크라테스는 사람들이 무지해서 질병을 신의 의지 때문으로 여긴다고 생각했다. '질병이 신성 때문에 생긴다는 개념은 질병을 이해할 능력이 없는 사람이나 갖는 믿음'이라는 것이었다.[8]

히포크라테스는 위경련, 고열, 간질, 전염병 등 모든 질병을 균형이 깨진 탓으로 설명했다. 인체에 흐르는 네 가지 체액(황담즙, 흑담즙, 점액, 혈액) 중 어떤 것이 너무 많거나 적어서 생기는 문제라고 본 것이다. 네 가지 체액이 적절한 비율로 있으면 신체는 건강하다. 하지만 자연의 여러 요인이 균형을 깨뜨릴 수 있다. 히포크라테스는 체액의 균형을 깨뜨리는 주 원인으로 바람(가령, 더운 바람은 너무 많은 점액을 생성시킨다)과 물(가령, 고인 물을 마시면 흑담즙이 과다해진다)을 꼽았다. 그가 제시한 치료법은 신체의 균형을 회복하는 것이었다. 히포크라테스는 과다한 체액을 제거하기 위해 막힌 곳을 뚫어주거나 혈액을 빼내는 식의 처방을 했다. 겨자, 회향, 루, 쐐기풀 같은 약초도 어떤 체액을 빼내거나 어떤 체액을 생성하는 데 도움을 준다고 여겼다. 환자를 기후가 다른 지역에 요양 보내기도 했는데, 균형을 교란시킨 바람과 물을 피하도록 하기 위해서였다.[9]

탈레스의 이론처럼 히포크라테스의 설명도 틀렸다. 하지만 완전히 우연이기는 해도 절반 정도는 치료 효과가 있었다. 늪에 고인 물을 피하면 실제로 건강이 나아졌다. 북적대고 전염병이 도는 도시를 떠나 바람이 잘 통하는 해변 마을로 요양을 가면 실제로 회복에 도움이 되었다. 가볍고 영양가 있는 식사는 열병이 낫는 데 실제로 효과적일 수 있었다. 적어도 열병 환자가 아바톤까지 가서 뱀과 함께 불편한 밤을 보내는 것보다는 나았다. 아스클레피오스 신전들이 치료소 역할을 곧장 잃게 된 것은 아니었지만, 히포크라테스의 치료법은 점차 주류가 되었다. 너무 주류가 된 나머지, 18세기까지도 의사들은 하제(장의 내용물을 배설시킬 목적으로 사용되는 약제—옮긴이)로 막힌 곳을 뚫고 혈액을 뽑아내고 환자들을 해변으로 요양 보내는 처방을 했다. 히포크라테스의 세계관은 오늘날에도 사라지지 않았다. 나는 감기가 바이러스 감염이라는 것을 알고 있지만 추운 날 아들이 티셔츠 차림으로 나가려고 하면 '코트 입고 나가! 감기 걸릴라!'라고 외치게 된다.

히포크라테스의 『전집』은 현전하는 최초의 과학 저술이라는 점뿐 아니라 자연주의적 방법론이 신령과 신성에 의존하던 설명 방식을 누른 (기록이 남아 있는) 최초의 사례라는 점에서도 의미가 있다.

- 원서: Hippocrates, *On Airs, waters, and Places* (ca. 420 BC)
- 한국어판: 『히포크라테스 선집』 (히포크라테스 지음, 여인석·이기백 옮김, 나남, 2011)
  『의학 이야기』 (히포크라테스 지음, 윤임중 옮김, 서해문집, 1998)

02

플라톤

인체를 넘어서

처음으로 우주에 대한 큰 그림을 그리다

모든 것은 원자로 구성되어 있다. … 그 외에는 아무것도 없다.

–플루타르코스, 「데모크리토스에 관하여On Democritus」

소크라테스여, 물론이지요, 어느 정도라도 분별을 가진 사람이라면
누구나 큰 일이건 작은 일이건 모든 일은
신을 부르는 것으로 시작하니까요.

–플라톤, 『티마이오스』

히포크라테스와 그의 제자들은 분명히 과학을 했다. 자연 세계를 설명하기 위해 자연적인 요인들을 찾았고, 그들의 직업에는 신심보다는 연구가, 믿음보다는 지식이 더 필요했다. 하지만 그들도 내부의 작동 기제를 들여다볼 능력은 없었다. 네 가지 체액은 실제로 드러내어진 적이 없었다. 물과 바람이 체액에 미치는 효과는 실험되거나 검증된 적이 없었다. 여전히 인체는 표면 안으로 들어가서 볼 수 없는 대상이었다. 그리스 의사들은 해부도를 꽤 잘 묘사할 수 있었지만 내장 기관이 어떻게 작동하는지는 꽁꽁 감춰져 있었다. 그래서 히포크라테스는 내부를 더 자세히 들여다보기보다는* 내부의 작동 방식을 추론했다. 즐겨 쓴 분석 도구는 비유를 통한 유추였다. 눈은 랜턴과 같으니 안에 틀림없이 불이 들어 있을 것이다. 내장 기관들은

체액을 담는 용기와 같으니 체액이 한 기관에서 다른 기관으로 이동할 수 있으려면 틀림없이 관으로 연결된 시스템이 있을 것이다.[1]

이런 방식의 과학은 관찰과는 거의 관련이 없었다. 과학적 도구도 없고, 공통된 과학 용어도 없으며, 우주의 근본 원리에 대해 가장 기초적인 합의도 없는 상황에서, 그리스인들은 정교한 가설적 구조들을 만들어낸 뒤에 그 구조에 증상과 징후들을 조심스럽게 끼워 맞췄다. 위경련이 있는가? 내장 기관을 연결하는 관이 막혀서 체액이 제대로 흐르지 못하는 것이 틀림없다. 치료법은? (배관공이 막힌 파이프를 뚫듯이) 하제로 관을 뚫어준다.

히포크라테스 시대의 의사들은 관심이 의술 분야에만 국한돼 있었기 때문에(오늘날에도 많은 의사들이 그렇다), 신체의 주변을 넘어서까지는 이론을 확장하지 않았다. 하지만 히포크라테스 이후 몇 세기가 지나면서 그리스 사상가들은 퓌시스phusis에 대해서도 비슷한 방식으로, 즉 유비적 추론을 통한 자연주의적 방식으로 말하고 기록하기 시작했다. 퓌시스는 '질서 잡힌 우주', 혹은 '자연의 영역 전체'를 의미한다. 흔히 '자연'이라고 번역되지만 오늘날 우리가 생각하는 자연보다 많은 것을 포함한다. 질서 잡힌 우주는 좁은 의미의 자연과 인간을 모두 포함했다. 따라서 퓌시스를 공부한다는 것은 식물학과 정치학, 천체의 공부와 영혼의 공부를 모두 의미했다. 그리스인들은 경계 없이 자연스럽게 섞인 지적 환경에서 살았다. 그들에게는 해양이나 천체의 구성에 대한 이론이 정치 철학과 매끄럽게 섞여 있었다.[2]

면밀한 관찰이라는 방법론적 전통이 없는 상태에서, 그리고 현상을 구성

● 해부는 널리 행해지지 않았다. 고대 그리스인들은 시신을 합당하게 매장해야 좋은 내세로 간다고 여겼다. 시신에 대한 그리스인의 태도는 다음을 참고하라. James Longrigg, *Greek Rational Medicine: Philosophy and Medicine from Alcmaeon to the Alexandrians* (Routledge, 1993), 184ff.

요소들로 나누어 볼 수 있게 해주는 과학적 도구가 없는 상태에서, 그리스인들은 퓌시스를 기원부터 현재 형태까지 통째로 설명하고자 했다. 그들은 안락의자에 앉은 시간 여행자처럼 우주에 대해 정교한 이야기를 만들어냈다. 일원론자는 모든 것이 그 안에 자체의 변화 원리를 모두 담고 있는 한 가지의 근원 물질에서 시작되었다고 보았다. 먼 훗날 아리스토텔레스는 일원론자에 대해 이렇게 설명했다. '그들은 그것으로부터 다른 모든 것이 생겨 나오는 맨 처음의 것 … 그것을 사물들의 원소, 혹은 원리라고 보았다.' 초창기 일원론자 중 한 명인 탈레스는 물을 근원 물질로 보았고, 6세기 철학자 아낙시메네스와 헤라클레이토스는 각각 공기와 불을 근원 물질로 보았다. 기원전 575년경에 아낙시만드로스는 '아페이론'을 근원 물질로 보았다. 아페이론은 '무한한 것'이라는 뜻으로, 그 자체는 아무 특성도 가지지 않는 무규정의 물질이지만 (뜨거운 것과 찬 것 등의) 대립물을 낳아서 만물의 변화를 만들어낸다고 여겨졌다. 한편 다원론자는 근원 원소가 여러 가지라고 보았다. 기원전 460년경에 엠페도클레스는 흙, 공기, 불, 물의 4원소설을 제창했고, 많은 사상가가 이를 받아들였다.[3]

또 다른 한편으로 원자론자가 있었다. 가장 주목할 만한 사람으로는 신비에 싸인 레우키포스와 그보다는 잘 알려진 제자 데모크리토스를 들 수 있다. 둘 다 기원전 5세기 말경에 강의와 저술을 했다. 철학자 심플리키오스에 따르면, '레우키포스는 … 한계가 없고 영원히 운동하는 원소인 원자들을 상정했다'. 데모크리토스는 스승의 이론을 확장해서 원자들이 '우리가 지각할 수 없을 정도로 작으며 … 이것들로부터 … 우리 눈에 보이고 우리가 인지할 수 있는 물질들이 형성되어 나온다'고 주장했다.[4]

오늘날 알려진 바로는, 이것은 대략 맞는 설명이었다. 원자론자들은 신기하리만치 멀리 내다본 것으로 경탄을 사곤 한다. 하지만 그들이 일원론자나 다원론자에 비해 더 많은 능력이 있었던 것은 아니었다. 히포크라테스처럼 그들도 진리의 한 부분을 우연히 접하게 됐을 뿐이었다. 물리학자이자 노벨상 수상자인 스티븐 와인버그는 이렇게 말했다. '초기 원자론자들은 놀랄 정도로 현대적인 이론을 내놓은 것처럼 보일 수 있지만, (일원론자들이) '틀렸다'거나 데모크리토스와 레우키포스의 원자론이 어느 정도 '옳았다'거나 하는 것은 중요해 보이지 않는다. … 탈레스나 데모크리토스가 돌이 물로 이뤄졌다거나 원자로 이뤄졌다고 말했다 해도, 돌의 밀도나 단단함, 혹은 전기를 흐르게 하는 정도를 어떻게 계산해야 하는지 여전히 모른다면, 자연의 작동 방식을 파악하는 데 있어 더 나아갔다고 볼 수 있겠는가?'[5]

다른 말로, 시계는 아직도 굳게 닫혀 있는 상태였다. 초창기 과학 저술가들은 자신이 주장한 결론을 확인해볼 수 있는 방법이 없는 채로 이론을 만들었다. 게다가 우리는 그들이 실제로 무슨 말을 했는지 알 수 없다. 탈레스의 저술처럼 그들의 저술이 오래 전에 소실됐기 때문이다. 그들의 이론은 아주 오랜 세월이 지난 후에 후대 사람들이 요약한 것으로만 남아 있을 뿐이다. 『수학자들에 대한 반론Against the Mathematicians』에서 데모크리토스의 가르침을 자세하게 요약한 섹스투스 엠피리쿠스는 데모크리토스보다 600년 뒤의 사람이었다. 레우키포스에 대해 몇 안 되는 직접 인용문을 남긴 심플리키오스는 레우키포스보다 1,000년이나 뒷사람이었다.

하지만 일원론자, 다원론자, 원자론자•는 함께 중요한 진전을 이뤘다. 이들

•········ 이들을 통칭하여 '소크라테스 이전 철학자'로 부르는데, 여기에는 오해의 소지가 있다. 소크라테스(기원전 469~399년경) 이전 철학자뿐 아니라 소크라테스 이후의 철학자 중에서도 플라톤적 세계관에 동의하지 않는 사람들을 모두 포함하는 용어이기 때문이다.

모두 동일한 원리를 옹호했다. 퓌시스도 질병처럼 물질적인 용어만으로 설명될 수 있다고 본 것이다. 원자론자들이 조금 앞선 것처럼 보인다면 데모크리토스가 우주는 오직 '원자'와 '빈 공간'만으로 이뤄져 있다는 주장을 유독 강하게 밀고 나갔기 때문일 것이다. 그는 원자들이 빈 공간을 무작위로 돌아다니면서 서로 부딪치고 우연에 의해 결합하거나 분리된다고 보았다. 데모크리토스의 세계에도 신은 있었지만, 신도 원자로 이루어져 있었고 자연 법칙의 지배를 받았다. 신은 어느 것도 창조하지 않았고, 신도 결국에는 소멸하게 되어 있었다. 여기에는 어떤 계획도, 어떤 설계도 없었다. 모든 것은 빈 공간을 무작위로 돌아다니는 원자들일 뿐이었다.

데모크리토스는 우주의 기원을 설명할 때 신을 등장시키지 않았다. 우주의 존재에 대한 그의 설명은 완전히 물질주의적이었으며, 이후의 모든 물질주의 이론들과 마찬가지로 격렬한 반발을 불러일으켰다.[6] 가장 격렬하고 영향력 있었던 반론은 데모크리토스보다 두 세대 아래인 장수 철학자 플라톤이 제기했다. 플라톤은 신이 없으면 윤리학이 성립할 수 없다고 보았다. 신이 만든 기원이 없다면 세계는 해체될 것이고, 초자연적인 창조가 없다면 인간의 도덕은 사라질 것이었다. 따라서 퓌시스는 감각과 지각으로 파악될 수 있으나 그 기원만큼은 반드시 신성을 통해 설명되어야 했다.[7]

말년의 저술인 『티마이오스』에서 플라톤은 우주의 생성과 작동에 관한 이론을 개진했다. '큰 그림'으로 과학 이론을 쓰려 한 최초의 의식적인 시도였고, '모든 것에 대한 이론'을 만들려고 한 (알려진) 최초의 시도였다. 플라톤의 이론은, 우주의 기원은 신의 창조로 설명하고, 우주의 현재 작동은 신성에 의지하지 않고 설명하는 혼합형 이론이었다. 이미 플라톤의 시대에는 강물의 범람이나 달의 움직임을 신의 의지로만 설명하는 것이 더 이상 가능하지 않았다. 하지만 그렇다고 해서 플라톤은 (기원 없이) 언제나 존재했던 우주라든가 신성에 의지하지 않는 기원을 가진 우주를 상상할 수는 없었다. 주위의 질서 잡힌 세계를 보면서 플라톤은 설계와 아름다움을 보았다. 그래서 이것들은 틀림없이 지적 존재의 정신에서 온 것이라고 추론했다. 플라톤은 존재하는 물질들을 재료로 우리 눈에 보이는 세계를 지어낸 신 데미우르고스(제작자라는 뜻의 그리스어)에 대한 설명과, 불규칙하고 무질서한 물질에서부터 구형의 선한 우주가 형성되어 나오는 과정에 대한 설명으로 논의를 시작했다. 플라톤에 따르면, 이 선한 우주는 타락하지 않은 완벽하고 이상적인 상태로 데미우르고스의 정신 속에 먼저 존재했다. 그런데 물질적인 존재로 만들어지는 과정에서 '이상형'으로부터 약간 미끄러져서, 우리 눈에 보이는 세계는 이상형보다 열등한 '모방'이 되었다. 이 물리적 모방품은 완벽한 실재의 불완전한 그림자다.

이렇게 생겨난 물리적 우주는 네 가지 원소로 구성되어 있다. 흙과 불이 가장 기초적인 원소이고 공기와 물이 그것들을 엮고 있다. 인간은 물리적 우주 안에 살고 있고 어느 면에서 물리적 우주의 구조를 반영하고 있기 때문에(가령 물이 땅을 순환하듯이 혈액이 신체를 순환한다), 촉각, 후각, 시각, 청각의 감각적 지각을 통해 물리적 우주를 파악할 수 있다. 이렇게 감각과 지각을 통해 물리적 우주를 파악하는 데는 데미우르고스가 관여하지 않는다.[8]

물론 이는 『티마이오스』를 단순화한 설명이다. 『대화Dialogue』의 저명한 번역자 벤저민 조윗Benjamin Jowett은 『대화』 번역본의 서문에서 '플라톤의 저술 중 『티마이오스』가 가장 모호하고 현대 독자가 접근하기 가장 어렵다'고 말했는데 절대로 과장이 아니었다. 시와 철학에 쓰이던 언어로 물리 현상을 묘사하려 애쓰면서, 플라톤은 문장의 결론은 고사하고 주제가 무엇인지조차 알기 어려울 정도로 간접적인 서술을 했다. 게다가 인간이 자연을 어떻게 지각하고 해석하는가에 대한 설명은 철학적인 범주 구분(가령 '언제나 존재하지만 결코 무언가로 생성되지는 않는 것'과 '언제나 무언가로 생성되어가지만 결코 존재하지는 않는 것'의 구분 등)에 대한 장황한 논의라든가 우리는 발이 있는데 우주는 왜 발이 없는가에 대한 기이한 설명, 그리고 잃어버린 문명 아틀란티스에 대한 이야기 등과 뒤섞여 있다.

그래도 『티마이오스』는 2,000년 동안 서구 과학에 영향을 미쳤다. 플라톤은 기원과 관찰을 분리했고, 창조에 대한 설명과 일상 현상에 대한 설명을 분리했다. 플라톤은 우리를 둘러싼 세계를 이해하는 데 우리의 감각 지각이 갖는 중요성을 인정했다. 또한 히포크라테스처럼 초자연에 호소하지 않고도 과학을 수행할 수 있는 (점점 넓어지는) 공간의 문을 열었다.

이는 과학이라는 새로운 분야에 엄청난 선물이었다. 하지만 플라톤의 유산은 과학에 치명적인 해도 끼쳤다. 플라톤에 따르면, 인간은 지각을 통해 물리적 세계를 이해할 수 있지만 물리적 세계 자체가 이상적인 이데아의 그림자이므로 형이하학(자연학)은 언제나 형이상학보다 하위에 존재한다. 철학은 이데아를 이해하기 위한 노력이지만 과학은 이데아의 타락한 그림자를 이해하기 위한 관찰일 뿐이다. 따라서 과학은 우리를 진리로 이끌어줄 수 없다. 그래서 과학은 철학의 발치에 앉아서 철학이 지시하는 어떤 교정이라도 기꺼이 받아들일 자세를 갖추고 있어야만 하는 처지가 되었다.

• 원서: Plato, *Timaeus* (ca. 360 BC)

• 한국어판: 『티마이오스』 (플라톤 지음, 김유석 옮김, 아카넷, 2019)

『플라톤전집 V』 (플라톤 지음, 천병희 옮김, 숲, 2016)

『플라톤의 티마이오스』 (플라톤 지음, 박종현 옮김, 서광사, 2000)

03

아리스토텔레스

변화

처음으로 진화에 대한 이론을 제시하다

변화하는 모든 것은 지각으로 인지될 수 있는 것들에 의해 변화한다.

-아리스토텔레스, 『자연학』 7권

자연은 무생물에서 생물로 매우 점진적으로 이동하기 때문에
이 둘 사이의 경계는 뚜렷하지 않다.

-아리스토텔레스, 『동물지』 8권

스승 플라톤처럼 아리스토텔레스도 그를 둘러싼 세계에 아름다움과 질서가 있다고 보았다. 하지만 플라톤이 아름다움을 시작점에 신(데미우르고스)이 존재한다는 증거로 본 반면, 아리스토텔레스는 아름다움을 끝점의 완성으로 안내하는 표지판으로 보았다. 이는 모든 것을 바꾸었고, 특히 변화에 대한 개념을 완전히 바꾸었다.

플라톤에게 변화는 진보가 아니었다. 변화는 타락일 뿐이었다. 플라톤의 자연 세계는 데미우르고스가 애초에 상정한 완벽한 형상을 불완전하게 모방한 것이어서 내재적으로 오류와 결함이 있을 수밖에 없었다. 완벽하게 쓰인 희곡이라도 실제 무대에서 실제 배우들이 실제 의상을 입고 공연을 할 때는 작은 결함들을 숱하게 갖게 되는 것과 마찬가지다. 자연 세계는 의도된 것보다 언제나 모자라다. 그리고 변화가 있을 때마다 이데아로부터 점

점 더 멀어진다.

하지만 아리스토텔레스는 새싹이 나무가 되고 새끼 사자가 어미 사자가 되고 아기가 어른이 되는 것을 보면서 그와는 다른 것을 생각했다. 우선 아리스토텔레스는 과정에 대한 설명이 필요했다. 어떻게 해서 이러한 변화들이 발생하는가? 어떤 단계에서 하나의 실체가, 하나의 존재가, 하나 이상의 형태를 가지고 있는가? 무엇이 변화를 추동하는가? 무엇이 변화의 최종 지점을 결정하는가? 그다음에는 이유에 대한 설명이 필요했다. 어째서 새끼 고양이는 어미 고양이가 되고, 씨앗은 꽃이 되는가? 그러한 변형의 긴 여정이 시작되도록 추동하는 것은 무엇인가? 왜 새끼 고양이 상태나 씨앗 상태 자체로는 충분하지 않은가?

생물이 성장할 때 세포가 분화한다는 것이 상식이고, 모든 유치원생이 축축한 솜에서 콩의 싹을 틔우는 실험을 하는 오늘날에는 이런 질문들이 필요치 않아 보일지 모른다. 하지만 아리스토텔레스의 위대한 점은 그것들을 질문했다는 데 있다. (그의 답 중에는 훗날 오류로 판명난 것이 많다.) 그는 성장이나 변화를 자연적인 과정으로 그저 받아들이면 된다고 여기지 않았다. 오히려 그것이 자연적인 과정이기 때문에 아리스토텔레스는 변화에 대해 질문했다. 그러한 변화들이 그가 파악하고 싶어 했던 자연적 순환의 일부로서 발생하는 것이었기 때문에 그에 대해 알고 싶어했다.

그러니까, 이것은 과학이었다. 아리스토텔레스의 가장 독창적인 과학 저술 『자연학』은 처음부터 끝까지 변화를 다룬 책이다. 어린 생명이 성숙해지는 자연적인 과정의 변화, 사물이 한 장소에서 다른 장소로 이동하는 변화, 그 사물이 나중 장소에 있었을 때 이전 장소에 있었을 때의 그것과 같은 것인지 아닌지에 대한 질문, 변화라는 것이 왜 발생하는지에 대한 논의 등 모든 의미의 변화를 전부 다루고 있다.

마지막 질문(변화라는 것은 왜 발생하는가)에 대한 아리스토텔레스의 답은 플라톤이 말한 부패가 아니었다. 아리스토텔레스가 보기에 자연 세계의 모든 존재는 현재에서 미래로, 더 완벽한 상태로 이동해 가는 것이 틀림없었다. 씨앗의 구성 자체에, 새끼 고양이나 아기의 구성 자체에 변화의 잠재력이 품어져 있었다. 변화가 바로 '운동의 원리'였고 영광스런 완성을 향해 꾸준히 나아가는 과정이었다. 아리스토텔레스의 퓌시스는, 이상적인 각본에서 타락한 연극이 아니라 만족스런 결말을 향해 전개되는 다큐멘터리 극이었다.

이 개념이 과학에 미친 결과도 극적이었다. 무엇보다, 아리스토텔레스의 관점은 실증적 탐구(물리적 세계를 이해하고 관찰하는 것)를 진짜 지식, 가치 있는 지식으로 가는 길이라고 생각할 수 있게 했다. 플라톤은 물리적 세계를 언제나 이데아보다 열등한 것으로 간주했기 때문에 과학적 탐구는 불가피하게 이류로 가치 절하됐다. (화학자이자 역사학자이며 과학사라는 분야를 개척한 조지 사튼George Sarton은 『티마이오스』가 이후 과학적 사고에 미친 영향이 '막대했으며 본질적으로는 사악했다'고 언급했다.) 이와 달리, 아리스토텔레스 철학에서는 과학이 우리를 진리로 이끌어줄 수 있었다.[1]

여기에 더해, 아리스토텔레스의 사상은 진화라는 개념을 가능하게 했다. 플라톤의 세계에서는 변화가 부패이고 이데아에서 멀어지는 것이었으며 덜 효과적이고 덜 발달된 상태로 가는 것일 뿐이었다. 하지만 아리스토텔레스의 이론에서는 자연이 더 완전하게 실현된 종착지를 향해 발달하고 있었다. 오늘날의 진화 개념과 꼭 같지는 않다. 오늘날 알려진 생물학적 진화는 정해진 목적도, 전체적인 설계도 없는 과정인 반면, 아리스토텔레스의 이론은 목적론적이다. 즉 아리스토텔레스는 자연이 의도적으로 완벽을 향해 나아간다고 믿었다.

목적론은 피할 수 없는 경로를 따르도록 세상을 추동한 신의 존재를 믿는다는 의미일 수 있다. 하지만 아리스토텔레스는 자연 자체가 신성한 설계자의 창조물이라고 보지 않았다. 그도 '최초의 원인'에 대한 설명까지 없앨 만큼 스승에게서 멀리 벗어나지는 않았다. 모든 변화들의 시초에는 다른 어떤 원인에 의해서도 움직이거나 변화하거나 생성되지 않지만 다른 모든 것을 생성시키고 변화시키는 '부동의 동자unmoved mover'가 반드시 존재해야 했다. 하지만 부동의 동자는 자연을 외부로부터 빚어내는 존재가 아니었다. 그에게 부동의 동자는 도예가가 아니었고 세계는 점토가 아니었다. 싹이 나무가 되는 것은 그 자체에 '나무적 본성' 혹은 '나무적임'을 이미 배태하고 있기 때문이었다. 아리스토텔레스의 목적론은 변화의 과정을 이끄는 외부의 힘을 이야기하는 것이 아니라 내부에 배태된 잠재력을 이야기하는 것이었다. 자연의 최종 형태의 열쇠는 자연 안에 이미 존재했다.

이렇게 해서, 훗날 다윈이 정교하게 발달시키게 될 철학의 기초가 세워졌다. 변화는 항상 앞을 향해서 이뤄지고 언제나 목적을 가지고 있다(즉 데모크리토스가 상정했듯이 완전히 무작위적일 수는 없다)는 아리스토텔레스의 세계관은 그가 자연의 사다리scala naturae라고 부른 계층적 체계의 기초가 되었다. 자연의 사다리는 가장 단순한 형태부터 복잡한 형태까지 모든 생물이 단계적, 점진적으로 배치되는 체계다. 식물은 바닥에, 인간은 꼭대기 부근에 존재한다. 아리스토텔레스의 자연의 사다리는 훗날 중세에 자연의 모든 요소와 존재가 서열이 지어진 상태로 상호연결돼 있다는 '존재의 대연쇄Great Chain of Being' 개념으로 발전하는데, 여기에서는 가장 아래에 무생물인 암석이, 가

장 위에 신이 존재한다.[2]

생물을 자연의 사다리에서 제자리에 각각 위치시키려면 자연 과학자는 생물에 대해 알아야 한다. 아리스토텔레스의 자연사 개요서들(『동물지』, 『동물 발생론Generation of Animals』, 『동물 부분론Parts of Animals』)은 생물을 묘사하고 구조화하고 분류하면서, 『자연학』에서 그가 추상적으로 제시했던 '목적을 가진 변화의 원리'를 자연 자체에서 발견해 나가려 한 작업이었다.

이런 연구에 쓰일 만한 용어가 없는 상태였기 때문에 매우 어려운 작업이었다. 과학의 언어가 생기기 전에 과학을 하느라 아리스토텔레스는 어휘와 제목과 분류를 직접 만들어야 했다. 이 과정에서 그는 생물을 공통 특징에 따라 구분하는 학문인 '분류학'을 창시했다. 가장 기본적인 구분은 혈액이 있는 동물과 혈액이 없는 동물, 즉 붉은 혈액 동물과 무혈액 동물의 구분이었는데, 오늘날에도 이는 척추동물과 무척추동물의 구분으로 이어지고 있다.[3]

아리스토텔레스는 커다란 오류도 많이 남겼다. (생물의) 자연 발생설이라든지, 지구 주위를 둘러싸고 회전하는 투명한 껍질로 이루어진 구형의 우주라든지, 획득 형질의 유전(상처나 멍도 유전된다고 생각했다)과 같은 내용은 오류였다. 하지만 오류였다 해도(어떤 경우에는 매우 심각한 오류였지만), 그의 이론은 자연의 변화를 직접 관찰한 데서 도출된 것이었다. 그는 '변화'를 플라톤이 내던져놓은 시궁창에서 구해내 자연의 중심 원리로 승격시켰고, 이는 과학 연구를 가차 없이 진전시키는 동력이 되었다.

- 원서: Aristotle, History of Animals (ca. 330 BC) : Aristotle, Physics (ca. 330 BC)
- 한국어판: 『자연학』 (아리스토텔레스 지음, 허지현 옮김, 허지현연구소, 2022)
  『아리스토텔레스의 자연학 읽기』 (아리스토텔레스 지음, 임두원 옮김, 부크크, 2020)
  『자연학 소론집』 (아리스토텔레스 지음, 김진성 옮김, 이제이북스, 2015)

04

아르키메데스

모래알

수학을 사용해 우주를 측정하다

수학을 공부하지 않은 대다수의 사람에게는 믿을 수 없어 보이겠지만 …
수학에 익숙한 사람에게 … 이 증명은 확신을 줄 것입니다.
-아르키메데스, 「모래알을 세는 사람」

이 시점까지 과학이라는 새 분야는 수학을 거의 사용하지 않았다. 그리스 수학자들은 그들 나름의 구불구불한 경로를 따라 발전하고 있었고, 수학의 길과 과학의 길은 아직 이렇다 할 만하게 교차하지 않은 상태였다.

최초로 추상적인 공식, 즉 보편적으로 참인 수학 법칙을 제시한 사람으로 흔히 탈레스가 꼽힌다. 그리스 말고도 기하학을 알았던 고대 문명은 또 있었다. 이를테면 인더스 문명 수학자들도 기하학을 알고 있었다. 하지만 탈레스 이전에는 어느 누구도 구체적인 관찰(가령, '어떤 원에 지름을 그으면 반으로 나뉜다')을 넘어서 그것이 세계 어느 곳에서든, 모든 원에 대해, 누구에게나, 언제나 참임을 증명하는 식의 생각을 했다는 기록이 없다.[1]

탈레스 이래 기하학(각도와 길이, 그것들이 생성하는 면적, 그것들이 따르는 패턴을 연구하는 학문)은 그리스 수학의 뿌리이자 줄기로 발달했다. 산술(숫자를 다루는 수학 분야)은 기하학에서 파생된 가지였다. 숫자는 길이나 면적 같은 기하학적 특성을 재기 위한 도구였고, 그러한 측정은 개별 숫자보다는

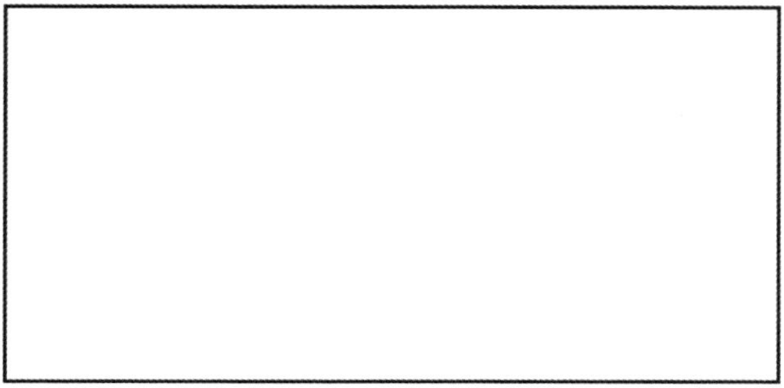

비율로 나타내는 것이 일반적이었다. 가령 위의 직사각형에 대해 측정치를 써넣으라고 하면 우리 대부분은 긴 변에 8센티미터, 짧은 변에 4센티미터라고 적을 것이다. 하지만 그리스 수학자는 2 : 1이라고 적을 것이다. 두 변의 관계가 숫자 2와 숫자 1의 관계와 같다는 의미에서다.

그리스인들은 덧셈, 뺄셈 등 우리가 산수 시간에 배우는 모든 셈을 비율을 사용해서 계산했다. 지금도 유리수rational number라는 용어가 쓰이는데, 두 정수의 비ratio로 나타낼 수 있는 수를 말한다.•

탈레스 이후, 그리고 플라톤 이전에 가장 활발히 수학 활동을 한 사람들은 피타고라스 학파였다. 이들은 기원전 6세기경에 살았던 피타고라스의 추종자들로, 대부분 그리스 신비주의자들이었다. 피타고라스에 대해서는 알려진 바가 거의 없다. 그에 대한 정보는 모두 나중에 제자들이 기록한 것이다. 예를 들어 철학자 이암블리코스는 피타고라스 사후 800년이 지나서 피타고라스의 가르침에 대해 평생에 걸쳐 10권짜리 전집을 남겼다. 이암블리코스에 따르면, 피타고라스는 모계와 부계 모두 제우스 신의 후손으로, 생

• 예를 들어 분수 $\frac{4}{9}$는 4와 9의 비, 즉 4를 9로 나눈 값이고, 71은 71과 1의 비, 즉 71을 1로 나눈 값이며, −11은 −11과 1의 비, 즉 −11을 1로 나눈 값이다. 이것들은 모두 유리수다. a와 b가 정수이고 b는 0이 아닐 때, 유리수는 언제나 $\frac{a}{b}$의 형태로 나타낼 수 있다.

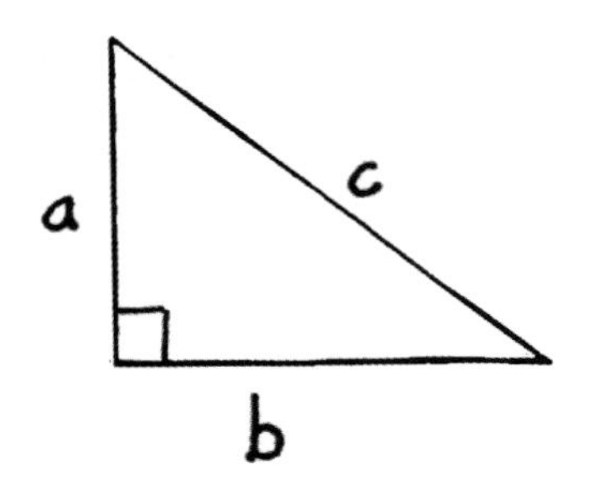

피타고라스 정리 : $a^2+b^2=c^2$

부는 아폴로 신이라는 설이 있었다고 한다. 아버지가 출타 중일 때 어머니와 아폴로 신이 낳은 아들이라는 것이다. (이암블리코스는 이것이 결코 확실한 이야기는 아니지만, '누구도 피타고라스의 영혼이 아폴로 신의 영역에서 인류에게 보내진 것임을 부인할 수는 없을 것'이라고 주장했다.[2])

피타고라스는 신성을 대변하는 사람으로 존경을 받았고, 그의 수학은 자연세계를 이해하는 도구가 아니라 진리 자체를 이해하기 위한 도구였다. 피타고라스는 수학이 지식으로 가는 유일한 길이라고 설파했다. 숫자 없이는 어느 것도 진정으로 파악될 수 없었다. 숫자는 예언적인 힘을 가지고 있었다. 특히 1, 2, 3, 4가 그랬는데, 이것들을 결합하면 존재하는 모든 차원을 만들 수 있었고 (점은 1, 선은 2, 면은 3, 공간은 4) 네 숫자를 합한 10은 성스러운 숫자인 테트락튀스tetractys였다.[3]

피타고라스 학파는 채식주의와 절대 금주를 지켰다. 환생을 믿었고 비밀스런 의례를 행했으며 음계 사이의 간격이 우주의 깊은 진리를 드러낸다고 보았다. (피타고라스 학파의 음악론은 중세에 '천체의 하모니Harmony of the Spheres'라는 개념으로 발전한다.) 신비주의와 뒤섞여 있긴 했어도 피타고라스 학파에는 정밀한 수학적 요소들이 있었다. 오늘날 중학교 1학년 때 배우는 피타고라스 정리(대부분의 사람들에게 기하학과의 첫 만남일 것이다)는 이집트를 비롯해 고대 여러 곳의 수학자들에게 오래 전부터 알려져 있었지만, 이 정리가 모든 곳에서 모든 직각 삼각형에 대해 성립하는 진리이자 보편적인 법칙으로 처음 표현된 것은 피타고라스 학파에 의해서였다.[4]

또한 피타고라스 정리를 통해 피타고라스 학파는 최초로 무리수의 존재를 알게 된 것으로 보인다(기록이 존재하는 것으로는 최초다). 훗날 저자들은 무리수를 발견한 사람으로 피타고라스 학파의 철학자 히파소스를 꼽는다. 기원전 400년이 되기 조금 전 사람인 히파소스는 삼각형을 연구하다가 c와 a를 함께 재는 데 사용할 수 있는 단위가 존재하지 않는다는 사실을 알게 됐다. 두 변은 '통약 불가능incommensurable'했다. 즉 공통의 척도를 가지고 있지 않았다. 두 변의 관계를 피타고라스 학파가 해왔던 방식으로 나타낼 수 있는 수리적 표현 방법이 존재하지 않는 것이다. (a가 c의 3분의 1이라든지 4분의 1이라든지 하는 식으로 이야기할 수 없다.) 기하학에서 통약 불가능성의 발견은 산술에서 무리수irrational numbers (두 정수의 비로 나타낼 수 없는 수)의 발견으로 이어졌다.

이는 분명 피타고라스 학파의 신비주의에 타격을 주었을 것이다. 피타고라스 학파의 체계가 '모든 자연적 관계가 비율로 표현될 수 있다'는 믿음에 기초해 있었기 때문이다. 히파소스의 발견은 너무나 파괴적이어서 우주의 분노를 일으켰고, 그 때문에 히파소스는 파멸에 처해졌다고 전해진다. 훗날의 기록은 이렇다. '잘 알려져 있듯이, 무리수 이론을 공개적으로 처음 제기한 사람은 배의 난파로 목숨을 잃었다. 상상되어서도 표현되어서도 안 될 그 사실이 영원히 드러나지 않도록.'[5]

실제 세계에 대해 스스로가 드러낸 통찰을 이렇게 강하게 거부한 수학은 과학에서 쓰이기에 유용한 종류의 수학은 아니었을 것이다. 피타고라스 수학이 존재했던 초기 몇 세기 동안 피타고라스 수학은 일반인에게는 감추어져 있었고 서서히 발달하고 있던 과학의 영역과도 분리되어 있었다. **수학은 과학이 아니라 종교였고, 신성을 사유하기 위한 것이지 지상의 것을 연구하기 위한 것이 아니었다.**

•

아리스토텔레스주의자와 플라톤주의자 모두 과학 저술에 수학을 많이 사용하지 않았는데, 그 이유는 완전히 달랐다.

아리스토텔레스는 사물 자체를 알고 싶어했지 그것의 측정치를 알고 싶어하지는 않았다. 아리스토텔레스가 보기에 무게, 길이, 원주, 지름 등은 변화하며 이 가운데 어느 것도 그 사물이 '무엇인지' 알려주지 않았다. 수학은 식물의 '식물스러운 속성'이 무엇인지, 물의 '물스러운 속성'이 무엇인지 통찰을 주지 않았다. 그의 자연 분류는 그의 자연 철학과 마찬가지로 '질'을 사용했지 '양'을 사용하지는 않았다. 혈액의 존재를 다루었지 심장의 크기를 다루지 않았고, 굴을 파는 동물의 습성을 다루었지 굴의 크기를 측정하지 않았다. 아리스토텔레스에게는 수학이 필요하지 않았다.

한편 플라톤에게는 수학이 꼭 필요한 것이긴 했는데, 수학이 물질 세계와 접해 타락하지 않는 한에서만 그랬다.

그는 이를 유명한 '동굴의 비유Allegory of the Cave'가 나오는 『국가』 7권에서 가장 명료하게 설명했다. 플라톤은 타락하지 않은 완벽한 우주, 즉 데미우르고스의 정신 속에 존재하는 이데아와 우리가 현실에서 살아가고 있는 열등한 모방본 사이에는 차이가 있다고 주장했다. 철학을 하지 않는 사람은 모방본만 본다. 그는 동굴에 묶인 죄수와 같다. 밖에 존재하는 '실재'를 동굴 벽에 비친 그림자로밖에 보지 못하고 실재 자체는 그의 시야 밖에 존재한다. 그 죄수가 갑자기 사슬에서 풀려나 밝은 햇빛 아래서 동굴 밖의 세상을 보게 된다면 빛 때문에 고통스럽고 눈이 부셔서 분명하게 볼 수가 없을 것이다. 그러면 실재보다 그림자를 보는 편이 낫다고 생각하면서 기꺼이 동굴에 사로잡힌 상태로 돌아오려 할 것이다.

그래서 철학을 알지 못하는 사람은 그가 살아가는 세계인 동굴에서 밝은 태양 아래의 철학적 지식으로 천천히, 조심스럽게 불러나와야 한다. 그가 이데아를 이해해서 더 이상 모방본에 만족하지 않도록 아주 조심스럽게 가르쳐야 하는 것이다. 플라톤은 산술과 기하가 바로 이러한 전환을 위한 도구라고 보았다. 플라톤은 산술이 하나와 다수, 단일성과 복수성, 유일한 것과 무한한 것의 개념을 구분하는 데서 시작하기 때문에 '정신을 불러내서 진정한 존재를 사유할 수 있게 만드는 힘을 가지고 있다'고 여겼다. 마찬가지로, 기하도 정신을 진리로 이끌어주고 사람들에게 전에는 갖지 못했던 '철학적 영혼'을 창조해준다고 보았다.[6]

하지만 산술과 기하 모두 추상을 다룰 때만 그런 힘을 가질 수 있었다. 플라톤은 산술 공부가 '철학자의 정신 속에서 추구되어야만' 하며 '장사치의 정신 속에서 추구되어서는 안 된다'고 경고했다. 그는 '산술은 정신을 고양하는 매우 큰 효과가 있다'며 '추상적인 숫자들에 대해 논증하도록 정신을 몰아붙이고, 눈에 보이고 손에 잡히는 사물들이 정신에 끼어들지 않도록 막아준다'고 언급했다. 플라톤은 기하를 대부분의 기하학자들이 하는 식대로 추구해서는 안 된다고 보았다('그들은 실용성에만 관심을 가진 채로 편협하고 우스꽝스러운 방식으로 곱하고 늘리고 빼고 맞추는 이야기만 늘상 하면서, 기하학의 필요성을 일상에서의 필요성과 혼동한다'). 플라톤에게 기하학은 이데아의 형상을 이해하기 위한 방법이어야 했다. 그는 이렇게 언급했다. '기하학

이 목적하는 지식은 영원의 지식이지 필멸하고 흘러 지나가는 것들의 지식이 아니다.'

사실 플라톤은 감각이 주입하는 것에 오염되지 않아야만 이성이 진리를 산출할 수 있다고 보았기 때문에 관찰에 기반한 수리적 결론은 무엇이건 미심쩍어했다. 그래서 플라톤은 이를테면 천문학을 의심쩍게 여겼다. 천문학자들은 천체가 지나간 움직임을 관찰하고 분석하고 수학을 사용해서 미래의 위치를 계산한다. 하지만 그러한 계산은 관찰과 감각을 수학에 들여오기 때문에 수학을 이데아 영역에서부터 그림자 영역으로 끌어내리는 결과를 낳게 된다. 플라톤은 천문학적 계산의 가치를 인정하긴 했지만 천문학자들은 자신의 이론이 우주를 실제로 묘사하고 있다고 생각해선 안 된다고 경고했다. 천문학자들의 결론은 그럴 법한 것일 수는 있지만 결코 진리로 여겨질 수는 없었다.[7]

현실 세계를 이렇게 경시하는 태도는 오늘날에도 수학과에서 쓰이는 말에 남아 있다. 응용 수학이 '장사치'의 것으로 경멸받지는 않지만 이론 수학자들은 자신의 분야를 여전히 '순수 수학'이라는 고고한 명칭으로 부른다.[8]

•

플라톤의 경멸에도 불구하고 수학자들은 점점 더 많이 수학과 자연학의 교차점을 찾으려는 노력을 기울여가고 있었다.

플라톤의 '장사치' 수학에 대한 비난은 동시대인인 피타고라스 학파 수학자 아르키타스를 특별히 염두에 둔 것인지도 모른다. 아르키타스는 대담하게도 자신이 속한 피타고라스 학파의 신비주의를 벗어버리고 수학을 실제 세상의 문제에 적용했다. 서기 3세기의 전기 작가 디오게네스 라에르티오스는 아르키타스를 '정교한 방법론으로 수학의 원리를 역학에 적용한 최초의 사람'이라고 칭했다. 전해오는 이야기에 따르면 아르키타스는 실제로 날 수 있는 나무 비둘기를 만들었다고 한다. 그리고 『정치학』에서 아리스토텔레스는 아이들이란 조용히 있을 수가 없기 때문에 '주의를 다른 데로 돌려서 집 안의 물건들을 망가뜨리지 못하게 하려면' (확인되지는 않았지만) 아르키타스가 고안한 장난감 딸랑이를 주어야 한다고 언급하기도 했다. 하지만 아르키타스가 추구한 과학에 대해 알기에는 우리에게 남겨진 문헌이 너무 적다.[9]

자연을 탐구하는 데 수학을 사용한 과학 저술이 나온 것은 기원전 3세기 중반이 되어서였다. 그리고 이 저술은 지금도 전해지고 있다. 바로 시칠리아의 시라쿠사 출신 철학자 아르키메데스가 쓴 「모래알을 세는 사람」이다.[10] 아르키메데스에게는 아르키타스가 가지지 못했던 이점이 있었다. 에우클레이데스(유클리드, 기원전 325~265년경)가 피타고라스 학파 사이에 수세기 동안 떠돌던 기하학 지식을 신비주의적이거나 종교적이지 않은 방식으로 집대성해 13권으로 펴낸 책이 있었던 것이다. 에우클레이데스의 『원론Elements』은 용어의 정의(점은 부분을 갖지 않는 것이다, 둔각은 직각보다 큰 각이다 등)에서 시작해 '공준'과 '일반 개념'으로 이어진다. 둘 다 증명이 필요치 않게 자명한 명제를 말하는데, 공준은 기하학과 관련이 있고('모든 직각은 동일하다') 일반 개념은 기하학뿐 아니라 다른 분야에도 적용된다('전체는 부분보다 크다').

뭐니 뭐니 해도 에우클레이데스 『원론』의 핵심은 기하학적 증명이었다. 모든 장소에서 모든 시간에 모든 사람에게 동일하게 적용되는 기하학의 규칙을 보여주는 문제와 해법을 제시한 것이다. 에우클레이데스의 증명에는 신비주의적이거나 모호한 구석이 전혀 없었다. 초기 가정들에서 시작해 자와 컴퍼스만 있으면 누구라도 (지식이 많지 않아도) 그의 체계를 따라가며 이해할 수 있었다.

약 700년 뒤, 서기 5세기의 그리스 철학자 프로클로스는 에우클레이데스의 『원론』에 대해 상세한 평론을 썼는데 에우클레이데스와 이집트의 왕 프톨레마이오스 1세 사이에 있었다는 유명한 일화를 전한다. 알렉산더 대왕의 장수 출신인 프톨레마이오스 1세는 학자가 아니었지만 배움의 가치를 알았기 때문에 『원론』 공부를 시도했다. 하지만 내용이 너무 버거웠다. 그는 에우클레이데스에게 기하학 원리들을 이해하는 데 더 간단한 방법이 없느냐고 물었다. 그러자 에우클레이데스가 대답했다. "폐하, 기하학에는 왕도가 없습니다."

실제로 벌어진 대화인지는 알 수 없지만, 이 이야기는 이 무렵 기하학에 대해 새롭게 통용되던 진실을 보여준다. 기하학 공부에는 지름길도 없고, 신성한 계시나 희생 의례도 필요치 않으며, 어떤 특권도 존재하지 않는다는 것이다. 『원론』은 기하학을 피타고라스 학파로부터 구해내 세상 속에 가져다 놓았다.[11] 그리고 아르키메데스는 즉시 이 새로운 도구를 우주를 사유하는 데 연결시켰다.

아르키메데스는 유레카 이야기로 유명하다. 200년 뒤에 살았던 로마의 전기 작가 비트루비우스에 따르면, 왕은 아르키메데스에게 부정직한 금세공인이 써야 할 금의 일부를 훔치고 값이 싼 은을 섞어서 왕관을 만들었는지 알아내라는 명을 내렸다. 순금처럼 보이는 왕관은 무게도 딱 맞았다. 이것은 진짜 순금으로 만들어진 것일까?

비트루비우스는 이렇게 설명했다. '늘 이 문제를 생각하던 차, 아르키메데스는 욕탕에 가게 되었는데 물에 몸을 담글수록 물이 더 많이 흘러넘친다는 사실을 발견했다. 여기에서 문제를 해결할 방법을 얻은 아르키메데스는 욕조에서 벌떡 일어나 알몸으로 집까지 뛰어가면서 큰소리로 '유레카(알아냈다)'라고 외쳤다.' 은이 금보다 가벼우므로 순금으로 된 왕관은 금과 은을 섞어서 만든 같은 무게의 왕관보다 부피가 약간 작아야 한다. 그래서 은이 섞인 (더 부피가 큰) 왕관을 액체가 들어 있는 항아리에 넣으면 순금으로 된 왕관보다 약간 더 많은 양의 물이 흘러넘치게 된다. 아르키메데스는 순금으로 된 왕관을 넣었을 때 흘러넘쳐야 할 물의 양을 잰 다음 금세공인이 만든 왕관을 넣었을 때 흘러넘친 양과 비교해서 은이 얼마나 섞였는지를 알아낼 수 있었고, 이렇게 해서 도둑 맞은 원료가 드러났다.[12]

비트루비우스의 저술은 신빙성이 떨어지는 부분이 많고, 섞인 왕관을 넣었을 때 넘치는 물의 양과 순금 왕관을 넣었을 때 넘치는 물의 양 사이의 미세한 차이를 정확히 측정하는 것은 불가능하다고 지적한 사람들도 많다. 유레카 에피소드의 사실 여부야 어떻든지, 아르키메데스가 이 에피소드의 기저에 있는 과학적 사실을 알고 있었다는 데는 의심의 여지가 없다. 그가 쓴 『부유체에 관하여On Floating Bodies』는 부력의 원리를 이렇게 설명한다. '부분적으로, 또는 완전히 유체에 담긴 물체가 아래로부터 받는 힘(부력)의 크기는 흘러넘친 유체의 무게와 같다.'[13] 이것은 '아르키메데스의 원리'라고도 불린다.

아르키메데스는 에우클레이데스 기하학을 확장한 글을 몇 편 썼으며, 나선식 펌프(낮은 곳에서 높은 곳으로 물을 끌어올리는 펌프), 배를 전복시키는 갈고리(공격해오는 배에 갈고리를 걸고 지렛대로 그것을 들어올려서 전복시키는 도구), 천체 투영관, 여러 종류의 지레 등 많은 발명품을 남긴 것으로도 알려져 있다. 하지만 정말로 이것들이 그의 발명임을 입증하는 사료는 충분치 않다.

기존 발명품들을 아르키메데스가 개량했을지도 모르지만 그가 직접 쓴 저술에는 그런 것들을 자신이 발명했다는 내용이 나오지 않는다.

아르키메데스의 저술에서 보여지는 것은 그가 수학적 지식을 과학적 질문에 적용하는 법을 알았다는 점이다. 「모래알을 세는 사람」에서 아르키메데스는 드디어 기하학을 자연 세계 연구에 활용했다.

「모래알을 세는 사람」의 질문은 매우 분명했다. 우주를 채우려면 모래가 몇 알 필요한가? 단순한 사고 실험처럼 보이지만, 그리스인들이 모든 것을 비율로 측정하는 데 익숙했다는 것을 생각해야 한다. 아르키메데스의 질문은 '우주가 얼마나 큰가'가 아니었다. 그의 질문은 '우주를 수학적 도구를 사용해서 측정하는 것이 가능한가'였고, 그가 생각한 도구는 비율이었다. 그러니까 그의 질문은 크기가 매우 다른 두 사물, 즉 모래 한 알과 자연의 실재 전체인 우주 사이에 유의미한 관계를 도출할 수 있는가였다.

아르키메데스는 당시에 널리 받아들여지던 우주 모델 대신 다른 모델을 사용하기로 했다. 태양이 중심에 있는 모델이었다. 고대에는 우주를 상호 연관된 구체들이 지구를 둘러싸고 있는 비교적 작은 체계로 보는 것이 일반적이었다. 하지만 아르키메데스는 이 자그마한 우주가 그에게 별로 도전할 거리가 되지 않는다고 생각했다.

그래서 동시대인인 아리스타르코스가 제시한 더 큰 우주 모델을 가지고 모래알을 계산했다. 「모래알을 세는 사람」은 이렇게 시작한다. '아시다시피 대부분의 천문학자에게 '우주'라는 말은 지구의 중심을 그 중심으로 하는 천구를 의미합니다. … 하지만 사모스의 아리스타르코스는 … 태양과 (천구에 있는) 항성들은 움직이지 않고, 지구가 원을 그리면서 태양 주위를 돌며, 태양이 궤도의 중앙에 있다는 가설을 제시한 바 있습니다.'[14]

아리스타르코스에 따르면 (천구에 있는) 항성들은 지구 지름의 1억 배 거리만큼 우주의 중심에서 떨어져 있었다. 이는 지구 중심 모델에서 상정한 것보다 훨씬 먼 것이었다. 아르키메데스는 여기에서 그치지 않고 우주를 이보다도 더 크게 만들기 위해 지구 지름(정확하게 알려지지 않았던 숫자였다)이 100만 스타디아라고 가정했다. 100만 스타디아는 약 16만 킬로미터로, 실제 지구 지름(적도 지름과 극 지름이 약간 다르지만, 대략 1만 2,350킬로미터)보다 훨씬 크다. 물론 아르키메데스가 계산한 우주는 우리가 지금 알고 있는 우주보다는 훨씬 작다. 그의 우주는 가로지르는 거리가 약 16조 킬로미터인데 오늘날 단위로 하면 2광년이 못 된다. 1광년은 약 9조 4,600만 킬로미터이고, 우리 은하만 해도 직경이 12만 광년은 된다.[15]

하지만 실제 크기가 옳으냐 아니냐는 여기에서 핵심 논제가 아니다. 중요한 것은 그가 제기한 큰 질문이다. '인간이 이제껏 측정할 수 있었던 어느 것보다도 훨씬 큰 실재를 수학의 언어로 묘사하는 것이 가능한가?'

이 질문에 대해 아르키메데스는 '물론 그렇다'고 답할 수 있었다.

하지만 그 대답을 표현하는 데는 좀 복잡한 문제가 있었다. 그리스 숫자는 그렇게 많은 모래알을 셀 수 없었다. 그리스 숫자 표기법에서 가장 큰 숫자는 미리아드myriad(1만)로, 그리스 대문자 뮤(M)로 표기한다. 그리고 다른 숫자들과 결합할 수 있는데, 가령 엡실론(ε)이 5를 의미하므로 Mε은 1만에 5를 곱한 5만을 의미한다.

이 표기법으로 나타낼 수 있는 가장 큰 숫자는 M에 M를 곱한 1억이었다. 그런데 아르키메데스는 훨씬 더 큰 숫자가 필요했다. 그래서 그는 1억(10^8)에 도달했을 때 이것을 βM로 표기하고 하나의 기호로 취급했다(β는 2를 의미한다). 10^8에 다른 숫자들을 결합해 1억의 배수(가령 5억은 βMε)를 표시할 수 있게 된 것이다.[16] (그리고 βM의 거듭제곱을 활용해 $\beta M^{\beta M}$(1억의 1억제곱)을 P로 표기하고 다시 P의 거듭제곱을 $P^{\beta M}$(P의 1억제곱)까지 취함으로써 '1억의 1억제곱의 1억제곱'까지의 수를 나타낼 수 있었다—옮긴이)

간결한 표기법이라고는 할 수 없어도(가령 785,609,574,104는 βM, ζωνς, αMϡνζ, δρδ라고 표기해야 한다) 아르키메데스는 아리스타르코스의 태양 중심적 우주를 채우는 데 필요한 모래알이 10^{51}알이라는 것을 (기하학으로) 계산하고 (숫자로) 표현해낼 수 있었다. 최초로 과학자가 수학을 과학의 목적에 복무하게 만들었다. 그 반대가 아니고 말이다. 우주를 완벽하고 추상적인 수학 지식의 이데아에 맞추기보다 수학의 언어를 가져다 세상의 현실에 맞도록 활용한 것이다.

그리고 아르키메데스는 또 하나의 메시지를 분명하게 제시했다. 수세기 동안 모래는 '셀 수 없는 것'을 나타냈다. '모래알처럼'이라든지 '별처럼'과 같은 표현은 '우리가 숫자로 표현할 수 있는 범위를 넘어선다'는 뜻이었다. 그런데 별이 가득한 하늘을 재는 데 모래알을 선택함으로써 아르키메데스는 새로운 주장을 폈다. 인간이 셀 수 없고 이해할 수 없는 것은 '우주에 없다'고 말이다.

• 원서: Archimedes, "*The Sand-Reckoner*" (ca. 250 BC)

05

루크레티우스

빈 공간

신성을 완전히 배제하고 자연 세계를 설명하다

모든 것은 약해지고 어느 한 순간에 죽는다.
-루크레티우스, 『사물의 본성에 관하여』

아르키메데스가 계산을 하고, 아리스토텔레스가 변화를 고찰하고, 플라톤이 이데아를 설파하는 동안, 원자론자들은 계속해서 물리적 실재가 빈 공간을 무작위로 돌아다니는 입자들로 구성돼 있을 뿐이라고 주장했다.

데모크리토스는 신의 존재를 인정했지만 신도 원자와 빈 공간으로 이뤄져 있다고 보았다. 데모크리토스는 기원전 400년경 사망했는데, 훗날의 역사가는 그가 104세에 그저 곡기를 끊었다고 한다. 그의 제자들은 살아남아 세대를 거치며 그의 가르침을 전파했다. 그중 가장 성공한, 그리고 가장 많은 비난을 산 사람은 아테네의 에피쿠로스였다. 그는 기원전 307년부터 그의 집 뜰에서 모이기 시작한 에피쿠로스 학파의 창시자다. 에피쿠로스는 원자론을 완전한 철학 체계로 만들었다. 그 체계는 그가 사망하고 200년이 지난 후에 과학의 대의명분을 제공하게 된다.[1]

탈레스, 아리스타르코스 등의 초창기 원자론자들처럼 에피쿠로스도 자신의 저술을 남기지 않았다. 그의 작업은 부분적으로만 존재하는데, 다행히도 역사학자 헤로도토스에게 보낸 편지에 그의 가르침의 요약으로 보이는 내용이 담겨 있다. 에피쿠로스 철학은 매우 비종교적인 철학으로, 세계를 설계한 지적 존재나 우주 원리의 패턴은 등장하지 않는다.

> 존재하지 않는 것으로부터 오는 것은 없다. … 전체의 외부에는 아무것도 존재하지 않는다. (외부에 있다가) 전체의 안으로 들어와서 변화를 생성할 수 있는 것은 없다.
>
> 존재하는 모든 것은 물질이거나 비어 있는 공간이다. … 우리는 이를 '빈 공간'이라 부른다. … 이 두 종류, 물질과 빈 공간 이외에는 다른 어떤 것도 존재할 수 없다.
>
> 물질적 자연의 기초는 원자들, 즉 '나눌 수 없는 것'들이다.
>
> 광대한 시대에 걸쳐 원자는 영구적으로 운동 상태에 있다.
>
> 그러한 운동의 절대적인 시작점은 존재하지 않는다. 원자와 빈 공간 모두 영원히 존재했기 때문이다.[2]

데모크리토스처럼 에피쿠로스도 그의 주변을 '무한하고 기계적으로 상호작용하는 입자들의 세계'로 보았다. 우리 주변의 물리적 사물들은 신성한 개입에 의해서가 아니라, 원자들이 빈 공간을 돌아다니다가 예기치 않은 도약을 하고 아무렇게나 샛길로 빠지며 서로 충돌하고 결합해서 새로운 사물을 만드는 과정에서 생성된 것이었다.[3]

에피쿠로스는 이러한 원자들의 과학에 딱히 관심이 있지는 않았다. 그는 지식을 위한 지식에는 관심이 없었고 과학 이론의 아름다움도 그리 높이 평가하지 않았다. 자연 세계의 작동을 이해하는 것에서 그닥 만족을 느끼지도 않았다. 그의 관심사는 윤리였다. 이러한 세계에서 인간은 어떻게 행동해야 마땅한가? 신성한 계획도 없고 내세도 없고 불멸의 영혼도 없다면 우리는 어떻게 살아야 하는가? 딱히 인간을 살피지 않고 인간에게 관심을 기울이지 않으며, 지침이 아닌 우연만 있고, 피안의 세계에 대한 보장이 없는 우주에서 부유하면서, 인간은 어떻게 아타락시아ataraxia(정신의 평정)에 도달할 수 있을까? 그는 제자 피토클레스에게 이렇게 말했다. "기억하라. 다른 모든 것처럼 천상의 현상에 대한 지식도, 정신의 평정과 확고한 확신 이외에 다른 목적은 없다."[4]

정신의 평정은 에피쿠로스를 비판하는 사람들이 훗날 주장하듯이 감각적 쾌락에 흥청망청 빠져서 도달되는 것이 아니었다. 에피쿠로스는 신성을 개입시키는 설명에 의지하지 않으면서 우선순위를 설정하고자 분투했다. 그는 행복이란 두려움의 부재에 있다고 보았다. 고통의 두려움, 가난의 두려움, 죽음의 두려움이 없어야 했다. 이러한 두려움은 감각을 즐김으로써 극복될 수 있지만, 이 즐거움은 신중, 절제, 미덕, 책임감을 필요로 했다.

에피쿠로스의 사후 200년 뒤에 제자인 루크레티우스는 에피쿠로스의 가르침을 긴 운문으로, 스승보다 뛰어나게 저술했다. 로마 사람인 루크레티우스는 그리스 철학을 공부했고 매우 명료하게 글을 쓰는 저술가였다. 『사물의 본성에 관하여』('우주의 본질에 관하여On the Nature of the Universe'라고 번역되기도 한다)는 에피쿠로스의 원자론이 자연 과학 연구에 대해 의미하는 바를 명시적으로 밝히고 있다. 가장 중요한 것으로, 루크레티우스는 순수한 에피쿠로스적 물질주의만이 이성적인 사고, 즉 진정으로 과학적인 사고를 가능하게 한다고 주장했다. 사람들이 초자연적인 설계자나 부동의 동자 같은 존재를 믿는 한, 그런 설계자가 설령 자애로운 존재일지라도 '(사람들의) 정신은 공포와 암흑을 겪을 수밖에' 없을 터였다.

사고의 명징함, 물리적 실재를 존재하는 그대로 이해하는 능력, 그리고 (무엇보다도) 정신의 평정은, 우주가 물질로만 구성되어 있고 그 밖에는 아무것도 없음을 인간이 인정하는 데 달려 있었다. 발 아래에 지옥도 없고 하늘 위에 천국도 없다. 물질주의를 열렬히 믿었고 초자연적인 설명에 집착하는 사람들을 신랄하게 비판했다는 점에서 루크레티우스는 고대판 리처드 도킨스였다고 할 만하다. 『사물의 본성에 관하여』 1권에서 그는 이렇게 적었다. '어느 것도 무로부터 신성한 힘에 의해 창조되지 않았다.'

> 모든 필멸하는 존재가 그토록 두려움에 사로잡혀 있는 까닭은 그들로서는 알 수 없는 이유로 지상과 하늘에서 벌어지는 온갖 일을 보면서 그것을 신의 의지라고 해석하기 때문이다. 어떤 것도 무로부터 생성될 수 없음을 알게 되면 우리는 우리 앞에 놓인 길을 더 명료하게 볼 수 있고 만물이 어떻게 신의 도움 없이도 만들어지고 존재하게 되었는지 더 분명히 볼 수 있을 것이다.[5]

루크레티우스에 따르면, 영혼의 불멸을 믿지 않고 모든 것이 종국에는 소멸한다는 것을 받아들임으로써 인간의 정신은 사고의 자유를 얻을 수 있게 된다. '죽음의 영원한 형벌'에 대한 두려움은 우리의 이성을 왜곡하는 모호한 이해일 뿐이다.

불멸을 고려 사항에서 제거한 후, 루크레티우스는 우주에 대한 일련의 주장을 펴나갔다. 우리가 보는 모든 것을 구성하는 원자들은 '쉼 없이 운동하는' 상태이고 크기와 모양이 다르다. 지구는 사람을 위해 만들어지지 않았다. 그랬다면 인간이 거주하기에 더 좋은 상태였어야 한다. 그보다, 지구는 동물과 사람을 모두 생성했다. 그리고 (신의 도움 없이) 자연 홀로 인류를 창조했다. 영혼은 실재하는 것이긴 하지만 신체나 마찬가지로 물질적인 입자, 즉 원자로 구성되어 있다. 이 (영혼의) 원자는 '가장 미세한' 원자인데, 너무 작아서 공기 중에 흩어진다. 따라서 우리가 죽으면 영혼도 존재를 멈추게 된다.

하지만 무엇보다도 원자론의 가장 핵심적인 진리는, 루크레티우스가 2권에서 설명했듯이, 모든 것에 종말이 있다는 것이었다. 모든 자연적 실체들은, 그것이 태양이건 달이건 우리 자신이건 간에, 나이가 들고 부패한다. 어떤 것도 신성에 의해 지탱되거나 구제될 수 없다. 모든 것은 계속해서 '적대적인 원자들'과 부딪치게 되고 점차 사라져 없어진다. 우주 안에 존재하는 물리적 실체가 그렇듯이 우주 자체도 그렇다. '마찬가지로, 거대한 세계의 벽들도 … 부패하고 무너져 폐허가 될 것이다. … 세계의 틀이 영원히 지속되리라고 기대하는 것은 무용하다.'[6]

우리 신체가 사라지듯이 우주도 내세 없는 죽음을 맞을 것이다. 어떤 신도 우리의 영혼을 구할 수 없으며, 어떤 신도 우리의 세계가 나아가는 과정에 개입해 그 길을 바꿀 수 없다.

•

루크레티우스는 과학을 하고 있는 것은 아니었다. 그는 아르키메데스의 계산을 활용하지 않았다. 원자를 증명하지도 않았다. 신성을 증명하지 못했다며 사제들을 비판했지만 그도 자신의 주장을 검증할 방법이 없기는 마찬가지였다.

그렇더라도, 그는 몇 세기 후 근대 과학의 기초가 될 원칙을 천명했다. 세계에 대한 설명은 물리적 세계의 외부에서 올 수 없다는 원칙 말이다. 루크레티우스의 말을 빌리면,

전체의 외부에는 아무것도 존재하지 않으므로,

(외부에 있다가) 전체의 안으로 들어와서 변화를 생성할 수 있는 것은 없다.

거기에 있는 것은 거기에 있는 것이 전부다. 루크레티우스는 자신이 믿을 수 없는 것은 존재하지 않는다는 것을 받아들임으로써 이성을 자유롭게 풀어주고자 했다.

• 원서: Lucretius, *On the Nature of Things* (ca. 60 BC)

• 한국어판: 『사물의 본성에 관하여』 (루크레티우스 지음, 강대진 옮김, 아카넷, 2012)

06

프톨레마이오스

지구 중심적인 우주

역사상 가장 큰 영향력을 발휘할 책이 나오다

간단히 말해서, 관찰되는 모든 질서는 … 지구가 중심에 있지 않으면
완전한 혼란 속에 던져지게 될 것이다.
-프톨레마이오스, 『알마게스트』

서기 2세기 무렵이 되면 천문학자들과 수학자들은 아리스토텔레스적 자연학, 아르키메데스적 계산, 루크레티우스적 자연 원리 등을 사용해서, 우주에 대해 완전히 잘못된 모델 하나를 짓게 된다.

이 모델에 따르면 우주는 구형이고 다섯 가지 물질로 되어 있다. 흙, 물, 공기, 불, 그리고 신비로운 제5의 물질 '에테르'다. 에테르의 존재는 관찰됐다기보다는 추론된 것으로, 천상계를 채우고 있는 물질이라고 상정됐다.•

세심한 관찰과 엄격한 연역적 추론은 다음과 같은 명백한 결론을 가져왔다. '지구가 우주의 중심이다.' 흙을 공중에 뿌리거나 물을 허공에 부으면 땅으로 떨어지지 않는가? 이는 흙과 물이 분명히 '무거운 물질', 즉 우주의 중심을 향해 당겨지는 물질이라는 의미다. 지구는 무거운 물질로 만들어져

• 에테르는 '아무것도 존재하지 않는 공간은 없다'는 전제를 충족시켜야 할 논리적 필요성에 따라 도출된 존재다. 우주의 모든 공간은 무언가로 채워져 있어야 하고, 따라서 그 무언가에 이름을 붙일 필요가 있었다.

있지만 떨어지지 않으므로 (이는 '과학적'인 표현이다. 누구도 이 운동을 관찰하지 못했으므로 이 운동은 존재하지 않는 것이다.) 이미 우주의 중심에 있는 것이 틀림없다.

불과 공기는 아래로 떨어지지 않는다. 불은 중심에서 멀어져 위로 올라가는 것처럼 보이기도 한다. 그래서 불과 공기는 '가벼운 물질', 즉 중심으로부터 계속해서 먼 쪽으로 올라가는 물질로 분류됐다. 지구 위의 별들과 떠돌아다니는 별asteres planetai, 즉 '행성'이라고 불린 7개의 독립적으로 움직이는 천체 역시 중심 쪽으로 당겨지지 않는 것 같아 보이므로 '가벼운 물질'일 것이다. 가벼운 물질은 무거운 물질보다 쉽고 빠르게 이동하므로 가벼운 천체들이 무거운 지구의 주위를 도는 것이 명백해 보였다. 그 반대로 가정하는 것은 완전히 직관에 위배되었다.[1]

이 모델은 수학적 계산으로도 뒷받침되었다. 수세기 동안 천체 관측을 기록한 덕분에 (그리스의 관측자들은 해마다, 또 10년마다의 변화를 볼 수 있도록 천체의 이동을 지속적으로 기록했고 동쪽의 바빌론 사람들도 관측 기록을 남겼다.) 많은 원천 자료가 있었다. 2세기의 천문학자들은 지구 중심 모델로 별과 7개 행성의 미래 위치를 정확하게 계산할 수 있었다.

여기에 관여된 수학은 복잡하고 독창적이었다. 행성의 움직임을 설명하기 위해 그리스 천문학자들은 행성마다 그 행성이 따라갈 궤도를 설정하고, 각 행성이 궤도상의 규칙적인 '정거장'에 도착하면 예측 가능하고 계산 가능한 거리만큼 '역행'한다고 보았다.

먼 우주까지 관측할 수 있는 시대에 사는 우리로서는 고대 천문학자들의 생각을 상상하기가 쉽지 않다. 그들에게는 지상에 묶인 눈보다 더 나은 관측 장소나 도구가 없었다. 어쨌든, 그리스인들은 자신이 만든 모델이 우주의 실제 모습을 사진처럼 묘사한다고 주장할 의도는 없었을 것이다. 그들은 만약 우주에 나가게 된다면 목성이 궤도를 돌다 말고 갑자기 역행하는 모습을 정말로 보게 될 것이라고는 생각하지 않았다. 수학적 패턴은 수학적 패턴일 뿐, 우주의 실제 묘사는 아니었다. 수학 모델은 행성이나 별이 3개월, 6개월, 혹은 2년 뒤에 어디에 있을지를 계산하기 위한 장치일 뿐이었다. 수학은 기법이었고, 인간이 결코 완전히 풀 수 없는 우주의 퍼즐을 우주가 조금이나마 살짝 보여주게끔 만들려는 술수였다.

사람들은 이를 '현상 구제하기'라고 표현했다. 관찰된 자료와 맞아떨어지는 기하학적 패턴을 찾아내는 것이었다. 이러한 계산은 천체 움직임의 모든 변수를 다 설명하지는 못했고, 새로운 자료에 따라 계속 재조정이 이뤄졌다. 하지만 항해하는 사람들이나 시간을 기록하는 사람들이 의지하기에는 충분히 믿을 만했고, 천문학자들이 (새 데이터에 따라 미세 조정을 계속해가면서) 자신이 옳은 경로로 가고 있다고 확신하게 만들 수 있을 만큼은 정확했다.[2]

기원전 2세기 중엽쯤에 위대한 천문학자 히파르코스가 추가적인 전략을 동원했다. 그는 달과 행성들이 큰 원(이심원deferents)을 따라 돌면서 다시 작은 고리(주전원epicycles)를 따라 추가로 회전한다고 보았다. 그리고 이심원의 중심(즉 우주의 중심)이 지구가 아니라 약간 비껴간 '이심점eccentric'이라고 보았다.[3]

이러한 기법을 활용해서 천문학자들은 알고자 하는 별과 행성의 위치를 정확하게 예측할 수 있었다. 지구를 중심에 놓고 복잡한 궤도를 따라 춤추며 도는 행성들의 우주는 잘 작동하는 모델이었다. 그리고 서기 150년경에 그리스 천문학자 프톨레마이오스가 모든 관찰과 계산을 하나로 집대성해 천체 각각의 움직임을 모두 설명할 수 있는 저술을 펴내면서 히파르코스의 모

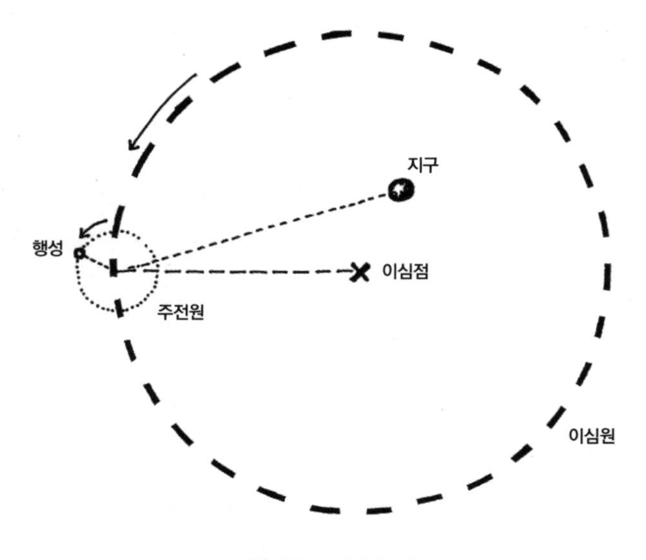

히파르코스의 공전 체계

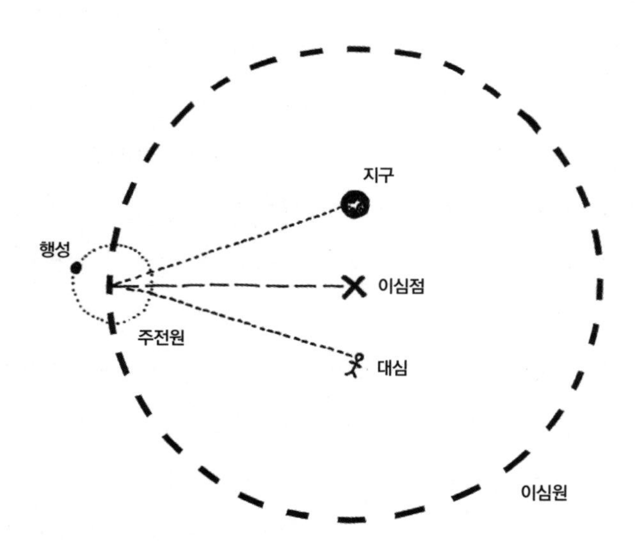

프톨레마이오스의 공전 체계

델은 도전받지 않는 절대 체계로 등극했다. 이는 1,000년 이상 모든 천문학자의 사고를 규정했다.

이 저술이 『알마게스트』다. 프톨레마이오스는 히파르코스의 주전원과 이심점에 더해 새로운 기법을 추가했다. 프톨레마이오스는 행성이 큰 원을 도는 내내 동일한 속도로 움직이게 하는 정확한 공식을 찾아내지 못했다. 이를 해결하기 위해 이심점이 이심원의 중심이긴 하지만 행성이 움직이는 속도는 '대심equant'이라는 가상의 점에서 측정되어야 한다고 제안했다.

대심은 자가 규정적인, 혹은 동어 반복적인 개념이다. 행성이 이심원을 내내 균등한 속도로 돌게 하려면 반드시 그곳에서 측정이 이뤄져야만 하는 지점인 것이다. 다른 말로, 그것은 수학적 편법이었다. 하지만 주전원이나 이심점에 비해 더 심한 편법은 아니었다. 그리고 대심을 적용하면 더 정확하게 예측을 할 수 있었기 때문에 대심도 천문학의 정설에 포함되었다. 수학자 크리스토퍼 린턴Christopher Linton이 짚어냈듯이, 아무리 복잡해지든 간에 대심과 이심점을 사용하고 주전원들을 계속해서 그리면 어떤 행성에 대해서도 궤도를 그릴 수 있었다. 그래서 이러한 유형의 계산이 16세기까지도 '행성 움직임의 모든 수리적 이론에서 시금석으로' 남아 있을 수 있었다.[4]

•

이후 1,400년 동안 『알마게스트』는 거의 도전받지 않았다.

콘스탄티노플을 중심으로 한 그리스 제국(비잔틴 제국) 학자들은 『알마게스트』를 계속 공부했고 거기에 나오는 수학과 계산 방법도 공부했다. 하지만 혁신은 없었고 패러다임의 전환도 없었다. 지구가 우주의 중심이라는 것은 계속해서 근본적인 진실로 남아 있었다. 프톨레마이오스의 주전원과 대심도 법칙으로 받아들여졌다.

아마도 『알마게스트』가 매우 효과적이었기 때문에 의심을 가지고 따지지 않았을 것이다. 답이 정확하게 (혹은 꽤 비슷하게) 산출되면 (비잔틴 사람들은 상당히 너그럽게 오차를 허용했다) 방법을 굳이 따져보지 않는 법이니 말이다. H. 플로리스 코언H. Floris Cohen이 주장했듯이 이러한 익숙함 때문에 비잔틴 사람들에게는 이 모델을 면밀히 검토해야겠다는 생각이 들지 않았을 것이다. 이유가 무엇이든 비잔틴 학자들은 새로운 과학 이론을 생산해내지 못했다. (코언이 말했듯이 그들은 '맹렬히 복사본을 만들고 일부 재구성을 했을 뿐'이었다.) 비잔틴 사람들은 어떤 획기적인 질문도, 획기적인 답도 만들어내지 않았다.[5]

아랍 천문학자라고 더 낫지는 않았다. 지리적으로 가까웠던 덕분에 이슬람 학자들은 그리스어로 된 책들을 가지고 있었고 그것을 읽을 언어 능력도 가지고 있었다. 820년경에 『알마게스트』는 아랍어로 번역됐다. 천문학자 아흐마드 알 파르가니가 프톨레마이오스 천문학의 요약본인 『알마게스트 개요서The Compendium of the Almagest』를 썼는데, 이는 곧 아랍 세계에서 천문학 기본서가 되었다. 9세기 천문학자인 타빗 이븐 쿠라와 무하마드 이븐 자비르 알 바타니 등은 프톨레마이오스의 예측치와 그들의 관측치 사이의 불일치를 설명하는 정교한 수정을 가하기도 했다. 하지만 일반적으로 이슬람 전통에서 과학 자체를 위한 과학의 추구는 그리 관심사가 아니었다. 신앙의 문제(코란의 본질과 영혼의 속성, 논리의 역할, 플라톤주의 및 아리스토텔레스주의와 현시된 지식과의 관계 등)가 이슬람 천문학자들의 작업에서 더 높은 가치를 부여받았다. 그래서 그들도 콘스탄티노플의 천문학자들과 마찬가지로 프톨레마이오스의 체계를 본질적으로 도전받지 않은 채로 놔두었다.[6]

혹해 서쪽의 유럽 학자들은 우주를 이해하는 데 이보다도 더 관심이 없었다.

당시 유럽의 교육은 로마의 지적 전통에 뿌리를 두고 있었다. 로마 제국의 지배를 거치면서 로마 교육이 그리스 교육을 서서히 대체한 터였다. 그리고 로마인은 실용주의적이었기 때문에 법이나 정치에 유용한 (수사학 같은) 기능이 우선이었고 자연 세계를 탐구하는 것은 중요성이 훨씬 떨어졌다. 이들에게 천문학은 흥미로울지는 몰라도 딱히 실용적이지는 않은 여가 활동으로 치부된 것이다. 새로운 과학적 탐구는 시들해졌고 그리스어에 대한 지식이 없어지면서 그리스의 옛 과학 저술을 아는 사람도 줄어들었다.[7] 로마가 무너지면서 5세기에서 8세기에 걸쳐 교육은 교회가 담당하게 되었다. 여기에도 편향이 있었다. 서구의 주교들은 미래 성직자로서 자격을 갖춘 학식 있는 젊은이를 키우는 데 이해관계가 있었다. 그래서 전통적인 자유 교양 교육이 필요했다. 표현의 기술(삼학trivium: 문법, 논리, 수사학)과 지식의 기술(사학quadrivium: 산술, 기하, 천문학, 음악)로 구성돼 있었지만 기독교 교육은 실용주의적인 로마의 경향을 물려받아 삼학을 사학보다 훨씬 유용한 것으로 여겼다. 성직자는 읽고 말하고 다른 사람들에게 확신을 줄 수 있어야 했다. 별의 운동을 예측하고 그것에 필요한 복잡한 기하학에 통달하는 것은 별 쓸모가 없는 일이었다.

학생들은 사학을 점점 더 겉핥기로만 배웠다. 『알마게스트』 원전에 나오는 복잡한 계산을 붙들고 씨름하기보다는 요약본과 개설서를 읽고 결론(구형의 우주, 그 중심은 지구, 회전하는 천체 등)만 익혔다. 수학은 공부하지 않았다. 『시인을 위한 양자 물리학』의 중세 천문학판이라 할 만한 이런 요약본들은 그것을 공부하는 사람들에게 프톨레마이오스 이론을 의심할 아무런 이유도 제공하지 않았다. 프톨레마이오스 이론에 관여된 계산이 왜 그렇게 어마어마하게 복잡한지를 질문할 까닭도 없었다.

시간이 가면서 요약본과 개설서가 『알마게스트』 자체를 대신해버렸다. 원전은 서구에서 점점 희귀본이 되었다. 교육받은 유럽인은 프톨레마이오스적 우주는 알았지만 프톨레마이오스에 대해서는 알지 못했다. 지구 중심의 우주는 일반 상식이 되었고 그것은 한 과학자가 제기한, 그리고 여전히 반증 가능성이 있는 이론이 아니라, 모두가 받아들이는 자명한 진리가 되었다.

『알마게스트』가 유럽 세계에 다시 등장한 것은 스페인 반도의 기독교 왕국들이 이슬람 왕조를 남쪽으로 몰아낸 12세기가 되어서였다.

그전 약 400년 동안 스페인 남부는 이슬람 왕조들이 점령하고 있었다. 이슬람 왕조가 스페인 남부를 점령하러 왔을 때 이들은 동방에서 가져온 그리스 서적의 아랍어 번역본을 함께 가져왔다. 그래서 스페인 남부의 도서관들은 서구 유럽에서는 잊힌 책들을 소장하고 있었다. 이슬람이 점령한 기간 동안 유럽 사람들은 이 도서관에 접근할 수 없었지만, 1130년대 무렵부터 스페인 남부에서 이슬람 세력이 약해지기 시작했다. '전쟁왕' 알폰소 1세는 스페인 북부의 네 개 기독교 왕국의 연합군을 만들어 남쪽으로 진격했고, 그의 후계자들도 그의 본을 따랐다.

그렇게 해서 1200년 학문의 중심지 톨레도를 포함해 스페인 남부 대부분이 기독교인의 수중에 들어가게 된다. 톨레도의 방대한 아랍 도서관도 마찬가지였다. 톨레도를 자유롭게 갈 수 있게 된 유럽 학자들은 완전히 새로운 종류의 문헌들을 볼 수 있었다. 대부분의 학자들은 아랍어와 그리스어 지식이 별로 없었지만, '잊힌' 책들을 유럽에 다시 소개할 수 있는 언어 능력을 가진 학자들이 적게나마 있긴 했다.* 혼자서 70편의 중요한 과학, 수학, 천문학 저술을 라틴어로 번역한 크레모나 사람 제라르드Gerard of Cremona

가 대표적이다.

어려운 천문학, 물리학, 수학 서적들을 서구의 천문학자들이 이용할 수 있기까지는 시간이 좀 걸렸다. 수세기 동안 언어와 수사학 위주의 교육이 진행된 탓에 아주 많은 유럽 학자들이 복잡한 기하학을 알지 못해 프톨레마이오스를 이해할 수 없었다. 과학의 기반은 상당히, 그리고 정말로, 부패되었고 그것을 다시 짓는 데는 시간이 걸렸다.

과학의 기반을 다시 짓는 것은 1453년에 오스만 제국이 콘스탄티노플을 함락시키면서 극적으로 속도가 붙었다. 비잔틴 제국이 몰락하면서 그리스어를 하는 학자들이 투르크의 지배를 피해 대거 서쪽으로 피난했다. 그들은 귀중한 문헌들, 그리고 더 중요하게는 그들의 '지식'을 함께 가지고 갔다. 그리스어와 수학에 대한 지식, 그리고 그리스의 지적 유산이 그동안 많이 발달하지 못했을뿐더러 이제는 보호하지 않으면 사라질 위험에 처했다는 위기의식까지 말이다.

바실리우스Basilius가 그런 사람 중 한 명이었다. 고위 사제이자 도서 수집가이며 아리스토텔레스 전문가인 바실리우스는 콘스탄티노플이 함락되기 10년 전에 전쟁이 한창이던 콘스탄티노플을 벗어나 이탈리아로 갔다. 그리고 이제 그리스 학문을 서구에 가져오려는 그의 노력에 한층 더 탄력이 붙었다. 특히 그는 빈 대학의 젊은 독일인 교수 게오르그 포이어바흐Georg Peurbach에게 번역과 요약과 주해를 포함한 『알마게스트』의 새 지침서를 작성하도록 요청했다. 포이어바흐는 뛰어난 프톨레마이오스 천문학자로, 초심자를 위해 우주론을 요약 서술한 인기 교재의 저자이기도 했다. 그는 그

● 이에 대한 자세한 설명은 다음을 참고하라. Susan Wise Bauer, *The History of the Renaissance World*(W.W.Norton, 2013), 6장

리스어를 몰랐지만 바실리우스의 의뢰를 받아들여 아랍어본을 가지고 작업에 착수했다. 그는 첫 6권을 38세에 완성했는데 갑자기 병에 걸리고 말았다. 1461년 4월에 사망하기 직전에 포이어바흐는 제자인 독일인 수학자 요한 뮐러Johann Muller(당시 25세)에게 일을 마무리해달라고 요청했다.

라틴어 이름인 레기오몬타누스Regiomontanus로 더 알려져 있는 뮐러는 포이어바흐의 요청을 수락해 자신이 하던 일을 제쳐놓고 몇 년을 들여 포이어바흐의 프로젝트에 매달렸다. 그 결과로 나온 책이 『알마게스트 개설Epitome of the Almagest』이다. 『알마게스트』의 정확하고 읽기 쉬운 요약본으로, 『알마게스트』의 전제를 의심없이 받아들이고 있지만 몇 가지 오류를 잡아내기도 했다. (예를 들면 프톨레마이오스 체계는 달의 크기를 왜곡하게 되어 있었다.) 이 책은 난해한 『알마게스트』에 대한 최고의 지침서였지만 한 30년 동안은 그리 널리 읽히지 않았다. 1496년이 되어서야 유럽에 속속 생겨나던 새 출판사들이 인쇄해 널리 읽히게 되었다.[8]

이때는 레기오몬타누스도 사망한 뒤였다. 그는 마흔 번째 생일이 한 달 지난 1476년 7월에 알 수 없는 병으로 숨졌다. (『알마게스트』의 번역은 기대 수명에 좋지 않은 영향을 미치는 듯하다.) 하지만 두 번역가 모두 (사후에나마) 『알마게스트』를 널리 읽히게 한 공로로 찬사를 받았다. 1515년에 수학자 게오르그 탄스테터Georg Tannstetter는 이렇게 경의를 표했다. '최고의 찬사를 받을 가치가 있는 이 두 사람은 인류의 기억에서 사라질 뻔한 천문학의 가장 고귀한 이론을 훌륭하게 되살려냈다.'[9]

역시 독일인이었던 탄스테터는 어느 정도 민족적 자긍심을 담아 이야기한 면이 있었다. 하지만 어쨌든 『알마게스트 개설』은 원전만큼이나 영향력이 있었다. 곧 학교에서 기초 교재로 사용되면서 젊은 천문학자들을 프톨레마이오스의 우주에 대한 전에 없던 정교한 이해로 안내했다. 『알마게스트 개설』을 통해 『알마게스트』는 '천문학의 성경'이라는 위치를 다시 획득했다. 그러나 한 세대 뒤에 『알마게스트』는 치명적인 도전을 맞게 된다.

• 원서: Ptolemy, *Almagest* (ca. AD 150)

07

코페르니쿠스

최후의 고대 천문학자

더 정교한 수학으로 대안적인 우주론을 제시하다
(그러나 역시 '증명'하지는 못하다)

나는 더 합리적인 궤도의 배열이 존재하지 않을까 하는
생각을 종종 하게 되었습니다.
-코페르니쿠스, 『주해』

니콜라우스 코페르니쿠스는 대심이 영 거슬렸다. 그는 18세의 크라코우 대학 학생이던 1491년에 『알마게스트 개설』을 처음 접했는데, 처음부터 더 간결하고 이해하기 쉬운 궤도들이 있지 않을까 하는 생각이 들었다. 프톨레마이오스 모델은 전체적으로 아리스토텔레스 물리학에 기초를 두고 있었다. 무거운 물질과 가벼운 물질의 성질, 무거운 물질이 우주의 중심으로 떨어지는 경향과 같은 것들 말이다. 하지만 프톨레마이오스 모델은 아리스토텔레스의 중심 원리 중 하나를 위반하고 있기도 했다. 천체의 운동이 완전히 동그란 구형을 따른다는 원리였다. 대심과 주전원은 명목상으로 구형의 궤도를 보존하긴 했지만 사실은 구형을 왜곡하는 것이었다. 프톨레마이오스의 궤도가 원형으로 보이려면 눈을 아주 많이 찡그려야만 했다.[1]
그리고 각 행성은 저마다 개별적인 움직임과 개별적인 법칙을 필요로 했다. 코페르니쿠스는 프톨레마이오스 모델에 대해 나중에 이렇게 언급했다.

화가가 사람을 그리는데 손 따로, 발 따로, 머리 따로 각각 다른 사람에게 따와서, 각각은 놀랍게 잘 그렸지만 합쳐놓으니 하나의 신체로 맞아떨어지지 않는 것과 같았습니다. 그 결과는 사람이라기보다는 괴물이었습니다.[2]

그가 거슬러 했던 이유는 프톨레마이오스 체계가 부정확해서가 아니라 간결하지 못해서였다. 코페르니쿠스는 이후 15년을 『알마게스트』를 공부하고 천체를 관측하면서 보냈다. 크라코우 대학 입학 시험을 치른 지 5년 뒤에 알데바란 별(황소자리의 알파성)이 달에 가려지는 성식星蝕을 관측했다. 3년 뒤에는 달과 토성의 합을 추적해 관측하기도 했다. 그는 로마에서 수학을 강의하고 그리스어를 배우면서 하늘을 계속 관찰했다.[3]

1514년 코페르니쿠스는 더 간결한 이론을 만들어낸다. 그는 수학을 제외하고 읽기 쉬운 간단한 형태로 이 이론을 작성해서 친구들에게 돌려 읽혔다. 이 비공식적인 글이 『주해』다. 이 글은 프톨레마이오스 체계도 꽤 잘 돌아간다는 것을 일단 인정하고 있다. 코페르니쿠스의 주된 동기는 프톨레마이오스 체계가 요구하는 수학적인 편법들을 제거하는 것이었다.

프톨레마이오스 등의 천문학자들이 개진한 행성 이론은 수치 자료들과 부합하긴 하지만 … 작지 않은 난점을 제기합니다. 이 이론들은 대심을 도입하지 않으면 부적합해지므로 … 나는 더 합리적인 궤도의 배열이 존재하지 않을까 하는 생각을 종종 하게 되었습니다. 새로운 배열에서는 명백한 모든 균차가 합리적으로 도출될 것이고 모든 것이 합당한 중심점을 따라 운동의 법칙이 요구하는 바에 맞게 움직일 수 있을 것이라고 말입니다. 이 어렵고도 거의 해결 불가능해 보이는 문제를 생각하다가 드디어 더 적고 훨씬 단순한 구성을 가지고도 몇몇 가정들(그것들을 공리라고 부를 것입니다)만 주어진다면 설명할 수 있다는 생각이 떠올랐습니다.[4]

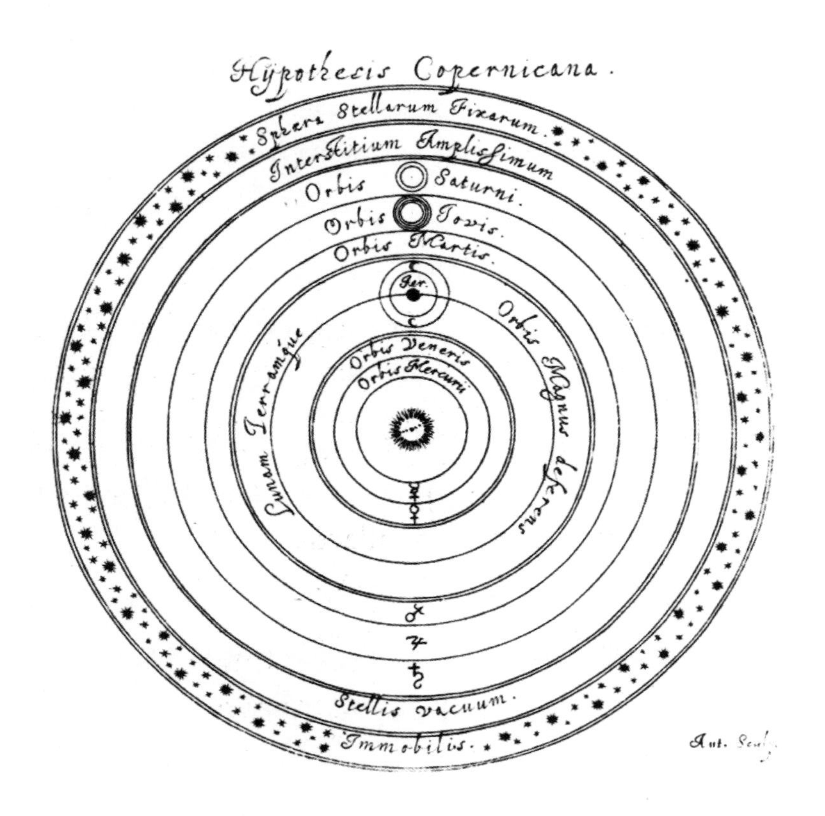

코페르니쿠스의 우주 17세기 요하네스 헤벨리우스(Johannes Hevelius)의 스케치

그 가정들은 단순했다. '모든 천체는 태양을 중심으로 회전한다. 따라서 태양이 우주의 중심이다.' 지구는 '달이 도는 천구'의 중심일 뿐이고, 가만히 서 있지도 않는다. 지구도 다른 천체와 마찬가지로 1년에 제자리로 돌아올 만큼 태양 주위를 빠르게 돈다. 그리고 '고정된 축을 중심으로 날마다 한 바퀴씩 자전을 한다'. 바로 이러한 지구의 움직임이, 태양이 움직이는 것으로 보이고 행성이 역행하는 것으로 보이는 실제 원인이다. 코페르니쿠스는 '지구가 움직인다는 가정만으로도 천체의 많은 균차를 설명하는 데 충분하다'고

결론지었다.[5]

1,800년 전에 아리스타르코스가 태양이 중심이고 지구가 도는 우주를 제안한 바 있었고, 아르키메데스는 이 모델을 가지고 「모래알을 세는 사람」에서 사고 실험을 하기도 했다. 그때는 이 모델이 주류가 되지 못했지만, 코페르니쿠스는 고대 그리스의 지동설 제창자들이 가지지 못했던 이점을 가지고 있었다. 수세기 동안의 관측치가 있던 것이다. 프톨레마이오스 체계는 완전히 정확하게 작동하지는 않았다. 예측치에 작은 불일치와 오차들이 늘 존재했다. 더 오랜 시간에 걸쳐 더 많은 데이터가 쌓여가면서 불일치는 점점 더 두드러졌다. 미국의 과학사학자 겸 철학자인 토마스 쿤Thomas Kuhn이 짚어냈듯이, 이심점을 중심으로 이심원을 도는 행성의 움직임은 시곗바늘의 움직임과 같았다. 1년에 1초가 늦는 시계는 10년이나 100년 뒤까지만 해도 정확하다고 여겨질 수 있겠지만 1,000년이 되면 오차가 명백해진다.[6]

『알마게스트』가 도전을 받을 상황이 무르익어 있었다. 코페르니쿠스는 이후 25년가량 수학적 계산을 완성해서 『주해』를 긴 단행본으로 만들었다. 정설로 자리잡고 있던 고전 『알마게스트』에 대한 의도적인 역제안이었고, 형태나 복잡성이나 길이의 면에서도 그 고전에 비견할 만했다.

『천체의 회전에 관하여』라는 제목의 이 저술은 수학적인 대작이었다. 이전 그리스 수학자들처럼 코페르니쿠스도 데이터를 일관되게 설명할 수 있는 일련의 계산을 수행해서 '현상들을 구제했다'. 다만 차이점은 행성들의 궤도를 지구 주위가 아니라 태양 주위로 조작했다는 점이었다. 그리고 코페르니쿠스는 이를 성공적으로 해냈다. 그는 프톨레마이오스처럼 행성이 중심을 비껴간 궤도를 따라 돌고 있다고 가정할 필요가 없었다. 그의 유일한 제자 레티쿠스Rheticus의 말을 빌리면, 코페르니쿠스는 천문학을 대심에

서 해방시켰다.[7]

하지만 『천체의 회전에 관하여』는 신뢰성에 의구심을 갖게 하는 요소를 많이 가지고 있었다. 우선, 현상들을 완전하게 구제하기 위해 코페르니쿠스는 맞물리며 회전하는 천구들을 프톨레마이오스보다 더 많이 도입해야 했다. 대심은 없앴지만 과도할 만큼 정교하게 맞물리는 기계적 체계를 없애지는 못했다. 또한 지구가 스스로 자전하면서 그와 동시에 빠른 속도로 우주를 내달리며 태양 주위를 돈다는 주장은 일상의 경험과 맞지 않았다. 제자리 뜀뛰기를 해보면 누구나 알 수 있듯이, 공중에 떠 있는 사이에 발 밑의 땅이 저만치 가버리는 일은 없었다. 16세기 물리학은 이러한 현실을 설명할 방법이 없었다. 지구가 눈에 보이는 대로, 즉 가만히 있는 것으로 간주하는 편이 더 합리적으로 보였다.[8]

이 모든 문제에 더해서, 태양 중심설은 태양과 달이 움직이지 않는다는 뜻으로 해석되는 몇몇 성경 구절(가령 「여호수아」 10장 12~13절)과 부합하지 않았다. 신학적 문제는 과학적 문제보다는 심각하지 않았지만, 어쨌든 문제점은 전체적으로 코페르니쿠스의 새 모델에 심각하게 의심을 제기하게 만들었다.

사실 의심의 눈초리가 너무 많아서 『천체의 회전에 관하여』가 1543년에 처음 출간되었을 때 익명으로 쓰인 서문이 추가되었다. 이 서문은 태양 중심 모델이 단지 계산을 위한 도구, 즉 현상들을 구제하기 위한 또 하나의 수학적 도구일 뿐이라고 설명했다. '이러한 가설들은 관찰과 맞아떨어지는 일관된 계산을 제공하기만 한다면 그것으로 충분하며, 진리일 필요가 없고 진리일 법할 필요조차 없기 때문에 … 이 가설들은 누구에게도 이것이 진리라는 확신을 주도록 의도된 것이 아니라 계산의 안정적인 기반을 제공할 목적으

로 만들어진 것입니다.'[9]

책임 면제를 밝히는 이 구절을 코페르니쿠스는 읽지 못했을 수도 있다. 이 글은 그의 친구인 안드레아스 오지안더Andreas Osiander가 쓴 것으로 보인다. (코페르니쿠스는 그에게 『천체의 회전에 관하여』의 출간 과정 전체를 살펴달라고 부탁했다.) 사실 코페르니쿠스의 다른 글들을 보면 그는 자신의 모델이 실제 우주를 정확하게 반영한다고 믿고 있었음이 꽤 분명해 보인다. 히파르코스와 달리 코페르니쿠스는 우주에 나가서 본다면 지구가 정말로 충실하게 태양을 돌고 있는 모습을 보게 될 것이라고 생각했다.

코페르니쿠스는 자신의 모델이 옳다고 확신했지만 자신이 태양 중심 모델을 '입증'하지는 못했다는 사실 또한 잘 알고 있었다. 그는 고대 철학자들이 늘 했던 것을 하고 있었다. 꽤 정확한 계산 결과를 낼 수 있는 모델을 또 하나 만든 것일 뿐이었다.

코페르니쿠스가 직접 쓴 서문은 이 책을 다른 사람도 아니고 교황 바오로 3세에게 헌정하고 있는데, 기존의 지구 중심 모델도 불확실한 수학 이론이었으며 자신의 모델 역시 대안적인 또 하나의 수학적 제안에 불과하다고 설명했다. '이전에도 다른 이들이 천상의 현상들을 설명하기 위해 마음껏 궤도를 구성할 자유를 가지고 있었듯이, 저에게도 이전 사람들보다 덜 불안정한 결과물들을 보일 수 있도록 시험해보는 것이 허용되리라고 생각했습니다.'[10]

'덜 불안정한 결과물들을 보인다'는 말에서 보듯 코페르니쿠스는 자신의 태양 중심설이 '실제로 옳다'고 주장하지는 않았다. 그리스 원자론자들처럼 그도 어쩌다가 진리에 마주쳤다. 역시 그리스 원자론자들처럼 그도 자신의 결론을 확증할 방법이 없었고 이를 스스로도 잘 알고 있었다.

자신의 믿음과 거리를 두는 수사적 전략은 한동안 효과가 있었다. 교황 바오로 3세는 헌정을 기쁘게 받아들였고 『천체의 회전에 관하여』는 이후 70년 동안 교회에서 호의적인 평가를 받았다. 하지만 책의 내용에서 코페르니쿠스가 진짜로 믿던 바가 때때로 표면으로 튀어올랐다. 첫 장의 중간쯤에서 그는 그의 체계에서 가장 논쟁적인 주장을 편다. 지구가 움직이고 태양이 우주의 중심에 있어야만 별들의 움직임을 설명할 수 있다는 것이다. '전체 세계의 조화는, 사람들이 말하듯이, 우리가 두 눈으로 볼 때에만 그것의 진실을 우리에게 알려줍니다.'[11]

하지만 인간의 맨 눈으로는, 두 눈을 다 뜨고 본다 해도, 태양 중심 체계를 '증명'할 수는 없었다.

- 원서: Nicolaus Copernicus, *Commentariolus* (1514)
- 한국어판: 『천구의 회전에 관하여』 (코페르니쿠스 지음, 김희봉 옮김, 엠아이디, 2024)
  『천체의 회전에 관하여』 (코페르니쿠스 지음, 민영기·최원재 옮김, 서해문집, 1998)

2

과학적 방법론이 탄생하다

The Birth of The Method

08

프랜시스 베이컨

새로운 제안

아리스토텔레스의 연역법에 도전하다

오늘날 사용되는 논리학은 … 이로움을 주기보다는
해로움을 주는 경우가 많다.
-프랜시스 베이컨, 『신논리학』

코페르니쿠스의 체계가 나온 지 한 세기가 되었지만 아직 달라진 것은 없었다. 그의 이론은 여전히 변종으로 여겨졌다. 코페르니쿠스 체계는 아리스토텔레스 물리학으로 볼 때 말이 되지 않았다. 그는 지구가 태양 주위를 돈다면 허공을 가르는 지구의 움직임을 그 표면에 사는 우리가 왜 느낄 수 없는지 설명하지 못했다.

『천체의 회전에 관하여』가 나오고 30년 뒤에 덴마크 천문학자 티코 브라헤 Tycho Brahe●가 기발한 해법을 제시했다. 그는 코페르니쿠스 체계의 팬이었다('이 혁신은 프톨레마이오스 체계가 가진 불일치와 불필요한 점들을 훌륭하고 완벽하게 모두 피해간다'). 문제는, 태양 중심 체계에서는 지구가 '움직이기에 적합하지 않은 거대하고 게으른 몸을 가지고' 있으면서도 '마치 하늘의 별처럼' 빠르게 움직여야 했다. 그렇다면 지구는 가만히 있고 태양, 달, 별이 지

● 오늘날 티코 브라헤는 그가 '노바 스텔라nova stella'라고 부른 새 별을 발견한 것으로 알려져 있다. 이 용어는 오늘날에도 초신성suprnova이라는 명칭에 남아 있다.

구 주위를 돌며, 나머지 다섯 개의 행성만 태양 주위를 돈다고 생각하면 어떻겠는가?[1]

티코 브라헤의 독창적인 절충형 모델은 물리학의 문제도 해결하고 천체의 움직임도 설명할 수 있었다. 하지만 코페르니쿠스와 마찬가지로 증거를 제시하지는 못했다. 증거가 없는 상태로는 그의 체계와 코페르니쿠스 체계 모두 프톨레마이오스 체계보다 더 설득력이 있다고 볼 수 없었다. 프톨레마이오스나 아리스토텔레스의 권위를 의심해야 할 이유는 아직 없었다.

●

1603년, 런던 출신의 프랜시스 베이컨은 43세가 되었다. 변호사이자 아마추어 철학자인 그는 행복한 결혼 생활을 하고 있었다. 정치적으로 야망이 있었지만 늘 빚에 시달렸다.

베이컨은 엘리자베스 1세 시절에 궁정에서 충직하게 공직을 수행했지만 크게 인정을 받거나 두각을 나타내지는 못했다. 하지만 이제 엘리자베스 1세는 69세로 사망했고 왕위는 6촌인 스코틀랜드의 제임스 6세이자 영국의 제임스 1세에게로 넘어가게 되었다.

베이컨은 새 왕의 치하에서 자신의 처지가 더 나아지기를 원했지만 궁정의 '핵심'으로 들어가지는 못했다. 더 참고 기다릴 수밖에 없게 된 그는 지난 몇 년간 생각하고 있던 철학 프로젝트에 착수했다. 인간의 지식에 대한 연구로, 그는 여기에 『신적, 인간적 학문의 숙달과 진보에 관하여On the Proficience and Advancement of Learning, Divine and Human』(줄여서 『학문의 진보』)라는 이름을 붙였다.

베이컨의 기획이 다 그렇듯 이 프로젝트는 어이없을 정도로 야심찼다. 모든 학문을 적절한 분야로 분류하고 그것을 공부할 때 생길 수 있는 모든 장애

물을 기술하고자 했다. 1부는 학문의 세 가지 '병'을 비판하는 내용이었다. 세 가지 병 중 하나는 '헛된 상상'이었는데, 점성술이나 연금술처럼 실제 사실에 기반을 두지 않은 상태로 학문을 추구하는 것을 의미했다. 2부에서는 모든 지식을 세 개의 분야로 나누고 그중 자연 철학이 가장 핵심을 차지해야 한다고 주장했다. 과학, 즉 우주와 세상을 이해하는 기획이야말로 인간이 추구할 수 있는 가장 중요한 지적 탐구였다. 역사('이미 일어난 모든 것')와 시('상상의 글')는 2위와 3위를 차지해야 마땅했다.[2]

하지만 한동안 베이컨은 이 생각을 더 확장할 수 없었다. 『학문의 진보』에는 제임스 1세에게 바치는 과도하리만치 과장된 헌정문이 담겨 있다('저는 폐하의 덕성과 역량에 극도의 경이로움을 느꼈으며, 아니 사실 더할 수 없이 경탄하고 말았습니다. … 폐하가 가지신 능력의 광대함과 기억의 정확성, 빠른 이해력과 정교한 판단력, 말씀의 논리 정연함과 유려함 … 예수 이래 어떤 왕이나 군주도 폐하만큼 신적, 인간적 학식 모두에 박식하지는 못했습니다'). 이렇게 굽실거린 것은 성과가 있어서, 1607년에 베이컨은 오래도록 원했던 왕실 법관으로 임명되었고 그 때문에 이후 10년가량은 에너지를 공직에 쏟아야 했다.

베이컨은 1618년에 더 높은 자리인 왕실 대법관이 되고서야 자연 철학에 다시 관심을 가질 수 있었다. 이제까지 정치 영역에서 최고에 오르기 위해 애를 쓴 만큼, 이제는 더 위대한 과업에 대해 글을 쓸 때가 되었다고 생각했다. 사람들의 정신에 지침을 주고 새로운 진리로 이끌, 새로운 철학 체계를 만들려는 것이었다. 그는 완전히 새로운 사고방식을 담게 될 이 대작을 『대혁신Great Instauration』이라고 불렀다.

총 6부 중 1부는 '고대의 사고방식'에 대한 것으로, 『학문의 진보』에서 편 주장과 비슷했다. 하지만 1620년에 나온 2부에서는 전적으로 새로운 이론을 개진했다. 아리스토텔레스 방법론에 대한 대대적인 도전임과 동시에 '이성을 더 완벽하게 사용하는 새로운 원칙'에 대한 설명이었다.[3]

아리스토텔레스의 사고방식은 연역 추론에 크게 의존한다. 고대 논리학자들과 철학자들에게는 연역 추론이 진리로 가는 가장 고귀하고 훌륭한 길이었다. 연역 추론은 일반적인 전제에서 출발해서 구체적인 결론을 도출한다.

> **대전제** 모든 무거운 물질은 우주의 중심을 향해 떨어진다.
> **소전제** 지구는 무거운 물질로 되어 있다.
> **소전제** 지구는 떨어지지 않는다.
> **결 론** 지구는 이미 우주의 중심에 있는 것이 틀림없다.

하지만 베이컨은 연역법이 증거들을 왜곡하는 막다른 골목이라고 생각했다. '자기 마음대로 질문을 먼저 설정하고는 경험을 자기 편할 대로 구부려 자신의 결론에 찬성표를 던지게 만듦으로써, 줄줄이 묶인 죄수를 끌고 가듯 경험을 끌고 간다'는 것이었다. 그는 신중하게 사고하는 사람이라면 반대 방향으로 논리를 전개해야 한다고 보았다. 그는 구체적인 것에서 시작해서 일반적인 결론으로 나가야 하며, 구체적인 증거의 조각들에서 시작해서 귀납적인 방식으로 더 큰 주장을 지어나가야 한다고 설파했다.[4]

새로운 사고방식인 귀납법은 3단계로 되어 있었다. 그는 '진정한 방법론'은 다음과 같아야 한다고 주장했다.

> 우선 촛불을 켜서 길이 보이게 한다. 서투르거나 변덕스러운 것이 아닌, 충실하게 질서를 따른 경험으로 파악해나간다. 그렇게 해서 공리를 도출한다. 다음에는 도출된 공리로부터 다시 새로운 실험을 한다.

자연 철학자는 우선 세상이 어떻게 작동하는가에 대한 개념을 세우고('촛불을 켠다'), 그 개념을 실제 세계에 견주어 검증해야 한다. 이는 '충실하게 질서를 따른 경험', 즉 주변 세계에 대한 면밀한 관찰과 세심하게 고안한 실험 두 가지 모두를 통해 수행해야 한다. 그렇게 해야만 마지막 단계로 '공리를 도출'하고 참이라고 주장할 만한 이론을 정립할 수 있다.[5]

가설, 실험, 결론. 이렇게 베이컨은 과학적 방법론의 개요를 제시했다.

물론 완전히 발달된 상태의 방법론은 아니었다. 그렇더라도 베이컨의 『대혁신』 2부는 아리스토텔레스의 연역법에 대한 분명한 도전이었다. 베이컨은 심지어 2부의 제목을 『신논리학』이라고 지었는데, 아리스토텔레스의 『논리학』을 염두에 둔 것이었다. (아리스토텔레스 『논리학』의 그리스어 제목은 Organon으로 '학문의 도구'라는 의미다. 베이컨의 제목인 라틴어 Novum Organum은 아리스토텔레스의 논리학을 새로이 대체할, '학문의 새로운 도구'라는 의미다.)

『신논리학』의 표지에는 신화에 나오는 '헤라클레스의 기둥' 너머로 위풍당당하게 항해하는 배가 그려져 있다. 배는 베이컨의 귀납법이고, 헤라클레스의 기둥은 고대 세계의 가장 바깥 경계(고대사 연구자들은 지브롤터 해협의 양쪽 곶을 헤라클레스의 기둥이라고 본다), 여기서는 학문의 옛 방식이 최대한 멀리 갈 수 있는 한계를 의미한다.[6]

『신논리학』이 출간된 지 1년도 지나지 않아 베이컨은 정치적 반대 세력에게 뇌물 수수 혐의로 고발 당한다. 그는 '손과 심장 모두 깨끗하다'고 항변했지만 기소를 뒤집지 못했다. 대법관직을 잃고, 벌금이 부과되었으며, 짧은 기간 동안 런던탑에 수감되기까지 했다. 나중에는 제임스 1세가 벌금을 면해주고 죄도 사면해주었지만, 그의 배를 밀어주던 바람은 사라져버렸다.

『대혁신』 표지 이 책의 2부가 『신논리학』이다

베이컨은 5년 뒤에 폐렴으로 숨지는데, 『대혁신』의 완성까지는 어림도 없는 상태였다.[7]

하지만 이후로도 『신논리학』은 17세기 과학을 계속 재구성했다. 1662년 찰스 2세는 '자연계의 지식을 증진시키기 위한 영국 왕립 학회Royal Society of London for Improving Natural Knowledge'에 칙령을 하사했다. 왕립 학회는 실험 방법론에 헌신하는 자연 철학자들의 모임이었고 이들은 모두 『신논리학』을 공부한 베이컨적 방법론의 사도들이었다. 시인이자 열정적인 아마추어 과학자였던 에이브러햄 카울리Abraham Cowley는 왕립 학회에 바친 헌정시에서 베이컨이 '진정한 이성'으로 고대의 권위자를 무너뜨렸다고 찬양했다.

> 뽐내고 으스대며 거들먹거리기만 하던
> 고대의 권위자들은
> 옛 거인의 더 거대한 유령처럼
> 학식 있는 자들을 궤멸시키겠다 겁주지만
> 진정한 이성의 빛이라는 마법으로
> 그는 우리 시야에서 그것을 쫓아버리며
> 살아 있는 사람들이 죽은 자의 헛된 그림자에 오도되지 않게 하노니

실험 방법론으로 드디어 인간은 내적 논리를 가지고 씨름하기보다 자연을 직접적으로 들여다볼 수 있게 되었다.

> 사고의 그림일 뿐인 단어들로부터,
> (우리는 또한 단어들에서 뒤틀린 형태로 사고를 끌어내기도 하지만)
> 정신의 올바른 대상인 사물들로,
> 그는 우리를 이끈다. …
> 있는 그대로 정확한 조각을 만들려는 사람은
> 다른 이의 작품을 베껴 모방해올 수 없다. …

그는 자신의 눈으로 자연과 살아 있는 것들을 직면해야 한다.
그의 눈과 손이 내리는 모든 판단은 실제의 사물이 좌우해야 한다.[8]

이 시구는 루크레티우스가 쓴 에피쿠로스 찬가를 의도적으로 본뜬 것이다. 에피쿠로스가 원자론으로 미신과의 끈을 끊었듯 베이컨은 실험 방법론으로 아리스토텔레스와의 끈을 끊으려 했다.

1818년의 유명한 연설에서 『브리태니커』의 대표 편집자인 맥비 네이피어 Macvey Napier는 이렇게 말했다. '베이컨의 뛰어난 점은 여기에 있다. 처음으로 그는 자연 세계의 탐구에 쓰일 올바른 논증의 규칙과 그것을 지킬 수 있는 방법을 분명하고 완전하게 짚어냈다.' 드디어 자연 철학자들이, 코페르니쿠스의 말처럼, '두 눈으로 본' 관찰에 기초해 결론을 내리게 할 방법론이 세워졌다.[9]

- 원서: Francis Bacon, *Novum organum* (1620)
- 한국어판: 『신기관』 (프랜시스 베이컨 지음, 김홍표 옮김, 올재, 2020)
  『신기관』 (프랜시스 베이컨 지음, 진석용 옮김, 한길사, 2016)
  『신논리학』 (프랜시스 베이컨 지음, 김홍표 옮김, 지식을만드는지식, 2014)
  『신논리학』 (프랜시스 베이컨 지음, 윤한정 옮김, 다락원, 2009)

09

윌리엄 하비

입증

관찰과 실험으로 고대의 위대한 권위자를 반박하다

그러므로 … 살아 있는 생물을 자주 해부해서 눈으로 직접 보는 것이
진리를 찾고 분별하는 데 유익할 것입니다.

–윌리엄 하비, 『심장의 운동에 관하여』

아직 스캔들로 명예가 실추되지 않은 프랜시스 베이컨이 정치 경력의 정점에 있던 시절, 윌리엄 하비는 런던에서 처음으로 공개 해부 강연을 했다. 37세의 하비는 작은 키에 에너지가 넘치고 빠른 말투를 가진 강사로, 영어와 라틴어를 섞어 강의했고 왕립 외과의사 협회Royal College of Surgeons에서 받은 '가느다란 고리버들'로 앞에 놓인 시신의 내장 기관을 짚어가며 설명했다. 그는 막 해부학 분야의 '럼리 강의(왕립 의사 협회에서 운영하는 연간 강의 시리즈로, 1582년에 시작했다—옮긴이)' 강사로 임명된 터였다. 그가 맡은 일은 인체에 대해 1주일에 두 번 강의를 하고, (시신이 천천히 부패하는) 겨울에는 사형 당한 흉악범의 시신을 활용해 해부 시연을 하는 일이었다.[1]

강의와 시연의 내용은 2세기 의사 갈레노스Galenos의 교과서를 따를 것으로 기대되었다. 갈레노스는 히포크라테스의 가르침 위에 동물을 해부해 얻은 지식을 추가해서 방대한 저술을 남겼다. 갈레노스는 신체의 구조를 파악하지 않고는 신체를 이해할 수 없다고 보았다. 그의 해부학 저술은 12세

기 번역가들 덕분에 유럽 의사들에게 알려졌고 모든 의학 지식의 기초로 자리잡았다.

하지만 로마인이자 그리스어를 배운 사람이었던 갈레노스는 인간의 신체를 해부하는 데 이중의 금기를 가지고 있었다. 고대 그리스인들은 시신을 적합하게 매장해야만 영혼이 낙원에 들어갈 수 있다고 보았고, 로마에서 이러한 믿음은 매장되지 못한 시신은 불행하게 지상을 떠돈다는 미신으로 이어졌다. 영혼이나 내세를 믿지 않은 합리론자들도 인간의 시신만큼은 해체되어서는 안 되며 합당하게 매장되어야 한다고 생각했다. 알렉산드리아의 극소수 도발적인 해부학자들(기원전 3세기에 활동했던 헤로필로스나 에라시스트라토스 등)을 제외하면, 그리스와 로마의 의사들은 개, 고양이, 소, 그리고 간혹 원숭이와 같은 동물을 해부해서 알아낸 것을 기반으로 미지의 인체를 추론했다.[2]

갈레노스의 저술이 유럽에 다시 알려지면서, 갈레노스가 동물 해부로 알아낸 것들을 인간 신체에 견주어 확인해보고자 하는 열망도 커졌다. 이 무렵 서구 교회는 고대보다 인체 개념이 덜 미신적이었다. 인체 해부는 1315년 경부터 대학 강의에 간헐적으로 도입되기 시작한 것으로 보인다. 그리고 1482년에 교황 식스토 4세가 해부하고 남은 시신이 기독교식으로 잘 매장되기만 한다면 인체 해부를 피해야 할 신학적인 이유는 없다고 선포하면서 인체 해부가 더 진전될 수 있었다.[3]

하비의 시대에 인체 해부가 가장 활발히 이뤄졌을 법한 곳은 이탈리아 의과 대학들이었다. 볼로냐 대학의 야코포 베렌가리오 다 카르피Jacopo Berengario da Carpi는 수백 구의 시신을 해부했다고 알려져 있으며 그의 저술은 심장, 맹장, 자궁 등의 위치를 정확하게 나타낸 해부도가 등장하기 시작한 초창기 저술에 속한다. 또 파도바 대학의 안드레아스 베살리우스Andreas Vasalius도 인체 해부에서 발견한 바를 바탕으로 갈레노스의 권위에 중대한 도전을 제기했다. 베살리우스의 방대한 해부학 저서 『인체의 구조De humani corporis fabrica』에는 실제 해부를 바탕으로 한 상세한 그림들이 아주 많이 담겨 있다. 베살리우스는 정확한 해부학적 지식이 모든 의학 교육과 치료의 기초가 되어야 한다고 보았고, 해부학자들이 과거 권위자들의 가르침에 의존하지 말고 (대학에서 이런 일이 너무 많다고 그는 개탄했다) 자신의 눈으로 직접 보아야 한다고 주장했다. '오늘날 학교 수업은 별 도움이 안 되는 우스꽝스러운 질문들을 다루느라 시간을 많이 낭비한다. 그보다는 푸줏간에서 푸주한에게 더 많은 것을 배울 수 있을 것이다.'[4]

1543년에 나온 『인체의 구조』는 파도바 대학에 해부학 실습 전통을 탄탄하게 세웠다. 그리고 윌리엄 하비는 의학을 공부할 장소로 파도바를 택했다. 파도바에서 하비는 '인체 구조를 직접 해부하고 조사해서 갈레노스의 가르침과 꼼꼼하게 비교해보라'고 누누히 가르쳤던 베살리우스식 교육을 접했다.[5] 베살리우스는 그런 정밀한 관찰(코페르니쿠스가 말한 '두 눈으로 보는' 것)을 통해서 갈레노스의 결론 중 틀린 부분들을 명백하게 입증할 수 있었다. 하지만 『인체의 구조』가 나온 후 반세기가 지나서도 여전히 갈레노스에 기초해 강의를 할 것으로 기대되었다. 갈레노스는 '의학의 아버지'였고, 그의 교과서는 아리스토텔레스의 『자연학』이나 프톨레마이오스의 『알마게스트』만큼이나 존경과 권위를 받고 있었다.

•

럼리 강좌 첫 해부터 하비는 고대의 스승 갈레노스와 완전히 대립했다. 하비는 강의 노트에 이렇게 적었다. '혈관을 동여매보면 알 수 있듯이 혈액은 동맥에서 나와서 정맥으로 흘러 들어간다. 혈액은 지속적으로 순환하며, 그 순환을 일으키는 것은 심장의 박동이다.'[6]

갈레노스의 가르침과는 전혀 다른 내용이었다. 갈레노스가 동물 해부에서 관찰한 바에 따르면 심장은 두 개의 심방으로 이뤄져 있었고 우심방 혈액이 좌심방 혈액보다 색이 짙었다. 하지만 해부만으로 두 심방이 어떻게 작동하는지는 알 수 없었다. 그래서 갈레노스는 각 심방에서 다른 종류의 혈액이 나온다는 이론을 세웠다.

갈레노스는 우심방의 짙은 혈액이 사실은 간에서 만들어지는 것이라고 생각했다. 위가 음식을 소화시켜서 영양분이 담긴 액체인 '유미즙'으로 만들면, 유미즙이 간으로 가서 '정맥혈'이 된 다음에 정맥을 통해 (갈레노스는 모든 정맥이 간에서 시작된다고 믿었다) 신체의 각 기관에 양분을 공급한다고 보았다. 정맥혈의 일부는 우심방을 거쳐 폐로 가서 폐에 양분을 공급한다고 여겨졌다.

한편, 동맥은 정맥혈과 다른 종류의 혈액을 나른다고 생각됐다. 갈레노스에 따르면, 폐를 통해 신체에 들어온 숨pneuma(생명의 기)이 좌심방으로 가면 정맥혈과 합쳐져 '동맥혈'이 되는데 이 동맥혈은 정맥혈보다 묽고 색이 옅으며 더 빠르게 움직인다. 그는 동맥혈이 동맥을 따라 흐르면서 신체 기관에 생명의 기를 운반한다고 보았다. 영양분과 생명의 기, 정맥혈과 동맥혈. 신체 기관이 기능하려면 둘 다 필요했다.

그런데, 갈레노스에 따르면, 동맥혈과 정맥혈이 신체 기관에 보내지는 데 펌프질이 필요하지는 않았다. 갈레노스는 영양분이 필요할 때면 신체 기관들이 자체적으로 흡입력 같은 것을 발휘해 정맥혈을 빨아들인다고 생각했고, 동맥혈은 (심장이 아니라) 동맥 자체의 맥동에 의해 움직인다고 보았다. 심장의 기능은 공기와 정맥혈을 빨아들여서 동맥혈로 바꾸는 것 정도로만 여겨졌다.

따라서 심장의 박동은 원인이 아니라 효과로 간주됐다. 호흡을 할 때 들어오는 생명의 기는 폐를 거쳐 좌심방으로 가서 정맥혈을 만나 정맥혈의 온도를 끓는점까지 올린다. 온도가 높아진 혈액이 팽창하면 심장도 팽창한 혈액을 담기 위해 팽창한다(심장 확장diastolic, 이 용어는 '팽창'을 의미하는 그리스어 디아스톨레diastole에서 나왔다). 그리고 혈액이 식어서 동맥으로 빠져나오면 심장은 팽창이 풀리고 원래의 크기로 수축한다(심장 수축systolic, 이 용어는 '수축'을 의미하는 그리스어 시스텔레인systellein에서 나왔다).

그런데 문제가 하나 있었다. 갈레노스 체계에 따르면 정맥혈이 우심방에서 좌심방으로 이동해야만 좌심방에서 생명의 기와 섞일 수가 있는데, 두 심방이 연결된 것 같아 보이지 않은 것이다. 그래서 갈레노스는 관찰 결과와 배치되는 결론을 내렸다. 아리스토텔레스적 방식으로, 전체를 설명하는 이론이 물리적 현상 위에 군림하게 한 것이다. 갈레노스는 눈에 보이지 않는 미세한 구멍들이 두 심방 사이에 뚫려 있는 것이 틀림없으며, 그 구멍을 통해 정맥혈이 우심방에서 좌심방으로 새어 들어간다고 보았다.[7] 이는 프랜시스 베이컨이 한탄한 종류의 연역법이었다.

하비는 갈레노스 이론에서 여러 가지 문제를 발견했다. 우선 미세한 구멍들이 있다는 것에 대해 관찰 가능한 증거를 전혀 찾을 수 없었다. 둘째, 그가 보기에 두 개의 심방은 구조가 매우 비슷했다. 그렇게 다른 기능을 하는 두 심방이 어떻게 구조가 이토록 비슷할 수 있단 말인가? 셋째, 동맥혈과 정맥혈은 색만 빼고 다른 것은 모두 동일해 보였다. 따라서 하나는 소화된 음식을, 다른 하나는 숨을 나른다고 보기 어려웠다. 넷째, 좌심방에서 나오는 동맥과 우심방에서 나오는 정맥은 용량과 역량이 비슷해 보였는데 갈레노스에 따르면 동맥은 신체 전체에 동맥혈을 나르고 정맥은 폐까지만 정맥혈을 나르는 것으로 되어 있었다. 그렇다면 폐는 대체 왜 그렇게 많은 혈액을 필요로 하는 것인가?[8]

하비는 자신이 관찰한 심장과 혈관의 구조에 맞는 새로운 이론, 그리고 관찰과 검증(자신의 이론과 갈레노스의 이론 모두)을 통해 귀납적으로 도출한 새로운 이론이 필요했다. 그는 약 15년을 들여 새 이론을 정교화했다. 심장에서 각 박동 때 나오는 혈액의 양을 측정해서, 갈레노스의 이론이 맞으려면 신체가 보유할 수 있는 것보다 더 많은 혈액이 있어야 한다는 것을 밝혀냈다. 동물의 심장을 해부해서 심장이 근육처럼 행동하며, 적극적인 움직임의 단계에서 (갈레노스가 이론화했듯이 느슨하게 풀어지는 단계에서가 아니라) 수축한다는 것을 입증했다. 정맥을 해부해서 갈레노스가 말한 정맥혈의 이동 방향과 정맥 판막의 구조가 맞아떨어지지 않는다는 것을 드러냈다. 또한 동물을 살아 있는 동안 해부해서 (끔찍하지만 당시에는 합당한 의학 실험의 일부였다) 심장의 움직임을 관찰했다. 나중에 그는 지인에게 이렇게 말했다. '여러 동물들을 도구와 실험을 통해 기관의 구조, 상태, 연결을 조사하고, 그 결과로 알게 된 것들의 중요성을 세심하게 고려하지 않은 채로 어느 기관의 기능이나 용도를 제대로 알아낸 사람은 없었습니다.'[9]

이 모든 것이 베이컨적이었다. 새로운 실험 방법론이 실제로 적용된 것이다. 하지만 프랜시스 베이컨이나 윌리엄 하비는 서로 둘이 비슷하다는 생각을 일축했을 것이다. 하비는 아리스토텔레스를 비난하기는커녕 아리스토텔레스의 권위를 옹호했다. 아리스토텔레스가 심장이 신체에서 가장 중요한 기관이라고 했기 때문이다. (갈레노스는 간이 가장 중요한 기관이라고 했다.) 하비는 그 이후에 베이컨이 대법관이던 시절에 베이컨의 통풍을 치료한 적이 있었는데 그 이후에 베이컨을 별로 좋아하지 않게 되었다. 그는 베이컨이 철학을 정치인처럼 이야기한다고 경멸조로 말했다. 친구에게 보낸 편지에서 베이컨의 눈이 독사 눈 같다고 적기도 했다.[10]

베이컨도 의사들을 높이 평가하지 않았다. 『학문의 진보』에서 한 절 전체를 의학 분야의 결함을 적는 데 할애했을 정도다. 베이컨이 보기에 의사들은 엄정한 인과 관계를 찾기에는 너무 느슨하고, 미신을 즐겨 시도하며, 불합리한 치료법을 적용하기 일쑤고, 자신이 쓰는 약품이 무엇으로 구성되어 있는지에 대해 부주의하고, 환자의 고통에 둔감했다.

하지만 하비는 계속해서 베이컨적으로 실험을 했고 자신의 새 이론을 뒷받침하기 위한 증거를 차곡차곡 쌓아나갔다. 1628년에 하비는 연구 결과를 종합해 『심장의 운동에 관하여De motu cordis』를 라틴어로 펴냈다. 1653년에는 영어 번역본이 나왔다.

『심장의 운동에 관하여』에서 하비는 혈액이 우심방에서 폐로 뿜어져 나갔다가 폐에서 좌심방으로 다시 돌아와서 거기서부터 동맥을 따라 신체를 돈다고 보았다. 그리고는 정맥을 따라 심장으로 돌아옴으로써 혈액이 완전한 순환을 한다고 여겼다. 하비는 이 체계의 모든 부분을 입증할 수 있었는데 한 가지만 그렇지 못했다. 혈액이 동맥에서 정맥으로 이동하는 길을 찾을 수가 없었다.

역설적이게도, 이 부분에서 하비는 그가 한탄한 갈레노스의 방법을 따라할 수밖에 없었다. 하비는 눈에 보이지 않을 정도로 가느다란 연결망이 정맥과 동맥을 실처럼 연결하고 있을 것이라고 추론했다.

훗날 이는 사실로 판명된다. 이탈리아의 의사 마르첼로 말피기Marcello Malpighi

가 1661년에 새로운 현미경 기술의 도움으로 모세 혈관을 관찰한 것이다. 하비가 죽은 지 4년 뒤였다. 어쨌든 이 마지막 한 가지 입증이 빠진 채로도 심장 운동과 혈액 순환에 대한 하비의 이론은 잘 맞아떨어졌고, 다른 모든 면에서 해부가 제공하는 시각적 증거들과 부합했다.

말년에도 하비는 자신의 체계가 맞다는 점을 계속해서 증명해나갔다. 그는 갈레노스에 대한 비판이 정당하다는 것을 절대적으로 확실하게 만들기 위해 실험을 계속했다. 70대가 되어서도 멈추지 않았다. 1651년 3월에 그는 '최근에 시도한' 새 실험에 대해 지인에게 편지를 썼다. '교수형에 처해진' 남자의 '오른쪽 심장을 묶고' 물을 채우는 실험이었다. 결과는 명료했다. '한 방울의 물이나 혈액도 좌심방으로 새어나가지 않았습니다.' 갈레노스가 말한 구멍들은 존재하지 않았다.[11]

이 실험에 대해 하비는 이렇게 결론을 맺었다. '이 실험을 몇 번이고 되풀이 해봐도 좋습니다. 결과는 여전히 내가 말한 것을 보여줄 것입니다.' 반복 가능한 실험적 증명이라는 방법론은 인체에 대해 완전히 새로운 이론을 구축하는 데 사용되었다. 갈레노스의 오랜 권위는 무너졌다.

• 원서: William Harvey, *De motu cordis* (1628)

10

갈릴레오 갈릴레이

아리스토텔레스의 죽음

관찰과 증명으로 아리스토텔레스의 권위를 무너뜨리다

우리 시대에는 새로운 사건들과 새로운 관찰들이 있어서,
아리스토텔레스가 오늘날 살았더라면 이 새로운 사건들과 관찰들을 보고
자신의 견해를 바꾸었을 것이라고 확신합니다.
-갈릴레오 갈릴레이, 『대화: 천동설과 지동설, 두 체계에 관하여』

21세의 윌리엄 하비가 의학을 공부하러 파도바 대학에 왔을 때 갈릴레오 갈릴레이는 이미 이곳에서 수학 교수로 명성을 날리고 있었다.

갈릴레이는 하비보다 열네 살이 많았는데 인기가 아주 많은 강사였다. 2,000명이 들어가는 가장 큰 강의실을 사용했고, 그의 강의를 들으러 유럽 전역에서 온 학생들로 강의실이 가득 찼다. 하지만 하비가 갈릴레이의 강의를 들었는지에 대한 기록은 남아 있지 않다. '수학'은 광범위한 분야를 아우르고 있어서, 갈릴레이의 강의는 대수, 기하, 천문, 물리, 그리고 군사력 강화의 기술이나 공학까지도 포괄했다. 그렇지만 하비가 배우는 과목과 딱히 겹치는 것들은 아니었다. 그는 의학을 공부하러 온 것이었고 지금처럼 그때도 의학은 세부적이고 범위가 좁은 학문이었다.[1]

파도바에 오기 전에 갈릴레이는 3년간 피사 대학에서 불행한 시기를 보냈다. 갈릴레이는 아리스토텔레스 물리학에 점점 비판적인 입장을 갖게 되었

는데, 이는 피사 대학의 전통주의자들에게 호의적인 평가를 받을 수 있는 견해가 아니었다. 그가 요령 없이 대학 후원자가 고안한 운하 준설 기계가 '무용하다'고 평가하자(이 모델이 얼마나 무용한지를 시연으로 증명하기까지 했다) 수치심을 느낀 후원자는 갈릴레이의 반대파에 동참했다.[2]

그래서 1592년에 파도바 대학이 교수직을 제의하자 갈릴레이는 냉큼 수락했다. 하지만 피사에서 보낸 기간은 시간 낭비가 아니었다. 피사 대학에 있는 동안 갈릴레이는 힘과 운동에 대한 미출간 논문 모음집 『운동에 관하여 De Motu』를 썼는데, 이는 코페르니쿠스 체계의 풀리지 않는 문제들을 해결하기 위한 경로의 첫 번째 단계였다.

이때까지만 해도 갈릴레이는 딱히 천체에 관심이 있지 않았다. 그의 관심은 지상에 있었다. 말년에 갈릴레이는 큰 우박과 작은 우박이 나란히 떨어지는 것을 보면서 아리스토텔레스 물리학에 의구심을 갖기 시작했다고 회상했다. 아리스토텔레스가 맞으려면 큰 우박들은 전부 다 더 높은 곳에서 떨어져야만 했다. 큰 물체가 더 빠르게 떨어지기 때문이었다(아리스토텔레스에 따르면, 물체가 떨어지는 것은 '자연적인 위치'로 가고자 하는 경향 때문이다. 무거운 물질의 자연적인 위치는 우주의 중심이다. 큰 물체는 무거운 물질이 더 많이 모여 있으므로 작은 물체보다 빠르게 떨어진다).[3]

갈릴레이는 큰 우박들이 전부 다 더 높은 곳에서 떨어진다고는 믿을 수 없었다. 『운동에 관하여』를 보면 갈릴레이가 피사에 있던 시기에 일련의 실험을 해서 아리스토텔레스의 운동 역학과 명백히 상충하는 결과들을 드러냈다는 것을 알 수 있다.

약 70년 뒤에 나온 갈릴레이의 첫 전기에 따르면(갈릴레이의 조교였던 이탈리아 수학자 빈센초 비비아니Vincenzo Viviani가 쓴 것이다) 갈릴레이가 '피사의 사탑에

갈릴레이의 실험

서 무게가 다른 추들을 떨어뜨리는 실험을 여러 번 해서' 추들이 동시에 떨어지는 것을 확인함으로써 아리스토텔레스가 틀렸음을 입증했다고 한다. 비비아니의 전기는 시간과 장소에 오류가 많고 피사의 사탑 이야기도 실제로 그곳에서 진행한 실험인지에 대해 의구심이 제기되고 있다. 하지만 갈릴레이의 사상에 대해 저명한 연구서를 낸 스틸먼 드레이크Stillman Drake가 언급했듯이, 갈릴레이가 공개 시연을 여러 번 했으며 피사 대학의 제자들도 그것을 보았으리라는 점은 분명해 보인다. 진리는 언제나 시연으로 입증할 수 있다고 갈릴레이는 믿고 있었다. '진리는 … 생각보다 깊이 숨겨져 있지 않습니다.' 그는 『운동에 관하여』 9장에서 이렇게 언급했다. '진리는 공개적이고 분명하게, 더없이 단순하고 명백하게, 자연으로부터 우리에게 모습을 드러냅니다.'[4]

하지만 이때는 베이컨적 방법론(반복 실험을 통해 참을 입증하는 것)이 아직 학계 권위자들 사이에서 널리 받아들여지지 않고 부차적인 것으로만 취급되던 시절이었다. 40년 뒤에 갈릴레이는 『대화: 천동설과 지동설, 두 체계에 관하여』에서 한 등장인물의 입을 빌어 해부학 공개 시연을 참관한 어느 베네치아 철학자를 신랄하게 비웃는다. 이 해부학 시연은 모든 신경이 심장에서 나온다고 본 아리스토텔레스의 주장을 반박하기 위해 저명한 해부학자가 진행한 것이었다.

> 해부학자는 신경의 큰 줄기가 뇌에서 나와서 목의 뒤쪽을 지나 척추로 이어지고 다시 각 신체로 가지를 쳐서 뻗어나가며, 심장으로는 실처럼 가는 한 줄기만 이어진다는 것을 보여주었습니다. 그는 (베네치아 철학자를) 보면서(이 실험은 그를 위해 모든 것이 매우 꼼꼼하게 진행됐습니다) 신경이 (심장이 아니라) 뇌에서 나온다는 것을 이제 확신하게 되었는지 물었습니다. … 철학자는 한동안 생각하더니 대답했습니다. "당신이 이 문제를 너무 명백하고 생생하게 보여주어서, 신경이 심장에서 나온다고 분명히 밝히고 있는 아리스토텔레스의 저술에 모순되지만 않는다면 나는 그것이 참이라고 인정할 수밖에 없겠습니다."[5]

보는 것은 아직 믿는 것이 아니었다.

갈릴레이가 『운동에 관하여』를 출판하지 않은 이유는 아마도 몇 가지 핵심 문제에 만족할 만한 답을 찾지 못해서였을 것이다. 하지만 그는 계속해서 관찰했다. 파도바에 온 지 15년쯤 뒤에 갈릴레이는 눈이 볼 수 있는 범위를 확장시키는 새로운 도구를 알게 되었다. 네덜란드 안경사 한스 리페르세이Hans Lippershey가 원시 교정을 위해 사용하던 볼록 렌즈와 근시 교정을 위해 사용하던 오목 렌즈를 합해 만든 도구였다. 1608년 10월 2일에 리페르세이는 네덜란드 의회에 이 '망원경'에 대해 특허를 요구했다.[6]

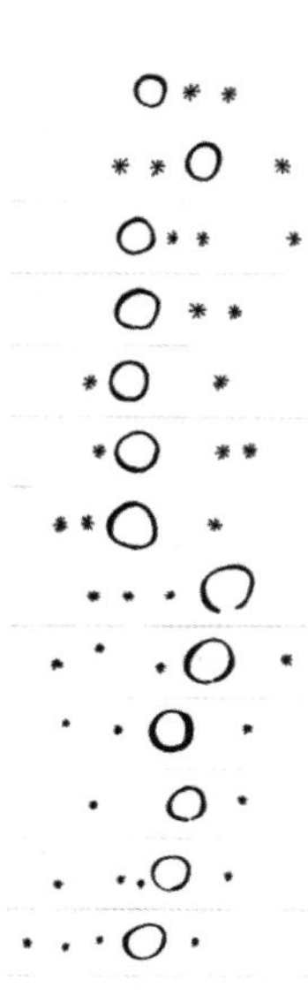

갈릴레이와 목성 갈릴레이가 망원경으로 관측해서 그린 그림을 재현한 것

의회는 리페르세이가 보낸 망원경을 구매했지만 특허 부여는 거부했다. 그래서 1년이 채 못 돼서 망원경은 유럽 전역에서 제작돼 쓰이게 되었다. 갈릴레이는 베네치아에서 1609년경 처음 망원경을 접한 것으로 보인다. 그리고 집에 오자마자 렌즈를 직접 깎아서 굴절을 개선했다.

리페르세이의 도구는 맨눈보다 약간 나을 뿐이었지만 갈릴레이는 20배율까지 성능을 확장시켰다. 망원경으로 관찰한 후 1년이 지나지 않아서 갈릴레이는 관찰에 기반한 천체 연구서 『시데레우스 눈치우스(별의 전령)』를 출간했다. 권두에는 다음과 같이 쓰여 있었다. '달의 표면과 무수한 항성과 은하와 성운에 관하여. 특히 서로 다른 거리와 서로 다른 주기로 매우 빠르게 목성 주위를 도는 네 개의 위성에 관하여.'[7]

갈릴레이는 망원경으로 달 표면의 마루와 골을 관찰했고 맨눈으로 볼 수 있는 것보다 훨씬 많은 별을 관찰했으며 별들이 모여서 이루어진 성운도 관찰했다. 하지만 목성 주위를 도는 네 개의 위성이 '이 책에서 가장 중요한 부분'이었다. 이 위성들은 전에는 관찰된 적이 없었다. 갈릴레이는 이것들이 새로 발견된 항성이라고 생각했는데 다음 날 보니 그것들이 이동해 있었다. 이 새로운 천체들은 보였다 안 보였다 하고 목성의 왼쪽에서 나타났다가 오른쪽에서 나타났다가 하면서 위치가 계속 달라졌다. 1주일 남짓한 시간 동안 움직임을 그려본 갈릴레이는 명백한 결론에 도달했다. '이것들은 각기 다른 궤도를 따라 목성 주위를 돌고 있다.' 모든 천체가 다 지구 주위를 도는 것이 아니라는 명백한 증거였다. 그리고 『시데레우스 눈치우스』가 출간되고 몇 달 후에 갈릴레이는 망원경으로 금성의 위상 변화를 관찰했다. 프톨레마이오스 체계에서는 설명이 되지 않고 금성이 태양 주위를 돌아야만 말이 되는 현상이었다.[8] (금성은 내합 전후로 가장 크게 보이고 외합 전후로 가장 작게 보이는데 그 차이가 서너 배나 나며, 지구와 가까워질수록 초승달 모양을, 멀어질수록 보름달 모양을 하게 된다. 이는 천동설로는 설명이 되지 않는다—옮긴이) 추 낙하 실험으로 치명적인 타격을 입은 아리스토텔레스 물리학은 이로써 최후의 일격을 맞았다. 하지만 여전히 충실한 추종자들이 있었다. 파도바의 원로 학자이며 아리스토텔레스주의자인 체사레 크레모니니Cesar Cremonini는 아예 갈릴레이의 망원경을 들여다보는 것 자체를 거부했다. 갈릴레이는 개탄하며 천문학자 요하네스 케플러에게 편지를 보냈다. '이곳 지도층 학자들에 대해 어떻게 생각하십니까? 내 연구를 보라고 천 번이나 권해도 배부른 뱀 같은 게으름과 완고함을 가지고 행성도 달도 전혀 보지 않으려 하는 사람들 말입니다.… 그들에게 진리는 우주나 자연에 있는 것이 아니라 (그들의 말을 그대로 빌리면) 문서를 비교하는 데 있는 모양입니다!'[9]

거대한 전투가 모습을 드러내고 있었다. 고대의 권위와 현재의 관찰 사이에, 아리스토텔레스적 사고와 베이컨적 방법론 사이에, 문서와 두 눈 사이에. 갈릴레이는 아리스토텔레스의 논리학이나 철학에는 불만이 없었다. 하지만 아리스토텔레스의 물리학까지도 당연시할 생각은 없었다. 나중에 『대화: 천동설과 지동설, 두 체계에 관하여』에서 갈릴레이는 등장인물 중 전통을 고수하는 심플리치오의 입을 빌어 갈릴레이 반대자들(즉 아리스토텔레스주의자들)의 주장을 이렇게 요약한다. '만약 아리스토텔레스가 거부된다면 우리는 무엇을 지침으로 삼아야 한단 말입니까?' 이에 대해, 갈릴레이를 대변하는 등장인물 살비아티는 이렇게 대답한다. '숲이나 미지의 땅이라면 안내자가 필요하겠지만 평원에서는 장님만이 안내자를 필요로 합니다.' 철학은 아직 미지의 것이자 복잡한 숲속일 수 있지만, 갈릴레이가 보기에 물리학과 천문학은 이제 진리를 분명하게 볼 수 있는 열린 공간에 나와 있었으며 지구는 '어둠에서 나와 열린 하늘로 올라가 만천하에 모습을 드러내고' 있었다. 갈릴레이는 아리스토텔레스가 이 시대에 살았더라면 새로운 발견들을 인정하면서 기꺼이 자신의 견해를 수정했을 것이라고 생각했다.[10] 하지만 아리스토텔레스 지지자들은 그렇게 생각하지 않았다. 이런 사람들 중에는 철학자와 학자만 있는 것이 아니라 교회 권위자들도 있었다. 학자들은 반대하는 것 이외에 별다른 권력을 행사할 수 없지만 교회 권위자는 종교 재판을 할 수 있는 막대한 권력을 가지고 있었다.

이 시기(17세기 초)에 교회의 신학은 완전히 아리스토텔레스적으로 정립되어 있었다. 13세기 신학자 토마스 아퀴나스는 그리스도교적 계시와 아리스토텔레스의 형이상학을 로마 가톨릭 이론으로 종합해냈다. 이 종합의 핵심은 인간의 이성과 감각을 사용해 드러낼 수 있는 영역과(자연 세계에 대한 진리) 신적인 계시를 통해서만 이해할 수 있는 영역(신의 속성)을 구분하는 것이었다. 이 구분은 갈릴레이의 견해와도 잘 부합하는 것처럼 보일지 모르지만, 사실은 치명적인 모순이 있었다. 이 구분에서 성경은 신의 계시이므로 두 번째 범주에 속하고, 따라서 이성과 감각을 통해서는 이해될 수 없다. 아리스토텔레스의 저술처럼 성경도 분석의 대상이 아니라 그저 받아들여야 하는 대상이다.•

그런데 갈릴레이의 발견은 이중으로 문제적이었다. 아리스토텔레스뿐 아니라 몇몇 성경 구절과도 상충한 것이다. 그리고 이제는 망원경 때문에 행성의 움직임을 '현상을 구제하기 위한' 수학적 술수로 간주하고 넘어갈 수가 없었다.

1615년에 교황 바오로 5세는 로베르토 벨라르미노Roberto Bellarmino 추기경에게 갈릴레이의 저술과 그것의 시사점에 대해 공식적인 조사를 하도록 했다. 『시데레우스 눈치우스』에 나오는 관찰 내용들은 갈릴레이가 태양 중심설을 받아들이고 있다는 점을 내비치긴 했지만 갈릴레이는 아직 명시적으로 태양 중심적 입장을 취하는 글을 쓴 적은 없었다. 그래서 1년간의 조사 후에 벨라르미노는 갈릴레이의 책이 아니라 코페르니쿠스의 『천체의 회전에 관하여』를 이단으로 금서 목록에 올렸다. 그리고 갈릴레이를 따로 만나 코페르니쿠스의 이론에 공개적으로 동의하지 말라고 공식적으로 경고했다. 벨라르미노는 가르멜회 수사 파올로 안토니오 포스카리니Paolo Antonio Foscarini에게 보낸 편지에서 (포스카리니는 코페르니쿠스 체계가 전혀 성경과 배치되지

• 아리스토텔레스 철학과 기독교 신학의 관계에 대한 더 상세한 내용은 이 책의 범위를 벗어난다. 다음을 참고하라. William C. Placher, "The Fragile Synthesis", *A History of Christian Theology: An Introduction* (John Knox Press, 1983), 10장.

않는다고 주장한 바 있었다) 태양 중심 모델이 수학적인 장치로만 남아 있어야 한다고 언급했다.

> 내가 보기에 당신과 갈릴레이 선생은 신중하게도 가설적으로만 말했을 뿐 절대적으로 말하지는 않았습니다. … 그렇게 하는 데는 아무런 위험도 없습니다. 태양이 가만히 있고 지구가 돈다고 가정할 때 이심점이나 주전원을 통한 설명보다 더 나은 설명을 할 수 있다고 말하는 데는 아무 위험이 없습니다. … 하지만 실제로 태양이 중심이고 … 지구가 정말로 매우 빠르게 태양을 돌고 있다고 주장하는 것은 다른 문제입니다. 이것은 매우 위험한 것입니다. 모든 학자와 신학자들을 분노하게 할 뿐만 아니라 성경이 거짓이라고 함으로써 신앙에 해를 끼칠 것이기 때문입니다.[11]

'가설적으로만 말하는 것'은 성경과 아리스토텔레스를 모두 지켜낼 것이었다. 이중의 승리였다.

벨라르미노는 망원경 관찰의 증거를 무시해야 한다고 말한 것은 아니었다. 그보다는, 갈릴레이의 결론을 따라가기에는 그의 수학적 지식이 부족했다. 그가 생각하는 한에서, 태양 중심 모델은 그것을 뒷받침할 증거를 가지고 있지 못했다. (지구가 움직이는 것이 우리에게 느껴지지 않는다는 문제를 갈릴레이가 해결하지 못한 것은 사실이었다.) 벨라르미노는 증거가 나온다면 이 문제를 다시 조사할 의향이 있었다.

> 만약 태양이 세계의 중심임을 입증하는 진정한 증거가 있다면 … 그래서 태양이 지구를 돌지 않고 지구가 태양을 돈다는 것이 입증된다면, 그것과 배치되는 것처럼 보이는 성경 구절을 신중하게 다시 설명해야 할 것입니다. 그리하여, 드러난 것을 틀렸다고 말하기보다는 우리가 그것을 이해하지 못하고 있다고 말해야 할 것입니다. 하지만 내게 직접 제시되기 전까지는 그런 입증이 있다고 믿지 않을 것입니다.[12]

갈릴레이에게 이 판결은 도전으로 들렸다. 1616년에 그는 「조석 현상에 관하여On the Tides」라는 논문을 써서 지인들에게 돌렸다. 이 논문은 바다의 움직임이 지구가 자전을 하고 그와 동시에 지구가 태양 주위도 돌아야만 설명될 수 있다고 주장했다. (이 설명은 실제로는 맞지 않다. 조석 현상의 원인은 지구 공전이 아니라 달과 태양의 인력이며 지구의 자전과 달의 공전이 영향을 미친다—옮긴이) 그와 자주 서신을 주고 받던 요하네스 케플러도 (당시에 신성 로마 제국 황실에서 수학자로 일하고 있었다.) 코페르니쿠스 모델을 더 정확하게 만들 새 행성 궤도를 연구하고 있었다.

이후 16년간 갈릴레이는 태양 중심 모델에 남아 있는 문제들을 하나씩 해결했다. 우선 지구가 움직이지 않는 것처럼 느껴진다는 문제에 대해 만족스러운 설명을 생각해냈다. 배가 정지해 있거나 움직이고 있거나 상관없이 배의 돛대 위에서 공을 낙하시키면 공은 항상 돛대 바로 아래로 떨어진다는 데 착안한 것이다. (배가 정지해 있을 때와 등속으로 움직이고 있을 때, 그 위에서 일어나는 물체의 물리적 운동에는 차이가 없다는 것으로, 이것이 '갈릴레이의 상대성 원리'다. 25장을 참고하라—옮긴이) 갈릴레이는 금성의 위상 문제와 조석 현상의 문제에 대해서도 계속 연구한 끝에, 1632년에 모든 결론을 『대화: 천동설과 지동설, 두 체계에 관하여』라는 대작으로 펴냈다.

벨라르미노 추기경은 사망한 지 10여 년이 지난 뒤였지만 종교 재판은 여전히 유효했기 때문에 갈릴레이는 『대화: 천동설과 지동설, 두 체계에 관하여』의 주장을 가설적인 논의로 풀어나갔다. 이 책은 세 사람이 모여 태양 중심의 지동설 모델이 이론상으로 우주에 대해 가장 적합한 그림을 그릴 수 있는지 따져보는 대화 형식으로 구성됐다. 코페르니쿠스 모델은 사려 깊고 영민한 살비아티와 사그레도가 옹호했고 종교 재판 측의 견해는 무지하고 무능한 인물로 설정된 심플리치오(기꺼이 자신의 이성을 접어두고 맹목적으로 아리스토텔레스를 따르는 사람으로 나온다)가 대변했다.

가설적 형식을 취한 덕분에 이 책은 최초 검열관인 도미니크 수도회의 니콜로 리카르디Niccolo Riccardi를 무사히 통과했다. 리카르디는 갈릴레이에게 태양 중심설에 대한 교회의 반대가 전적으로 타당하다는 것을 인정하는 서문을 쓰고 조석 현상이 지구가 움직인다는 가설에 의지하지 않고도 파악될 수 있다는 내용을 뒤에 덧붙이라고 명령하기는 했다. 갈릴레이는 곧바로 매우 풍자적인 서문을 썼다. '몇 년 전에 로마에서 유익한 칙령 하나가 나와서, 오늘날의 시대에 위험을 제기할 수 있는 경향을 없애기 위해 지구가 움직인다는 견해에 대한 … 마땅한 침묵이 요구되었습니다.' 그리고 심플리치오의 말을 빌려 마지막에 '신은 무한한 권능과 지혜를 가지고' 조석 현상이 '인간으로서는 상상할 수 없는 수많은 방식으로' 발생하도록 만들었을 것이라고 덧붙였다.[13]

이 서문에 리카르디는 만족했다. 분명 그는 예리한 독자는 아니었다. 갈릴레이의 책은 1632년에 피렌체에서 1,000부가 발간되었고 즉시 다 팔렸다. 그러나 이른 봄 무렵 리카르디보다 반어법을 잘 이해하는 교회 인사들이 갈릴레이가 벨라르미노의 예전 경고를 따르지 않았다는 것을 파악했다. 갈릴레이는 이 책이 가설적이며 자신이 태양 중심설을 주장하거나 옹호하는 것이 아니라 단지 그것을 논하고 있을 뿐이라고 응수했다. (논하는 것은 벨라르미노가 허용한 것이었다.) 하지만 이때 종교 재판을 이끌고 있던 빈센초 마쿨라노Vincenzo Maculano 추기경은 갈릴레이의 말에 동의하지 않았다. 1633년 봄에 갈릴레이는 로마로 소환되어 자신에 대한 변론을 했다. 마쿨라노는 여전히 설득되지 않았고, 4월 28일 갈릴레이에게 벨라르미노의 칙령을 어겼다고 인정하지 않는다면 '더 엄중한 절차'가 있을 수도 있다고 위협했다. '더 엄중한 절차'는 고문을 의미했고, 70대 노년에 건강이 좋지 않았던 갈릴레이는 한발 물러섰다. 6월 22일 갈릴레이는 교회 인사들 앞에 무릎을 꿇고 고분고분하게 다음과 같이 읊었다. '나는 태양이 중심이고 움직이지 않는다는 잘못된 견해를 포기합니다.' 이 고백을 가지고 마쿨라노는 갈릴레이를 가택 연금에 처했고, 7편의 참회 시편을 3년간 매주 한 편씩 암송하라고 명령했다. 『대화: 천동설과 지동설, 두 체계에 관하여』는 영구 금서 목록에 올랐다.[14]

가택 연금 중에 갈릴레이는 운동에 대해 계속 연구했고 아리스토텔레스 물리학이 아닌 대안적 물리학을 제시한 『새로운 두 과학』을 1638년에 펴냈다. 이 책은 (네덜란드) 라이덴에서 출간되었는데 이곳에서는 교회의 검열을 거칠 필요가 없었다. 갈릴레이는 1642년에 사망했지만 그에 대한 판결은 여전히 효력이 있었고 『대화: 천동설과 지동설, 두 체계에 관하여』는 계속 금서였다. 하지만 종교 재판의 영향력이 미치지 않는 곳에서 꾸준히 재출간되었고 유럽 곳곳에서 판매됐으며 1661년에는 영어로 번역되었다. 갈릴레이가 사망한 지 20여 년쯤 지난 시점이면, 지구 중심 모델은 사망하고 아리스토텔레스 물리학은 새로운 사고방식에 의해 거의 완전히 밀려난다.

- 원서: Galileo Galilei, *Dialogue concerning the Two Chief World Systems* (1632)
- 한국어판: 『대화: 천동설과 지동설, 두 체계에 관하여』 (갈릴레오 갈릴레이 지음, 이무현 옮김, 사이언스북스, 2016)

11

로버트 보일 • 로버트 훅

도구의 도움

자연을 왜곡하고 감각을 확장해 실험 방법을 향상시키다

나는 당신이 이 경우에 삼단 논법이 아니라 단호하게 실험에 기반해 주장을 펴는 것이 여간 기쁘지 않습니다.

-로버트 보일, 『회의적인 화학자』

감각과 관련해서 그다음에 챙겨야 할 것은 감각의 취약함에 도구를 공급해 자연적인 기관에 인공적인 기관을 더하는 것이다.

-로버트 훅, 『마이크로그라피아』

1641년, 갈릴레이가 사망하기 1년 전에 아일랜드의 십대 소년 로버트 보일은 '그랜드 투어'를 시작했다. 스승과 함께 유럽을 일주하는 것으로, 당시 부유층 젊은이가 중등 학교(보일의 경우에는 이튼 스쿨)를 마친 뒤에 하곤 했던 통과 의례였다. 가을 무렵 두 여행자는 이탈리아 북부에 도달해서 피렌체에서 겨울을 보내기로 한다. 보일의 초기 전기 작가인 토머스 버츠Thomas Birch에 따르면 거기에서 그는,

> 이탈리아어를 완벽하게 하는 선생님과 많은 시간을 보내면서 이탈리아어를 공부했는데 금세 현지인처럼 말할 수 있고 책도 충분히 읽을 수 있게 되었다. … 남는 시간에는 이탈리아의 최근 역사와 위대한 천체 관측자인 갈릴레이가 제시한 문제들에 대한 글을 읽었는데 갈릴레이의 독창적인 책은 … 로마에서 칙령에 의해 오류로 규정된 바 있었다.[1]

오류로 규정되었건 아니건 간에 갈릴레이의 저술은 널리 읽히고 있었고 로버트 보일은 갈릴레이의 주장이 전적으로 설득력 있다고 생각했다. 나중에 그는 이렇게 적었다. '지구의 운동에 대한 이 가설들은 아리스토텔레스의 원리보다 현상에 훨씬 더 잘 맞아떨어진다. 아리스토텔레스의 원리는 오류다.'[2]

갈릴레이가 30년 전에 망원경으로 했던 관찰은 그 사이에 수없이 반복되고 확증되고 정교화되었다. 망원경의 성능도 개선됐다. 천문학자 요하네스 케플러는 두 개의 볼록 렌즈를 결합하면 갈릴레이처럼 볼록 렌즈와 오목 렌즈를 결합하는 것보다 더 넓고 선명한 상을 얻을 수 있다고 생각했다. 1614년에 독일 물리학자 크리스토프 샤이너Christoph Scheiner가 케플러 이론에 따라 망원경을 만들어서 그것을 입증했다. (하지만 상은 위아래가 뒤집혀 나왔다.) 렌즈 기술은 반대 방향으로도 사용됐다. 갈릴레이는 현미경(당시에는 occhialino라고 불렸는데 '작은 안경'이라는 뜻이다)을 만들어서 '매우 탄복하면서 작은 생물들을 관찰했다'. 1624년에 갈릴레이는 로마의 자연학자 페데리코 체시Federico Cesi에게 보낸 편지에서 '벼룩은 매우 징그럽다'고 언급했다.[3]

7년 뒤에 런던에서 과학을 연구하던 로버트 보일은 이러한 새 기술들에 열광했다. '나는 뚜렷한 망원경으로, 알려져 있던 별과 행성, 그리고 새로이 발견된 별과 행성들을 관찰한다. 그리고 뛰어난 현미경으로, 그것이 없었더라면 눈에 보이지 않았을 대상들을 관찰하면서 자연의 호기심 많은 기량이 만들어낸 모방할 수 없는 섬세함을 본다. … 또 카이미컬 화로로, 나는 자연이라는 책을 공부한다.'[4]

'카이미컬 화로chymical furnaces', 즉 화학 가열로는 자연 물질의 성질을 알아보기 위해 인공적으로 온도를 올리는 데 쓰이던 가열 도구(도기 플라스크, 도기 가마, 물이나 모래에 담그는 장치, 벽돌이나 돌화로 등)를 통칭하는 말이었다. 망원경, 현미경, 가열로는 피타고라스나 아르키메데스나 아리스토텔레스가 자연 세계를 조사하는 데 사용했던 도구와 본질적으로 달랐다. 고대인들은 자연을 측량하고 무게를 달고 계산하고 감각을 이용해서 물리적 세계를 파악했다. 하지만 망원경, 현미경, 가열로는 감각과 대상 사이의 관계를 근본적으로 변화시켰다. 이 도구들은 자연 세계를 왜곡했다. 자연을 부자연스럽게 확대하고, 섞고, 혼합하고, 증류해서, 즉 보일의 표현으로는 '고문해서' 자연이 '그 구성 원리들을 자백하게 만들었다'.[5]

이것은 베이컨적인 실험이었다. 베이컨은 『신논리학』에서 이렇게 언급한 바 있었다. '맨손이나 자연 상태대로 이해한 것만으로는 많은 것을 파악할 수 없다. 도구의 도움이 있어야만 연구가 수행될 수 있다.' 도구의 도움을 받아 진행하는 실험은 '정교한elaborate' 실험일 것이고 '정교화하는 곳elaboratory,' 즉 실험실에서 수행될 것이었다. elaboratory(실험실을 뜻하는 laboratory의 고어-옮긴이)는 17세기에 등장한 단어다.

실험실을 짓는 데는 시간과 돈이 들었다. 하지만 로버트 보일은 부유했고 가족의 방해도 없어서 새 도구들을 사용하기에 이상적인 상황이었다. 그의 지인 존 오브레이에 따르면, 보일은 '고급스런 실험실과 여러 명의 하인(조수)을 두고 있었다.… 알기 어려운 비밀을 알 수만 있다면 비용은 신경 쓰지 않았다'.[6]

보일이 다른 사람들보다 재정이 넉넉하긴 했지만 새로운 도구를 가지고 실험을 하려는 젊은이는 보일 말고도 많이 있었다. 런던에서 그는 비슷한 생각을 가진 자연 철학자들과 교분을 맺게 되었다. 1646년 보일은 지인에게 보낸 편지에서 이 '보이지 않는' 협회, 혹은 (그들 스스로가 이름 붙이기를) '철학적 협회'들이 '역량 있고 탐구 정신이 넘치는 사람들과 친분을 맺는 영예를 주며, 그들의 지식에 비하면 학교에서 가르치는 철학은 그들이 가진 지식 중 가장 낮은 부분에 불과'하다고 언급했다.[7]

여기에서 말하는 '보이지 않는 협회'는 나중의 음모론자들이 생각한 신비주의적 회합은 아니었다. 그보다는, 아마추어 철학자들이 자신이 발견한 바를 토론하고 베이컨적 방법론을 논의하기 위해 자유롭고 느슨하게 모이던 비공식적인 모임이었다. 젊은 보일이 가장 열심히 참가한 모임은 모라비아 출신 신학자 요한 아모스 코메니우스John Amos Comenius가 주도한 것으로 보이는데, 신기하게도 그는 베이컨주의자이면서 반코페르니쿠스주의자였다. 그는 과학에서 관찰이 핵심이라고 생각했지만 우주가 지구 중심적이라는 성경 말씀도 전적으로 옳다고 믿었다.[8]

1650년대 보일의 실험 역량은 협회에서 친분을 맺고 있던 런던의 동료들을 능가한 것으로 보인다. 그래서 보일은 고향인 아일랜드로 갔다가 그다음에는 비슷한 생각을 가진 학자들을 찾아 옥스퍼드로 갔다. 옥스퍼드에서 보일은 가난한 학생 로버트 훅을 실험실 조수로 고용했다.

두 사람(보일은 서른을 향해 가고 있었고, 훅은 아직 20대가 되지 않았다)은 다양한 도구들을 만들었다. 자연이 비밀을 털어놓도록 '고문'하는 도구들이었다. 1658년에는 공기 펌프를 만들었다. 그것은 악명 높게 복잡한 기계로, 독일 물리학자 오토 폰 게리케Otto von Guericke가 1654년에 처음으로 대중 시연에 사용한 바 있었다. 게리케는 청동으로 만든 두 개의 반구를 붙여 구를 만들고 이 펌프로 안의 공기를 빼냈다. 그리고 16마리 말을 8마리씩 두 팀으로 나누어 각 반구를 반대 방향으로 끌고 가게 했는데 반구가 떨어지지 않았다. 게리케의 목적은 아리스토텔레스 이론 중 하나인 우주에 '빈 공간'은 없다는 원칙을 반박하려는 것이었다. 아리스토텔레스는 우주의 모든 공간은 무언가로 채워져 있다고 보았다. (나중에 이 입장은 '자연은 진공을 싫어한다'는 말로 전해진다.) 게리케의 실험은 눈에 보이지 않는 작은 공기 입자까지 모든 것을 구 안에서 제거해서 아무것도 채워지지 않은 공간을 만들려는 것이었다. 이는 아리스토텔레스 물리학에 대한 또 하나의 심대한 타격이었다.[9]

보일의 공기 펌프 실험은 목적이 조금 달랐다. 자연이 진공을 싫어하지 않는다는 것은 명백했고, 이제 그는 진공에서 어떤 일이 발생할지 알고 싶었다. 보일과 훅은 온갖 물질을 상자에 넣고 펌프로 공기를 빼냈다. 대리석, 추, 깃털, 울리는 자명종(소리를 들을 수 없었다), 화약(불을 붙이기 힘들었다), 초(불이 꺼졌다), 오리(기절했다), 뱀(죽었다) 등등. 이 실험은 보일이 1660년에 펴낸 첫 저서 『공기의 탄성과 그것의 효과에 대한 새로운 물리-역학 실험New Experiments Physico-Mechanical: Touching the Weight of the Air and Its Effects』으로 이어졌다. 이 책에서 그는 공기 입자에 대해 다음과 같은 이론을 펼쳤다.

> 공기 입자들은 양털 뭉치와 같이 한 무더기의 작은 물체들이 포개어져 있는 것으로 생각할 수 있다. 양털 뭉치는 … 가늘고 유연한 털들로 이뤄져 있다. 각각은 작은 용수철처럼 쉽게 돌돌 말리거나 구부러질 수 있지만 원래대로 펴지려는 성질도 가지고 있다.[10]

그는 양털을 한 움큼 잡고 주먹을 쥐면 더 작은 부피로 압축되듯이 공기도 외부에서 압력이 주어지면 더 작은 공간으로 압축될 수 있다고 보았다. 또 주먹을 펴면 다시 양털이 펴지듯이 공기도 외부 압력이 없어지면 '자연적으로 팽창하거나 이전의 더 느슨하고 자유로운 상태로 돌아갈 것'이라고 보았다. 보일은 이러한 성질을 '공기의 탄성'이라고 불렀고, 기체의 압력과 부피는 반비례한다는 공식(오늘날 '보일의 법칙'이라고 알려져 있다)을 만들었다.[11] '보일의 법칙'은 현대 물리학에서 획기적인 분기점으로 여겨진다. 하지만 보일의 주된 관심사는 물리가 아니었다. 그가 공기의 구성에 관심을 가진 이유는 자연 세계를 구성하고 있는 요소들에 관심이 있기 때문이었다. 존 오브리는 '그가 가장 흥미로워한 것은 키미스트리'였다고 언급했다.

•

17세기에 키미스트리chymistry(화학을 뜻하는 chemistry의 고어—옮긴이)는 마술사나 금속 세공인들하고만 관련있는 영역이었다. 보일이 살던 세계에는 '화학'이라고 불리는 연구 영역이 존재하지 않았다. 물론 고대부터 장인들은 귀금속과 염료를 가지고 일했고 여기에는 화학 반응에 대한 실용 지식이 필요했다. 이집트인과 그리스인들은 합성, 여과, 응결, 증류에 대해 알고 있었다. 그들은 금속을 불에 달구고 두드려서 원래 상태가 아닌 다른 것으로 변형시키는 법을 알고 있었고 황, 비소, 수은을 사용해서 금속의 색을 바꾸는 데도 능숙했다. 이를테면 구리를 흰색으로 바꾸어 (구경하는 사람이 보기에) 완전히 다른 것으로 '변모'시킬 수 있었다.[12]

이러한 기법들은 '케미아chemia'라고 알려져 있었는데 그리스인들이 이집트에서 빌려온 단어였다. 이후 몇백 년 동안 아랍 장인들은 케미아(아랍어로는 '알-케미아al-chemia')를 더 발달시켰고, 그 과정에서 물질에 변형을 일으키는 원인과 과정의 원리에 대해 생각하게 되었다. 9세기에 적어도 두 명의 아랍 학자(바그다드의 신비주의자 자비르 이븐 하이얀과 페르시아의 의사 아부 바크르 무하마드 이븐 자카리야 알-라지)가 금속이 전통적으로 알려져 있던 4원소가 아니라 수은과 황으로 이뤄졌을 것이라는 설을 제기했다. (이 개념은 아리스토텔레스의 논문 「기상학Meteorology」에도 암시되어 있다.) 13세기에는 아리스토텔레스주의자이며 '게베리Geber'라는 필명을 쓴 이탈리아의 야금학자가 물질은 원자가 아니라 '미립자corpuscle'로 이뤄져 있다는 설을 제시했다. 그에 따르면, 원자는 그 정의상 더 이상 잘게 나뉠 수 없지만 미립자는 그 안으로 수은이 침투할 수 있어서 내부 구조를 다르게 바꿀 수 있었다. 물질이 미립자로 구성되어 있다면 어떤 금속을 다른 것으로, 가령 구리를 은으로, 또는 납을 금으로 만드는 것이 가능할 터였다.[13]

이것은 진지한 과학 이론이었지만 무가치한 금속을 금으로 만들 수 있으리라는 가능성은 수많은 사기꾼과 협잡꾼을 알-케미아에 뛰어들게 만들었다. 이들은 능숙하게 가짜 변화를 일으켜서 순진한 구매자에게 가짜 금을 판매했다. '알케미(오늘날 alchemy는 연금술이라는 뜻으로 쓰인다—옮긴이)'의 평판을 부분적으로 회복시킨 것은 16세기 독일 의사 파라켈수스Paracelsus였다. 그는 더 나은 약을 만드는 방법으로 알케미 기법에 관심이 있었고 모든 자연적인 변화(성장, 발달, 발효, 소화 등)는 본질적으로 알케미적, 즉 화학적 작용이라고 보았다. 또 파라켈수스는 아리스토텔레스의 4원소설을 3원질설(9세기 아랍의 알-케미아 학자들이 이야기한 황과 수은, 그리고 그가 추가한 소금이 3원질이다)로 바꾸어야 한다고 보았다. 하지만 파라켈수스는 까다롭고 지나치게 자기중심적인 사람이었고 알케미의 사용처를 의약 처방이라는 좁은 분야에 한정했기 때문에, 그의 이론이 자연 철학에 널리 퍼지지는 못했다.

보일은 알케미, 즉 물질의 구성 성분에 대한 연구가 물리학이나 천문학만큼 자연 철학에 큰 기여를 할 수 있다고 보았다. 그의 실험실 연구는 아리스토텔레스의 4원소설과 파라켈수스의 3원질설 둘 다 반복 실험에서 참으로 증명되지 않는다는 것을 보여주었다. 아리스토텔레스에 따르면 불은 언제나 다른 원소들을 불로 바꾼다. 하지만 보일은 왜 그의 가열 도구들에서는 자연이 그렇게나 자주 '목적을 까먹는지' 알 수가 없었다.

> 화염은 벽돌을 빨갛게 달구긴 해도 불로 바꾸지는 않는다. 도가니도, 회분로•도, 그리고 금이나 은도, 불이 그것들 위를 아무리 지나가도 불로 바뀌지 않는다.… 불이 나무에 적용될 때도 일부만 불로 바뀐다. 검댕과 연기 이외에도 재가 불에 타지 않은 채로 남는 것이다.[14]

파라켈수스의 3원질설도 실험으로 반박됐다. 특히 보일은 황이 '원질'로 간주될 수 있는지 의구심을 품었다. 케미스트리 학자들 사이에 황을 포함하지 않은 것으로 잘 알려져 있던 증류 액체를 원료로 실험실에서 '황기가 있는 액체'를 만들 수 있었기 때문이다.[15]

1661년에 보일은 두 번째 주요 저작인 『회의적인 화학자』를 펴냈다. 이 책은 네 명의 등장인물이 대화를 나누는, 매우 고전적인 형식으로 구성되어 있다. 아리스토텔레스의 제자인 테미스티우스, 파라켈수스의 논리를 펴는 필로포누스, 보일 자신의 견해를 대변하는 카르네아데스, 그리고 관심 있게 지켜보는 구경꾼 엘레우테리오가 등장인물이다. 엘레우테리오가 자신이 알고 있는 지식에 기반해 좋은 질문들을 던지면 테미스티우스와 필로포누스가 각각 4원소설과 3원질설을 바탕으로 설명을 하고 카르네아데스가 그 둘을 논박한다.

형식은 고전적이었지만 카르네아데스가 제시하는 증명의 내용에서 보면 이 책은 전혀 고전적이지 않았다. 보일을 대변하는 카르네아데스는 (아리스

• 회분로는 골회로 만든 그릇으로, 녹인 금속들을 혼합할 때 사용되었다.

토텔레스나 코페르니쿠스와 달리) 더 일관된 설명을 만들어냈다는 식으로 자신의 주장을 옹호하지 않았다. 사실 카르네아데스가 물질에 대해 전적으로 새로운 이론을 제시하고 있지만(게베리의 '미립자설'의 일종이라고 볼 수 있는데, 미립자들이 '보편 물질'로서 서로 뭉쳐서 물질을 형성하며, 미립자가 나뉘거나 바뀌거나 변형될 수 있다고 보았다), 보일은 자신이 미립자를 증명할 수 없다는 것을 잘 알고 있었다.

하지만 정교한 반복 실험으로 아리스토텔레스와 파라켈수스를 논박할 수는 있었다. 엘레우테리오(관심있게 지켜보는 구경꾼)는 이를 기꺼워한다. 그는 카르네아데스에게 동의의 어투로 이렇게 말한다.

> 나는 당신이 이 경우에 삼단 논법이 아니라 단호하게 실험에 기반해 주장을 펴는 것이 여간 기쁘지 않습니다. 왜냐하면 나는 (당신도 많이 보셨겠지요) 학자들이 생리적인 신비들에 대해 이야기하는 데 변증법적인 기교를 너무 자주 사용하면서, 그렇게 미묘한 기교를 사용하는 자신의 기지를 선언하기만 할 뿐 진리를 사랑하는 사람들에게 지식을 증가시켜주거나 의심을 제거해주지는 못하는 것을 오랫동안 봐왔기 때문입니다.[16]

진리는 삼단 논법(내적 일관성을 갖춘 통합된 시스템)에서가 아니라 반복적인 실험에서 발견될 것이었다.

보일은 『회의적인 화학자』에서 실험적 증명을 150회나 제시했다. 게다가, 그가 서문에서 언급했듯이, 이러한 실험들은 단지 사고 실험이 아니라 실험실에서 실제로 수행된 실험이었다. 보일은 많은 이들이 '자신이 직접 해보지 않은 키미스트리 실험에 기반해' 물질 세계에 대한 이론을 펴는 것에 줄곧 분노하고 있었다. 그들이 직접 해보지 않았다는 점은 분명했는데 '직접 해보았더라면 … 그것이 참이 아님을 알 수 있기 때문'이었다. 그는 특히 동시대인인 블레즈 파스칼Blaise Pascal의 『물리론Physical Treatise』에 불만을 표했다. 이 책은 액체의 운동에 대해 실험을 기반으로 결론을 내렸다고 주장하고 있는데, 사실 파스칼의 '실험'은 사고 실험이었던 것이다. 보일은 이렇게 지적했다. '그 실험은 수학자가 쉽게 상상은 할 수 있지만 상인이 어디에서도 구할 수 없는 극히 정확한 황동 실린더와 황동 마개를 필요로 한다.' 그러한 사고 실험으로는 충분하지 않았다. 진리는 추론을 연습하는 것만으로 얻어지는 것이 아니었다. '복잡하고 노력과 노동이 많이 드는 실험'이 실제로 수행되어야 했다. 그래서 보일은 서문에서 '실험을 하는 사람 자신이 정말로 가지고 있는 구체적인 지식에 기반해서 실험한 것이 아닌 한 키미스트리 실험을 무턱대고 믿지는 말라'고 경고했다.[17]

이에 더해, 실험은 반복해서 행해져야 했다. 보일은 나중에 이렇게 언급했다. '그 실험들을 매우 조심스럽게 한 번 이상 해보아야 한다. 그렇게 한 다음에야 이론적으로든 실용적으로든 상위 구조를 지을 수 있을 것이다. 그리고 … 한 번의 실험에 너무 많이 의존하는 것은 안전하지 않다는 것을 기억하라.' 조건이나 물질이 달라지면 결과에 크게 영향을 미칠 수 있었다. 그러므로 여러 번 반복해서 얻은 결과만을 이론의 기반으로 삼아야 했다.[18]

근대 과학의 방법론적 기초를 닦은 사람은 베이컨이었지만 실험 방법론을 실제 이행의 단계로 밀고 나간 사람은 보일이었다. 『회의적인 화학자』가 역사에서 갖는 중요성은 결론보다는 과정에서 나온다. 그가 마지막에 발견한 내용들보다는 거기에 도달하기 위해 취한 방법에 의의가 있는 것이다.

●

『회의적인 화학자』가 출간된 이듬해인 1662년에 보일의 실험실 조수 로버트 훅은 새로운 일자리를 얻었다. 떠오르고 있는 런던 왕립 학회의 실험 담

당 큐레이터였다.●

보일이 '보이지 않는 협회'에 대해 언급을 한 데서도 알 수 있듯이, 1640년대 이래 소규모 자연 과학자 모임들이 런던과 옥스퍼드에서 비공식적으로 열리고 있었다. '그들은 고정된 규칙이나 방법론은 가지지 않았고 그들의 목적은 자신의 발견을 소통하고 교류하는 것이었지 통합적이고 지속적이고 정규적인 방식으로 논의하는 것은 아니었다.' 왕립 학회에 대해 초창기 역사학자 토머스 스프랫은 이렇게 기록했다. '구조가 잡혀 있지 않았다는 점은 영국 공화정 시절의 불확실한 상황과 부합하는 면이 있었다.' 그 당시 영국 정부는 완전히 혼란스러웠고, 보일로서는 자기 돈으로 만든 실험실에서 혼자 조용히 연구를 하는 게 최선이었다.○

하지만 호민관인 올리버 크롬웰이 1658년에 사망하고 찰스 2세가 왕으로 복귀하면서 이전의 위계가 복원되었다. 찰스 2세의 재대관식이 열린 지 6개월 뒤에 왕실 학자 크리스토퍼 렌Christopher Wren은 새로이 꾸려진 '물리-수학적 실험 학문의 증진을 위한 협회College for the Promoting of Physico-Mathematical Experimental Learning'의 첫 모임을 주관했다. 1662년 이 '협회'는 찰스 2세의 칙령을 받고 이름이 런던 왕립 학회로 바뀌게 된다.[19]

●············ 왕립 학회의 초기 역사는 다소 모호하며 많은 논쟁이 있다. 초창기 설명인 토머스 스프랫Thomas Sprat의 저서 『런던 왕립 학회의 역사The History of the Royal Society of London』(1667)의 신빙성에 대해서 이후에 여러 가지 의구심이 제기되었다. 관련 내용은 다음을 참고하라. Michael Hunter, *Establishing the New Science: The Experience of the Early Royal Society* (Boydell Press, 1989).

○············ 영국 공화정(1649~1660년)은 영국 역사에서 매우 짧게 군주국 전통을 벗어났던 시기로, 혼란스럽고 폭력적인 시기였다. 청교도인인 올리버 크롬웰을 비롯해 의회 지도자들이 찰스 1세에 대항해 봉기를 일으키고 찰스 1세를 재판해 사형에 처했다. 명목상 공화정이 된 영국은 크롬웰이 '호민관'이라는 직위를 갖고 사실상 독재를 하게 되었다. 크롬웰이 불명예스럽게 사망하고 찰스 1세의 망명한 아들이 왕위에 복귀하는 왕정 복고가 이뤄지면서 공화정 시기는 끝나게 된다.

이제 왕실의 지원을 받는 기관으로서, 왕립 학회는 갑자기 성장세를 탔다. 곧 비과학자 회원이 자연 철학자 회원들보다 많아졌다. 훅을 실험 큐레이터로 임명한 것은 자연 철학자 집단이 끊이지 않고 계속 이어지게 하려는 의도였던 것으로 보인다. 훅의 직위는 보수를 받는 직책이었으며, 그의 임무는 매주 왕립 학회 회원들에게 실험을 시연하고 설명하는 것과 직접 실험을 하고자 하는 회원에게 필요할 경우 도움을 주는 것이었다.[20]

훅은 아마 역사상 최초의 풀타임 봉급 과학자였을 것이다. 왕립 학회에는 천문학자, 지리학자, 의사, 철학자, 수학자, 광학자, 심지어는 약간의 화학자도 참여하고 있었다. 그래서 훅은 자연 철학의 전 분야를 망라하는 실험과 연구를 해야 했다. 넓은 범위를 아우르는 것은 그의 성향에 잘 맞았다. 보일의 실험실에서 했던 일은 사실 그가 지닌 역량의 일부분만 건드리는 것이었다. 그는 훌륭한 수학자였고(보일은 그렇지 않았다), 렌즈를 깎고 사용하는 데 전문가였으며, 기압계를 발명했고, 어떤 면에서 현대 기상학을 창시하기도 했고, 뛰어난 지질학자이자 생물학자이고, 건축가이자 물리학자였다. 왕립 학회에서 훅이 매주 시연한 실험은 그의 광범위한 역량에 널리 걸쳐 있었다. 토머스 버츠Tomas Birch가 기록한 어느 날의 모임은 유체가 정역학적 평형(중심부로 수축하려는 힘인 중력과 외부로 팽창하려는 기체의 압력이 평형을 이룬 상태. 두 힘이 평형이기 때문에 그 유체는 커지거나(팽창) 작아지지(수축) 않고 일정한 크기를 유지한다–옮긴이)에 어떻게 도달하는지를 보는 것으로 시작해서, 쇠가죽을 '샐러드 오일'에 담가 방수 처리하는 파리 사람들의 방수 방법으로 이어졌고, 전에는 본 적이 없는 '일종의 포르투갈 양파'를 모두가 흥미롭게 조사하는 것으로 마무리되었다.[21] 그 외에 진자, 증류한 소변, 압착 용기에 넣은 곤충, 색이 있는 유리와 일반 유리를 통한 관찰, 물의 무게에 대한 실험 등도 진행되었다. 그러다가 점차 훅은 시연에서 현미경을 많이 사용하게 되었다.

현미경을 활용한 최초의 자연 철학 저술이 40년쯤 전에 출간된 바 있었다. 갈릴레이와 서신을 주고 받던 페데리코 체시의 『아피아리움Apiarium』으로, 벌의 습성에 대한 상세한 연구서였다. 체시는 현미경 관찰을 통해 아리스토텔레스 이론을 뒷받침하기도 하고('아리스토텔레스가 적었듯이 우리는 벌들이 … 털에 꽃가루를 묻혀서 나른다는 것을 관찰했다') 간혹 아리스토텔레스의 가르침과 상충되는 결과를 제시하기도 했다. 체시 이외에도 몇몇 학자들이 현미경을 사용해 연구를 했고, 렌즈 기술도 서서히 개선되고 있었다.[22]

훅은 현미경에 관심이 많았다. 스승 보일처럼 훅도 자연 철학에 도구가 필요하다고 믿었다. 그는 1664년에 '이러한 인공적인 도구와 방법들을 가지고 감각의 취약함을 … 보충할 수 있을 것'이라고 언급했다.

> (자연의) 어느 부분은 이해하기에 너무 크거나 인식하기에 너무 작다. 이 때문에 사물에 대해 완전한 감각을 갖지 못해서 그것에 대한 우리의 개념은 절름발이고 불완전한 것이 된다. … 그러므로 우리는 종종 실체에 대해 그림자만을 취하고, 좋은 근사치 대신 작은 외관만을 취하며, 엄밀한 정의 대신 근사치만을 취하게 된다. … 감각과 관련해서 챙겨야 할 것은 … 감각의 취약함에 도구를 공급해 자연적인 기관에 인공적인 기관을 더하는 것이다. … 이제는 현미경 덕에 우리의 탐구를 피해갈 만큼 작은 것은 없게 되었다. 그러므로 우리는 새로 눈에 보이게 된 세계를 발견하고 이해할 수 있다.[23]

훅은 '새로 눈에 보이게 된 세계'를 동료들에게 보여주고 있었다. 동료들은 그의 진전에 찬사를 표했다. 1663년 4월에 왕립 학회의 회의록은 이렇게 기록하고 있다. '훅은 모든 회의에서 적어도 하나 이상의 현미경 시연을 했다.' 그다음 회의 때는 이끼가 확대경으로 보면 어떻게 보이는지 '사람들에게 보여'주었고 '그는 계속 그렇게 하기를 원했다'. 이후 몇 달 동안 훅은 코르크, 나무껍질, 곰팡이, 거머리, 거미 그리고 '흥미로운 화석화된 나무 조각'을 현미경으로 보여주었다. 화석화된 나무는 동료인 고다드 박사가 제공한 것이었다.[24]

물리학자인 고다드 박사는 이 이상한 물건을 조사해서 보고서를 써달라고 훅에게 요청했다. 훅은 이를 성실히 수행했다. 석화된 나무는 살아 있는 나무와 동일한 구멍과 구조를 갖고 있었다. 하지만 바위처럼 단단하고 뚫고 들어가기 어려웠다. 훅은 다음과 같이 설명했다.

> 이유는 … 다음과 같아 보입니다. 이 석화된 나무는 어느 장소에 놓여서 석화시키는 물에 잠겨 있었을 것입니다. 석화시키는 물(돌과 흙의 입자가 침윤된 물)에서 점차 물기가 빠지고 걸러지고 증발하고 뭉쳐서 물속에 있던 많은 양의 흙 입자가 물에서 분리돼 응고되었을 것입니다. 그렇게 해서 흙 입자는 … 구멍으로 들어가서 … 이렇게 석화 입자가 침투함으로써 굳어지고 바스라지기 쉬운 것이 되었고 … 나무의 작은 구멍들은 완전하게 입자들로 메워지게 되었습니다.[25]

이제 그는 도구를 가지고 단지 관찰하는 것을 넘어섰고 당대 이론들을 반박하는 것도 넘어서서 새로운 것으로 나아갔다. 그가 보지는 못했지만 (그리고 볼 수 없었지만) 논리적으로 끌어낼 수 있었던 물리적 과정에 대해 새로운 이론을 구축한 것이다. 그는 처음으로 화석화의 과정을 묘사했고, 그렇게 하면서 화석은 생물이 아니라 바위로 만들어진 것이라고 보던 기존의 통념을 반박했다.

이는 도구의 도움을 받는 것의 다음 단계였다. 인공적인 수단으로 확장된 감각과 더 면밀해진 관찰을 새로운 사고로 가는 도약대로 삼은 것이다. 감각뿐 아니라 이성도 도구의 도움으로 증강될 수 있었다. 현미경과 망원경, 공기 펌프와 진공실의 진정한 목적은 단순한 관찰이 아니었다. 도구를 사용하는 목적은 새로운 이론으로 이끌어줄 수 있는 관찰, 인간의 정신을 전에 없이 멀리 갈 수 있게 해주는 관찰이었다.

1664년에 왕립 학회는 훅에게 현미경으로 관찰한 것들을 책으로 펴내라고 공식 요청했다. 훅이 가진 여러 가지 재주 중에는 뛰어난 그림 솜씨도 있었다. 내용을 글로만 풀거나 과학자가 아닌 삽화가에게 그림을 의뢰하지 않고 그는 직접 그림을 그렸다. 크고 상세하며 완벽하게 명료한 그림이었다. 그 결과물이 1665년에 출간된 『마이크로그라피아』다. 책에 담긴 57개의 삽화는 현미경 관찰이고 나머지 3개는 빛의 굴절, 별, 달에 대한 것으로 망원경으로 본 관찰이었다. 삽화의 수준은 이전에 나온 어느 것에 비해서도 몇 광년은 앞서 있었다. 이 책은 즉각 인기를 끌었다.

눈길을 사로잡는 삽화가 관심을 끈 주된 요소였지만 이 책에서 더 주목할 만한 점은 훅이 새로이 확장된 감각을 새로운 이론을 짓는 데 사용했다는 점이다. 이를테면 백운모(러시아에서 유리 대신 사용해서 '모스코비 유리'라고도 불린다)의 색과 투명층을 면밀히 관찰해서, 이를 토대로 (단순한 관찰을 넘어서는) 빛의 작동 원리를 제시했다. 그는 빛이 '매우 짧은 진동'이 '균질적인 매개를 통과해 직선으로 전파되는 것'이라고 설명했다.[26]

화석화 과정 이론과 마찬가지로 빛에 대한 이 이론도 직접적으로 증명될 수는 없었다. 하지만 훅은『마이크로그라피아』의 서문에서 언급한 방법론을 따르고 있었다. 도구를 활용해서 감각을 확장시키는 것만으로는 충분하지 않았다. 관찰이 닦은 길을 이성이 따라가면서 관찰 결과를 해석하고 검증해야 했다. 윌리엄 하비의 해부학이 제시한 혈액 순환을 비유로 들면서, 훅은 진정한 자연 철학에 대해 다음과 같이 설명했다.

> (진정한 자연 철학은) 손과 눈으로 시작한다. 그리고 기억을 통해 진전되고 이성에 의해 계속 나아간다. 거기서 멈추지 않고 다시 손과 눈으로 돌아온다. 이렇게 자연 철학은 하나의 역량과 기관에서 다음의 역량과 기관으로 계속 돌면서 생명과 힘을 얻는다. 혈액이 손, 발, 폐, 심장, 머리를 돌면서 인체가 힘을 얻는 것과 마찬가지다. 이러한 방법을 부지런히 집중해서 따르고 나면 인간의 분별력 안에서 이해되지 못할 것은 없다. … 대화, 주장, 논쟁은 곧 노동으로 바뀔 것이다. 모든 현란한 견해들의 꿈, 보편적이고 형이상학적인 속성, 명석한 뇌가 고안한 이런 사치품들은 빠르게 사라지고, 견고한 역사와 실험과 노동이 그 자리를 차지할 것이다. 처음에 인류가 금지된 '지식의 열매(선악과)'를 맛보고 타락했듯이, 그들(아담과 이브)의 후예인 우리는 동일한 방법에 의해, 즉 그저 보고 사유하는 것만을 통해서가 아니라 아직 금지된 적이 없는 자연 지식에 대한 지식의 열매를 맛봄으로써 구원될 수 있을지도 모른다.[27]

도구는 더 이상 감각의 확장에 불과한 것이 아니었다. 훅이 보기에, 이제 도구는 지식의 열매이자 완벽으로 가는 길이었다.

• 원서: Robert Boyle, *The Sceptical Chemist* (1661)

Robert Hooke, *Micrographia* (1665)

12

아이작 뉴턴

논증의 규칙

실험 방법론을 전체 우주로 확장하다

어떤 성질이 실험 가능한 모든 물체가 가진 성질로 입증된다면,
그것은 우주의 모든 물체가 보편적으로 가진 성질이라고 볼 수 있다.

-아이작 뉴턴, 『프린키피아(자연 철학의 수학적 원리)』

『마이크로그라피아』가 출간되고 5년 뒤, 1671년 12월 21일에 열린 왕립 학회 모임에서 로버트 훅(여전히 실험 담당 큐레이터였다)은 새로운 악보 작성법을 선보이고 수은이 나무를 통과하도록 하는 데 필요한 힘을 측량하는 실험을 했다. 로버트 보일도 참석해서 '물이 흐르지 않는 곳에서도 공기가 흐르는' 것을 보여주는 실험에 대해 설명했다. 그리고 학회의 새 회원 후보가 소개되었다. '케임브리지 대학의 수학 교수 아이작 뉴턴 씨'였다.[1]

아이작 뉴턴은 29세였고 케임브리지에서 공부했으며 4년째 모교인 트리니티 칼리지에서 강사로 일하고 있었다. 그는 1672년 1월 모임에서 회원으로 선출되었고, 그날 모임에서는 '뉴턴이 개선한 망원경에 대한 언급이 특별히 있었다'. 뉴턴이 왕립 학회에 그가 개선한 도구 중 하나를 보낸 적이 있던 것이다.

뉴턴은 보일이나 훅처럼 인공적인 보조 도구들을 사용하는 사람이었고, 진리를 추구하기 위해 자신의 감각을 확장하고자 한 수학자였다. 아직 그의

회원 자격증에 서명한 잉크가 마르지도 않았을 2월 모임에, 뉴턴은 자신의 최근 '철학적 발견'을 설명하는 서신을 보냈다.

> 빛은 비슷하거나 균질한 것이 아니라 서로 다른 굴절 각도를 가진 서로 다른 광선들로 이루어진 이질적인 물질입니다. 굴절 각도는 어떤 물체를 통과해 빛이 분광되면 드러납니다. 광선들은 각자 자체의 성질에 따라 어떤 것은 빨간색, 어떤 것은 초록색, 어떤 것은 파란색, 어떤 것은 보라색을 산출합니다.… 그리고 흰색은 모든 색상의 혼합, 혹은 모든 종류의 색상 이 함께 섞여서 산출되는 것입니다.[2]

뉴턴은 망원경이 아니라 프리즘으로 실험하고 있었다. 그는 프리즘으로 자연광이 구성 요소들을 드러내도록 자연광을 왜곡('고문')했다. 이 편지에서 뉴턴은 '가장 대단하다고까지는 아니라 해도 자연에서 이제까지 작동했던 것 중 가장 신기한 발견'이라고 자신의 발견을 설명했다. 이 거침없는 주장은 비슷한 정도의 반작용을 일으켰다. 왕립 학회는 뉴턴의 발견에 대해 '정식으로 감사를 표하'면서 훅에게 답변을 쓰도록 했다. 훅은 뉴턴의 설명에서 '어떤 필연성도 볼 수 없다'고 맹공을 퍼부었다. 뉴턴의 주장은 일반적으로 받아들여지던 빛은 흰색이고 균질하다는 견해와 정면으로 배치되었다. 빛을 다양한 물질에 통과시키는 것은(훅 자신도 암석의 투명층에 빛을 통과시키는 실험을 했고 『마이크로그라피아』에 이를 수록하기도 했다) 단지 여러 가지 다른 색으로 변조되도록 빛에 수정을 가하는 것에 불과하다고 여겨졌다. 훅은 뉴턴의 새로운 설명이 설령 맞을지도 모르지만 참일 가능성이 기존 이론보다 더 큰 것은 아니라고 주장했다. 훅은 뉴턴이 '자신의 이론에 대해 절대적인 입증'을 하지 못했다고 비판했다. 얼마 후에 훅은 뉴턴의 실험을 왕립 학회에서 되풀이하여 '뉴턴 씨가 말한 것을 확인'했지만 '이런 실험들이 빛이 서로 다른 물질들로 구성되어 있다는 것에 대한 설득력 있는 증거가 되는 것은 아니'라고 주장하며, 뉴턴의 결과를 그만큼 잘 설명할 수 있는 '다른 가설'을 적어도 두 개는 생각해낼 수 있다고 했다.[3]

두 사람 사이에 알력이 시작되었다. 이 둘 사이의 적대감은, 매우 뛰어나고 자아가 강한 사람들 사이에서 으레 생겨나게 마련인 충돌이기도 했지만 철학의 차이에서 기인한 면도 있었다. 왕립 학회 주요 인사들이 대부분 그랬듯이 훅은 전적으로 실험 방법론에 헌신하고 있었고 보편 결론을 내리는 것에 대해 조심스러워했다. 왕립 학회는 뉴턴의 '빛 이론'이 흥미롭다고는 생각했지만 어떤 결론이라도 도출하려면 그전에 훨씬 더 많은 실험이 필요하다고 제안했다. 이 실험은 이후 3년의 시간을 더 잡아먹었다. 뉴턴의 케임브리지 실험실과 왕립 학회의 런던 본부 사이에 숱한 서신이 오갔다.

1675년이 되면 뉴턴은 점점 더 좌절하게 된다. 그는 빛 실험에 대해, 그리고 그 실험이 빛이 '에테르'를 통과할 때 어떻게 움직이는지 드러내준 바에 대해 훨씬 더 상세하게 설명한 원고를 왕립 학회에 보냈다. 12월 16일 훅은 왕립 학회에서 이 원고를 발표했다. 학회 회의록에 따르면, '훅 씨는 그 논문을 읽고 나서 논문의 상당 부분이 자신이 쓴 『마이크로그라피아』에 나온 내용이며 뉴턴 씨는 단지 몇몇 부분을 구체화했을 뿐'이라고 말했다.

뉴턴은 당연히 기분이 나빴고, 훅이 다른 학자들로부터 내용을 너무 아무렇게나 가져오는 경우가 많다고 비난했다. 르네 데카르트(데카르트는 40년 전에 『방법서설』을 썼다)와 뉴턴 자신의 저술 내용도 훅이 그런 식으로 가져다 썼다는 것이었다. 둘의 싸움은 점점 날카로워졌고 공공연해졌다. 더 많은 서신이 오갔고 더 많은 실험이 제안됐다. 뉴턴은 점점 더 좌절했는데, 훅 때문이기도 했고 왕립 학회가 계속해서 더 많은 증명을 요구해서이기도 했다. 1676년에 그는 왕립 학회에 신랄한 답변을 보냈다. '고려해야 할 것은 실험의 횟수가 아니라 중요성입니다. 한 번으로 할 수 있는 것을 왜 여러 번 해야 한다는 것입니까?' 그는 동료에게 괴로움을 토로하는 편지를 썼다. '새로운 것은 생각해내지를 말든지, 아니면 그것을 옹호하느라 노예가 되든지, 둘 중 하나를 해야 하는 모양입니다.'[4] 점차 뉴턴은 왕립 학회의 의제에서 사라진다. 회의록에 그의 이름은 점점 덜 등장하게 된다. 뉴턴은 훅이 기획하고 학회가 요구하는 끝없는 실험에 참여하느니 자신의 연구를 하기로 했다. 빛과 광학뿐 아니라 행성의 궤도와 그 궤도를 설명할 수 있는 천체 역학에 대해서도 연구했다. 훅과 싸움을 한 지 20년 뒤에, 뉴턴은 첫 번째 주요 저작인 『프린키피아(자연 철학의 수학적 원리)』를 펴냈다.

『프린키피아』는 대부분 갈릴레이의 태양 중심 모델을 다룬다. 행성이 태양 주위를 돈다는 이 모델은 현실과 부합하는 것으로 점점 인정을 받기는 했지만 여전히 문제가 많았다. 갈릴레이 자신이 몇 가지는 해결했지만 전부 해결하지는 못했다. 그는 태양 중심 모델이 조석 현상을 가장 잘 설명한다고 믿었고, 그의 망원경 관측은 행성이 지구가 아닌 다른 천체 주위를 돌 수 있음을 드러내주었다. 추의 낙하 실험은(사탑에서 한 것이었든 아니었든 간에) 지구 그 위의 물체들이 표면에서 떨어져나가지 않으면서도 지구가 회전할 수 있음을 보여주었다. 하지만 그는 추를 떨어뜨리는 힘(그라비타gravita, '무거움의 성질')이 어떻게 작동하는지 설명하려 하지 않았다. 아리스토텔레스 물리학의 핵심 몇 가지를 반박하기는 했지만 사실 갈릴레이도 그라비타가 물리적 물체의 외부에서 작용하는 힘이 아니라 그 물체가 가지고 있는 내재적 속성이라는 아리스토텔레스적 개념을 모호하게나마 가지고 있었다.[5] 또 갈릴레이는 행성이 태양 주위를 돈다고 할 때 원형 궤도로는 왜 그 움직임을 계산할 수 없는지도 설명하지 못했다. 동시대인인 요하네스 케플러가 더 나은 결과를 산출하는 타원 궤도의 법칙을 제시하긴 했지만, 그도 갈릴레이도 어째서 궤도가 원형이 아니라 타원형이 되어야 하는지 설명할 수 없었다. 갈릴레이의 우주에서는 행성을 원이 아니라 타원으로 돌게끔 추동하는 힘도, 그렇게 되게끔 만드는 물체의 성질도 존재하지 않았다.

이를 뉴턴이 해결했다.

그는 갈릴레이가 지상에서 했던 추 실험을 천체에 적용했다. 갈릴레이는, 물체에 그라비타가 있다는 것은 그것이 얼마나 먼 곳에서 떨어지든지 계속 동일한 속도로 운동한다는 의미라고 보았다. 뉴턴은 그라비타가 물체에 내재된 특질이 아니라 태양에서 행성으로, 또 행성에서 그 주위의 위성으로 작용하는 힘이라고 보았다. 갈릴레이의 물체를 지구로 끌어당긴 동일한 그라비타가 달도 지구로 끌어당길 것이었다. 하지만 뉴턴은 이 힘의 크기가 거리에 따라 일정하지 않고 달라진다고 보았다. 행성이 태양에서 멀어지면 태양이 그 행성을 당기는 힘은 약해진다. 그래서 타원 궤도가 된다.[6] (뉴턴은 거리의 제곱에 반비례하는 힘이 작용하면 지구가 타원 궤도를 그리며 태양을 돈다는 것을 증명했다—옮긴이) 이 새로운 힘을 규정하는 법칙을 더 완전하게 설명하려면, 특히 두 물체의 거리와 그라비타의 강도 사이의 관계를 설명하려면, 더 발달된 수학을 사용해야 했다. 연속적으로 발생하는 작은 변화들을 설명할 수 있는 수학 기법이 필요했다. 이 새로운 기법이 바로 '변화에 대한 수학'으로, 계속해서 조건이 달라지고, 힘이 변화하고, 새로운 요소가 나타나거나 사라질 때의 결과를 예측할 수 있게 해주었다.[7]

이렇게 해서 『프린키피아』는 두 개의 획기적인 과업을 수행했다. 첫째, 왜 행성이 타원형 궤도를 도는지 설명했고, 그 과정에서 최초로 우주에 작용

법칙	공식	풀이	쉬운 풀이
관성의 법칙	$\Sigma F=0=\frac{dv}{dt}=0$	물체의 속도는 외부의 힘이 그 물체에 작용하지 않는 한 일정하다.	외부의 힘이 작용하지 않는 한, 움직이는 물체는 계속 움직이고 멈춰 있는 물체는 계속 멈춰 있다.
가속도의 법칙	$F=m\frac{dv}{dt}=ma$	물체에 작용하는 알짜 힘의 크기는 질량에 가속도를 곱한 것과 같으며 방향은 가속되는 방향을 향한다.	어떤 힘이 질량에 작용하면 가속도가 생긴다. 질량이 클수록 가속을 일으키는 데 필요한 힘도 크다.
작용 반작용의 법칙	$F_A=-F_B$	한 물체가 두 번째 물체에 힘을 작용시킬 때, 두 번째 물체도 첫 번째 물체에 같은 크기의 힘을 반대 방향으로 작용시킨다.	모든 움직임에는 반대 방향으로 같은 크기의 반작용이 있다.

풀이는 모두 다음에서 따왔다. Larry Kirkpatrick and Gregory Francis, *Physics: A World View* (Thomson, 2007). p37. p41.

하는 새로운 힘, 즉 중력을 드러냈다. 둘째, '변화에 대한 수학'이라는 완전히 새로운 수학을 도입했다. 이는 17세기에 '미적분학calculus'이라고 불리는데, 조약돌을 뜻하는 라틴어 칼쿨루스에서 따온 것으로, 셈을 할 때 사용되던 작은 돌멩이를 의미한다.• 총 4권으로 된 『프린키피아』는 중력의 작동 원리를 설명하고 있다. 전체에 걸쳐 뉴턴은 세 개의 법칙(뉴턴의 운동 법칙)을 제시하고 활용했다. 1권과 2권은 (마찰이 존재하지 않는) 순수한 상태와 저항이 존재하는 상태의 운동의 법칙들을 설명하며 3권은 보편적인 힘으로서의 중력에 대해 설명한다.

어느 것도 쉽게 읽히지는 않는다. 제목(프린키피아는 '원리'를 뜻하는 라틴어다. 이 책의 또 다른 제목은 '자연 철학의 수학적 원리')은 이 책의 어려움을 말해

• 고트프리트 라이프니츠Gottfried Leibniz도 뉴턴과 같은 시기에, 그러나 독자적으로, 이 새로운 '칼쿨루스' 쪽으로 작업을 하고 있었다. 나중에 뉴턴과 라이프니츠는 미적분학의 어느 부분을 누가 먼저 발명했으며 누가 어느 부분을 베꼈느냐를 두고 격렬하게 싸우게 된다. 이 싸움은 뉴턴을 다룬 많은 문헌에 나오지만, 이 책의 주제에서는 벗어나므로 다음을 참고하라. Niccolo Guicciardini, *Isaac Newton on Mathematical Certainty and Method* (MIT Press, 2009), 15장.

준다. 파고들기 어려운 수학적 설명(뉴턴이 새롭게 활용한 미적분학)으로 되어 있는 것이다. 뉴턴의 오랜 친구이자 동료인 윌리엄 더램William Derham이 나중에 말한 바에 따르면 이 책은 일부러 읽기 어렵게 쓰였다고 한다. 뉴턴이 털어놓기를, 그가 '논쟁을 싫어했기' 때문에 '일부러 『프린키피아』를 난해하게 적어서' '수학을 겉핥기로만 아는 사람들이 덥석 무는 것을 불가능하게 만들고자' 했다는 것이다. 나를 포함해서 오늘날의 관심 있는 독자 대다수가 '수학을 수박 겉핥기로만 아는 사람들'일 터이므로 『프린키피아』의 상당 부분은 우리가 이해할 수 있는 범위를 넘어선다. (이것을 꼭 현대 교육의 실패로 볼 필요는 없다. 제임스 악스텔James Axtell에 따르면 그 시절에도 뉴턴의 전략은 '매우 효과가 있어서 … 전문가나 일반인이나 어려워하기는 마찬가지였다'고 한다.) 좌절한 케임브리지 대학생이 길에서 지나가는 뉴턴을 보자 이렇게 말한 것은 유명하다. "자신도, 어느 누구도, 이해하지 못하는 책을 쓴 분이 저기 가신다." 8

하지만 『프린키피아』에도 복잡한 수학과 공식을 사용하지 않고 명료한 산문으로 쓴 절이 두 개 있다. 책의 거의 말미에 나오는 '일반 주석'과 3권의 시작 부분에 나오는 '자연 철학 연구의 규칙'이다.

'자연 철학 연구의 규칙'은 왕립 학회에 대한 뉴턴의 마지막 답변이라고도 볼 수 있다. 그는 문자 그대로 실험을 추구하는 사람들이 본다면 『프린키피아』의 결론이 '독창적인 소설' 정도로 치부될 수 있음을 알고 있었다. 추측이거나 억측일 뿐이라고 말이다. 그는 달을 가지고 실험을 하지 않았고, 행성들을 태양을 중심으로 서로 다른 거리에서 회전시켜서 공전 속도를 관찰하지도 않았다. 그가 한 것은 지구에서의 실험 결과들을 천체로 적용해 추론한 것이었다. 고지식한 왕립 학회 사람들이 그리 반기지 않을 방법론이었다.[9] '자연 철학 연구의 규칙'은 달과 행성의 운동에 대한 자신의 결론이 실험적으로는 혹이 만족할 만큼 증명되지 않았지만 그럼에도 왜 믿을 만한지를 설명하고 있다. 첫 세 규칙은 다음과 같다.

1. 더 단순한 원인이 복잡한 원인보다 진리일 가능성이 크다.
2. 동일한 종류의 현상들은(가령 유럽에서 떨어지는 돌과 미국에서 떨어지는 돌) 동일한 원인을 가지고 있을 가능성이 크다.
3. 어떤 성질이 실험 가능한 모든 물체가 가진 성질로 입증된다면 그것은 우주의 모든 물체가 보편적으로 가진 성질이라고 볼 수 있다.

『프린키피아』 1판에서는 이런 형태로 서술되지 않았지만 뉴턴이 이런 규칙을 염두에 두고 있었음은 분명하다. 뉴턴은 1713년의 2판에서야 자신이 상정한 가정들을 언어로 명시했고, 1726년의 3판에 네 번째이자 마지막 규칙을 덧붙였다.

4. 특수한 현상들이나 특수한 실험 결과로부터 일반화해 만들어진 이론은 새로 발견된 현상이나 추가적인 실험 결과에 의해 다른 이론이 더 설득력이 크다고 판명되지 않는 한 참인 것으로 간주되어야 한다.

이것은 베이컨의 귀납법이었다. 언제나 구체적인 것에서 시작해서 일반적인 것으로 나아가는 것이다. 뉴턴은 이 방식을 획기적으로, 전체 우주까지 확장했다. 그렇지만 '일반 주석(여기에는 자연 철학에서 신의 위치에 대한 유명한 논의도 포함되어 있다)'에서 뉴턴은 이 방법론의 확장에 제한을 두었다. 뉴턴은 중력에 대해 다음과 같이 설명했다.

멀게는 태양과 행성의 중심까지 그 작용력이 줄어들지 않고 미치는 힘이며 표면적의 양(부피)이 아니라 견고한 물질의 양(질량)에 비례하고 … 아주 먼 거리까지 적용되는데 거리의 제곱에 언제나 반비례한다.[10]

하지만 그는 이렇게 주의를 주었다. '나는 아직 중력의 원인에 대해서는 이야기할 수 없다.' 그는 지구에서 수행한 관찰에서 중력의 법칙을 도출할 수는 있었지만 중력의 원인을 알아내는 것은 그의 능력 밖이었다.

뉴턴이 보기에, 법칙에서 원인으로 넘어가는 것은 증명 없이 이론화를 하는 것이었다. 이는 고대 철학자들이 수행한 것처럼 거대한 패러다임을 발명하는 종류의 일이고, 뉴턴은 이것을 경멸조로 '가설을 꾸미는 것'이라 불렀다. '아직까지 나는 현상들에서 중력의 원인을 추론해내는 법을 알지 못한다.' '그리고 나는 가설을 꾸미지 않는다 and I do not 'feign' hypotheses.' 그는 우주가 왜 그렇게 작동하는지에 대한 보편적인 설명을 제공할 필요를 느끼지 못했다. 그의 '실험 철학'에서는.

명제나 정리들이 현상에서 도출되고 귀납적으로 일반화된다. 물체의 불가입성(두 물체가 동시에 같은 공간을 점유할 수 없다는 법칙—옮긴이), 운동성, 관성, 그리고 운동의 법칙, 중력의 법칙은 모두 이런 방식으로 발견된 것이다. 중력이 실제로 존재하며 우리가 정리한 법칙에 따라 작동한다는 것으로 충분하며, 지구의 바다와 모든 천체의 움직임을 설명할 수 있는 것으로 충분하다.[11]

'충분하다.' 이렇게 말함으로써 뉴턴은 만족했다. 그는 실험 방법론을 우주로 확장했지만 그것이 나아갈 수 있는 범위에 한계를 두었다.

• 원서: Isaac Newton, *Philosophiae naturalis principia mathematica* (1687, 1713, 1726)

• 한국어판: 『프린키피아』 (아이작 뉴턴 지음, 배지은 옮김, 승산, 2023)

『프린키피아』 (아이작 뉴턴 지음, 박병철 옮김, 휴머니스트, 2023)

3

지구를 읽다

Reading The Earth

13

조르주-루이 르클레르

지질학의 기원

지구 과학이 탄생하다

지구에 대한 일반 이론이 지구 위에서 생성된 다른 것들에 대한 이론보다 먼저 정립되어야 한다.

-조르주-루이 르클레르(뷔퐁 백작), 『박물지』

물리학과 천문학은 번성하고 있었지만 지구에 대한 연구는 지리학을 벗어나지 못하고 있었다.

지리학은 (물론) 그리스인들이 만들었다. 지도는 고대 바빌론 이래로 존재했지만 기원전 4세기에 알렉산더 대왕의 영토 확장 이후 그리스 지도 제작자들에게 갑자기 새로운 가능성이 열렸다. 100년 뒤에 알렉산드리아의 사서 에라토스테네스는 최초의 지형학 학술서를 쓴다. 3권짜리 『지오그라피카Geographika』(이 용어가 쓰인 최초의 용례로 알려져 있다)는 처음으로 경선과 위선을 지도에 표시했다. 얼마 후 그리스 천문학자 히파르코스가 달에 대한 관찰을 토대로 오늘날 위도와 경도라고 부르는 정밀한 격자 시스템을 만들어서 그리스 지도의 정확성을 한층 더 높였다.[1]

이렇게 해서 지구 과학이 탄생했다. 하지만 그리스 지리학은 지구 표면의 현재 상태만을 관찰하는 것이었지 지구가 어떻게 해서 현 상태까지 오게 되었는지, 혹은 왜 지구가 지금과 같은 방식으로 작동하는지는 설명하지 않았다. 아리스토텔레스 철학은 지구의 역사를 무한하다고 보았고 시간의 순환이 끝없이 되풀이된다고 여겼으니, 지구의 기원을 조사하는 것은 어차피 가능하지도 않을 뿐더러 지구의 현재 모습을 파악하는 데 도움이 되지도 않을 터였다.[2]

물리와 화학이 발전하면서 지표에서 벌어지는 몇몇 자연 현상을 이해하는 데 유용한 통찰을 얻을 수 있었다. 하지만 천체 연구가 더 성숙하고서야 지구 자체(거대하긴 하지만 이제 여러 천체 중 하나에 불과하고 다른 행성과 동일한 성질을 가지며 다만 인간이 존재한다는 점에서만 독특한 행성)가 연구의 대상이 될 수 있었다. 미국의 지질학자인 찰스 반 하이즈Charles Van Hise의 말대로, 지질학은 천문학이 낳은 아이였다.[3]

17세기 초반에는 지질학이 새로운 과학으로 도약할 만큼 성숙하지 못했다. 지질학은 자연 철학의 곁가지에 불과했고 여전히 무엇을 질문해야 하는지조차 불분명한 영역이었다. 게다가 초창기 질문들은 천문학자나 물리학자가 아니라 신학자와 철학자가 답을 했다.

1647년에 자연 철학자 존 라이트풋John Lightfoot은 구약 성서의 계보를 토대로 지구의 나이를 계산해서 지구가 기원전 3928년 9월에 창조되었다고 선언했다. 3년 뒤에 아일랜드 주교이자 아마추어 천문학자인 제임스 어셔James Ussher는 성경의 연대기를 그가 관찰한 천문학 관측치들과 결합해서 창조의 시점을 조금 더 앞으로 잡았다. 어셔는 저서 『세계의 연대Annals of the World』에서 이렇게 언급했다. '태초에 신은 하늘과 지구를 창조했다. 우리 연대기에 따르면 창조의 시점은 기원전 4004년 10월 23일을 앞둔 저녁(자정)이다.'[4]

엄밀히 말하자면 과학이라 보기는 어려웠지만, 그래도 기독교와 헤브루의 전통은 지구의 수명이 천지 창조에서 시작했다고 봄으로써, 무한히 순환하는 시간을 상정한 그리스 전통보다는 한 발 더 나아갔다. 지구에 실질적이고 직선적인 연대기적 역사를 부여함으로써 지구의 땅과 바위와 산과 골짜기는 과거의 실제 흔적을 담고 있는 것이 되었다.

그러한 과거의 실제 흔적에 대한 논문이, 어셔가 지구의 연대를 추산한 지 19년이 지난 뒤에 나왔다. 덴마크의 성직자 니콜라스 스테노Nicholas Steno가 펴낸 것으로, 최초의 지구 과학 연구라 할 만했다. 스테노는 사제 서품 이전에 코펜하겐 대학과 암스테르담 대학에서 천문학을 공부한 천문학자이기도 했다.

「견고한 것 안에 자연적으로 담긴 또 다른 견고한 것에 대한 논문의 기초 논의Preliminary Discourse to a Dissertation on a Solid Body Naturally Contained within a Solid」(이후「기초 논의」로 표기)라는 제목의 이 논문은 화석의 수수께끼를 다루었다. 바다에서 멀리 떨어진 산에서 흔히 발견되며 살아 있는 생명체와 비슷한 모양을 한 돌멩이가 어떻게 화석이 형성되었는지에 대한 것이었다. 1세기 로마 철학자 플리니우스는 화석이 하늘에서 떨어진 돌일 것이라고 생각했다. 중세 철학자이자 의사인 이븐 시나는 지구 안에 있는 신비롭고 '유연한 힘'이 바위의 모양을 새롭게 잡아서 형성되었을 것이라고 주장했다. 현미경으로 화석을 관찰한 로버트 훅은 살아 있는 유기체가 석화된 것이라고 보았다. 하지만 왜 그것이 지상의 암석 한가운데서 발견되는지는 설명하지 못했다.[5]

스테노는 훅의 결론을 조금 더 밀고 나갔다. 1666년에 스테노는 희한한 상어의 머리를 해부하는 정밀한 실험을 했다. 이탈리아 연안에서 잡힌 것이었는데 저명한 지인인 메디치 가의 페르디난도 2세가 보낸 것이었다. 그 상어의 치아는 스테노와 17세기 자연 철학자들이 잘 알고 있었던 이빨 모양을 한 돌멩이와 모양이 동일했다. 끝이 갈라진 뱀의 혀처럼 생긴 그 돌멩이는 글로소페트라에glossopetrae라고 불렸는데, 유럽 곳곳에서 발견됐다. 스테노의 논문은 첫째로 상어의 이빨처럼 글로소페트라에도 살아 있던 생물의 일부라는 점을 언급하고, 둘째로 그것이 어떻게 돌 속에 들어가게 되었는지를 설명하려는 것이었다.

두 번째 문제에 대한 스테노의 답은 (수정, 보충 설명, 불필요한 상세 내용, 간결하지 않은 문체 등으로 알기가 매우 어렵지만) 다음 세 가지 원리로 요약할 수 있다.

1. **지층 누중의 원리:** 암석의 지층은 입자가 쌓인 뒤 압력에 눌려 생긴 것이다. 따라서 아래층이 위층보다 먼저 쌓인 것이다.
2. **수평 형성의 원리:** 지층은 항상 수평으로 형성된다. 지층이 기울었거나 수직으로 되어 있다면 형성된 이후에 다른 힘에 밀려 그렇게 된 것이다.
3. **수평 연속의 원리:** 지층은 그냥 끊기지는 않는다. 두 지층이 가까이 있고 광물의 구성, 흙의 구성, 그 안에 포함된 내용물의 구성이 비슷한데 서로 떨어져 있다면 원래는 같은 지층이었다가 나중에 단절된 것이다.

세 가지 원리는 모두 동일한, 그리고 완전히 새로운 통찰 하나를 드러내고 있다. 지층이 한 층씩 아주 오랜 시간에 걸쳐 형성되었다는 것이다. 돌과 먼지의 '담요'가 오랜 시간에 걸쳐 켜켜이 쌓인 것이 지층이고, 따라서 그것을 아래로 파들어가면서 조사하면 자연 철학자는 시간을 거슬러 여행할 수 있다.

아직 '지질학'이라는 것은 없었지만, 스테노는 지질학이라는 과학 분야가 생기는 것을 가능하게 했다. 자연 철학자들이 베이컨의 방법론으로 조사할 수 있는 새로운 대상을 찾아낸 것이다. 지층과 그 안의 화석은 이제 관찰되고, 분석되고, 이론화될 수 있는 대상이 되었다.

즉시 이 새로운 연구 대상들은 신학자와 철학자들이 내렸던 결론에 의구심을 제기했다. 스테노 자신은 기원전 4004년을 시초로 보는 것에 불만이 없었다. 그는 화석이 살아 있는 생명체의 흔적이라고 보았고, 조개 껍데기나 턱뼈처럼 부서지기 쉬운 물질이 (아무리 석화되었다고 해도) 수천 년이나 남아 있을 수 있다고는 생각하지 않았다. 「기초 논의」에서 그는 4004년도 너무 멀리 잡은 것이라고 우려했다.[6]

하지만 다른 사상가들은 새로운 연구 대상들을 달리 해석했다. 이미 아이작 뉴턴은 화석보다는 지구의 중심(핵)에 관심을 갖고 지구가 원래는 액체 상태의 구형이었을 것이라고 추측한 바 있었다. 그 경우 지구의 나이는 쇠가 식는 속도를 통해 구할 수 있었다. (큰 구체는 작은 구체와 열을 다르게 보존한다는 것을 염두에 두어야 한다. 빠르게 식는 부분과 그렇지 않은 나머지 부분 사이의 관계가 달라지기 때문이다.) 뉴턴은 이렇게 결론을 내렸다.

> 그러므로 우리 지구와 같은 뜨거운 쇠로 된 큰 구체는, 즉 직경이 40,000만 피트(약 1만 2,000킬로미터)인 구체는 그만큼의 날짜 동안, 혹은 즉 5만 년 이상 동안에야 가까스로 식을 것이다. … (하지만 어떤 다른 원인에 의해, 크기에 덜 비례해서 식을지도 모른다.) 실험으로 진정한 비율을 알 수 있게 되면 기쁘겠다.[7]

즉 지구가 원래 액체였다면 6,000살밖에 안 되었을 리가 없는 것이다. 하지만 뉴턴에게 이는 '가설을 꾸미는' 것이었고, 아직 과학은 이를 증명할 도구를 갖고 있지 못했다.

뉴턴의 동료이자 경쟁자였던 독일 수학자 고트프리트 라이프니츠도 비슷한 추측을 했다. 지구가 원래는 액체였다가 서서히 식어서 단단해졌을 것이라고 말이다. 그는 이 과정에서 큰 거품이 생성되었는데 일부는 굳어서 산이 되었고 일부는 터지고 함몰되어서 골짜기가 되었다고 보았다. 하지만 라이프니츠도 '꾸며진 가설'을 말하는 것을 조심스러워했고 지구의 나이를 계산하려 하지는 않았다.[8]

지구의 나이가 얼마인지, 그리고 그것을 구하기 위해 지층을 어떻게 해석할 것인지는 어쩌면 진지한 토론이 계속 이어지는 열린 질문이 될 수도 있었다. 하지만 1701년에 영국 성공회의 윈체스터 주교 윌리엄 로이드William Lloyd가 제임스 어셔의 기원전 4004년설을 1611년에 처음 발간됐던 성경 흠정역(영어권에서 가장 널리 읽히는 성경으로, 킹 제임스 1세 성경이라고도 한다) 최근판에 주석으로 달아놓으면서 어셔의 설은 신성한 권위를 갖게 되었고, 지구의 나이를 6,000살보다 길게 보는 것은 성경을 부인하는 것으로 여겨지게 되었다. 다른 학자가 대담하게도 더 긴 연대를 제시한 것은 50년이 지나서였다. 그때도 이 제안은 소설 형식으로, 그것도 미출판 소설 형식으로 이뤄졌다.

1720년대에 프랑스 자연 철학자 브누아 드 마이예Benoit de Maillet는 인도 철학자 텔리아메드와 프랑스 선교사가 지구의 나이에 대해 토론하는 형식으로 된 대화집을 작성해 지인들 사이에 돌렸다. 텔리아메드•는 지중해의 수위가 수세기 동안 낮아졌다는 측정치를 들면서 전에는 지구 전체가 바다로 덮여 있었는데 바다가 계속해서 지구 중앙의 소용돌이로 빨려 들어가고 있으며 물이 내려가는 속도로 볼 때 지구가 적어도 20억 년은 되었다고 주장했

• 교회 당국자들은 아마도 텔리아메드Telliamed라는 이름이 드 마이예de Maillet의 철자를 거꾸로 한 것임을 알아차렸을 것이다. 하지만 그들의 반응이 어땠는지에 대한 기록은 남아 있지 않다.

다. 하지만 이 추정치가 성경과 상충될 필요는 없었다. 텔리아메드는 선교사에게 이렇게 말한다. '당신은 (지구의 나이에 대한 질문이) 필연적으로 종교와 관련이 있다고 보는 것 같습니다만, 나의 견해로는 전자와 후자는 별개 문제입니다.' 그는 지구에 대한 연구는 신앙의 눈으로 이뤄질 수 없으며 지구도 천문학자가 다른 모든 현상들을 연구할 때 사용하는 객관성을 가지고 조사되어야 한다고 주장했다.

> 세상의 과거라는 기간을 우리의 시간 단위로 측정하지 말아야 합니다. 그러기보다는, 그것이 이 우주에 대해 무엇을 보여주고 있는지 신중하게 살펴보아야 합니다. 이 창공의 방대함이 우리에게 보여주는 것은 지구처럼 반짝이는 수많은 다른 별들입니다. … 망원경의 발명 이래 우리가 본 것들을 생각해볼 때 가장 합당한 이론이 무엇인지 생각해봅시다. 망원경이 데려다줄 수 있는 가장 높은 곳에 우리가 갔다면, 그곳에서 우리 위로 그만큼이나 먼 수많은 세상을 또 보게 될 것입니다.[9]

지구가 수많은 천체 중의 하나라는 것이 인정되어야만 지질학은 존재할 수 있었다. 그리고 모든 것을 측정하는 단위로서 인간의 시간 단위가 버려져야만 지질학이 필요로 하는 시간 단위가 놓일 수 있었다.

•

18세기 중엽, 뷔퐁 백작이 이 새로운 과학을 짓기 시작했다. 뷔퐁 백작의 원래 이름은 조르주-루이 르클레르로, 소금에 과세하는 관리의 아들로 태어났다. 이 징세 담당관은 막대한 재산을 물려받아서 인근 마을인 뷔퐁을 구매했고 이로써 귀족 작위를 갖게 되었다. 어린 조르주-루이는 낮은 출신 배경이 늘 신경 쓰였기 때문에, 20대가 되었을 때 르클레르라는 성을 버리고 평생 자신의 이름을 '뷔퐁'이라고 썼다.[10]

그는 집안이 부유했기에 수학, 물리학, 화학, 현미경학, 식물학 등 광범위한 관심사를 공부할 수 있는 호사를 누렸다. 뷔퐁은 이리저리 만지작거리고, 조사하고, 글을 쓰고, 강연을 하고, 책을 냈다. 30대가 되었을 때 그의 놀라울 만큼 광범위한 성취가 프랑스 왕실의 눈에 띄었다. 1739년에 뷔퐁은 왕실 정원의 큐레이터로 임명되어 식물원과 동물원을 개선하고 확장하는 일을 맡게 된다. 그는 평생 이 일을 했다.

왕실 정원 큐레이터 일을 하면서 광범위하던 관심사가 지구와 지구에 사는 생물 체계로 좁혀졌다. 뷔퐁은 1740년에 방대한 백과사전적 작업에 착수했다. 50권짜리 『박물지』였는데, 아리스토텔레스의 『동물지』보다 훨씬 야심찬 프로젝트로, 동물만이 아니라 식물도 포함했다. 그런데 작업에 착수하자마자 뷔퐁은 동물이든 식물이든 어느 쪽에서도 이 책이 시작될 수 없다는 것을 깨달았다. 서두에 그는 이렇게 기록했다. '지구에 대한 일반 이론이 지구 위에서 생성된 다른 것들에 대한 이론보다 먼저 정립되어야 한다.'[11]

그래서 『박물지』 1권은 지구를 다루고 있다. 지구의 내부 구조와 지구의 '형성 과정', 그리고 지구의 역사를 다루는데, 뷔퐁은 이러한 것들에 과학적으로, 귀납적으로, 베이컨적으로 접근해야 한다고 주장했다. 그는 먼 과거에 일회성의 이례적 사건이 있었다는 식의 설명은 받아들이지 않았다. 관찰될 수도, 반복될 수도 없는 사건은 '불안정하고' '위태로운 기반 위에 지어진' 설명이라고 보았다.[12] (뷔퐁은 수학자 윌리엄 휘스턴William Whiston이 제안해 당대에 인기를 끌었던 이론을 특히 염두에 두고 있었다. 휘스턴은 현재와 같은 지구는 오래전에 혜성의 꼬리와 충돌한 결과로 생긴 것이라고 설명했다.)

뷔퐁은 하천이나 바다의 움직임, 가열된 물체의 점진적인 냉각, 토양의 침식과 같이 현재도 여전히 관찰되는 물리적 과정만이 지구 과학에서 현상들의 원인으로 상정될 수 있다고 보았다.

> 여기에서 나는 우리의 지식이 가질 수 있는 영역을 넘어서는 곳으로 치워져버린 원인들을 이야기하는 것이 아니다. 아주 작은 타격만으로도 지구에 치명적인 영향을 미치는 격변을 이야기하는 것이 아니다. 혜성의 접근이나 달의 부재, 태양계에 새로운 행성의 등장과 같은 일은 상상이 머물기에는 좋을 것이다. 이런 종류의 원인은 우리가 선택하는 어떤 효과라도 임의로 생성할 수 있다. 이런 종류의 가설은 한 개로도 1,000개의 자연학적 소설을 쓸 수 있을 것이고, 그것을 쓴 저자들은 지구의 이론이라는 제목을 붙이며 그것에 권위를 부여할 수도 있을 것이다. … 하지만 나는 이 무용한 억측을 거부한다. 그것들은 가능성에만 의존할 뿐인데, 그것을 받아들인다는 말은 우주에 재앙이 있었음을 나타내는 것이 되고, 그러면 지구는 손에 잡히지 않는 입자처럼 우리의 관찰을 피해가고 더 이상 우리가 관심을 둘 가치가 없는 것이 된다. 우리의 개념에 일관성이 있으려면 우리는 지구를 그 자체로 받아들이고 각 부분을 세세하게, 귀납적으로 조사해야 하며 현재의 존재로부터 미래를 판단해야 한다. 우리는 거의 발생하지 않는 이례적인 사건들, 그리고 발생할 때면 언제나 갑작스럽고 폭력적으로 발생하는 원인들에 영향을 받지 말아야 한다. 그것들은 자연이 일반적으로 진행되어가는 과정의 원인이 될 수 없다. 동일하게 반복되는 과정만이, 교란 없이 차례로 이어지는 운동만이, 우리가 이성적 논증의 기초로 삼는 원인이 될 수 있다.[13]

그렇다면 '동일하게 반복되는' 어떤 과정이 현재 지구의 모습을 형성했을까? 뉴턴처럼 뷔퐁도 지구가 액체 상태의 구에서 시작돼 현재의 온도로 서서히 식었다고 보았다.

그도 인정했듯이, 지구의 과거 중 액체 상태였던 부분에 대해 직접 관찰할 수 있는 증거는 없었다. 하지만 지구의 표면과 깊은 광산의 온도는 잴 수 있었고, 이는 내부가 표면보다 더 뜨겁다는 사실을 보여주었다. 그리고 이것은 반복 실험이 가능한 물리적 과정을 통해 설명할 수 있었다. 뷔퐁은 여러 가지 크기의 쇠공에 대입하여 달구었다가 식는 시간을 조사했다. 그 결과를 지구만 한 크기의 쇠공에 대입하여 지구가 식기 시작한 것은 7만 4,832년 전이라고 결론내렸다. 사적인 자리에서는 더 오랜 시간이 걸렸을 가능성이 있다고도 말했다. 길게는 30억 년까지 잡을 수도 있다고 보았는데, 이는 오늘날의 추정치인 45억 7000만 년과 크게 동떨어지지 않는다.[14]

『박물지』 1권에서 이러한 이론들을 개진하면서, 뷔퐁은 지구의 과거 어느 시점에 이례적인 신성의 개입이 있었을 가능성을 부인했고 어셔의 연대를 반박했다. 『박물지』는 18세기의 베스트셀러였다. 프랑스, 영국, 네덜란드, 독일 전역의 교양 있는 사람들의 책상에는 『박물지』가 놓여 있었다. 프랑스 과학 아카데미의 저명한 회원들은 뷔퐁의 결론을 계속해서 공격했다. 소르본 대학 신학과는 「창세기」에 대한 뷔퐁의 이해에 의구심을 표하는 긴 서신을 보냈다.[15] 뷔퐁은 그 서신을 읽었지만 자신의 가설이 옳다는 확신만 강해졌다. 30년 뒤에 『박물지』의 기존 원고에 수정과 부록을 덧붙여 새로 출간하면서, 뷔퐁은 지구 형성의 단계를 일곱 가지 시대로 나누어 더 상세하게 설명했다.

제1시대 지구가 식기 시작하다.

제2시대 지구가 고체가 되다.

제3시대 물이 지구를 덮다.

제4시대 물이 후퇴하고 화산 활동이 시작되다.

제5시대 코끼리와 '남쪽 동물'들이 따뜻한 북쪽에 서식하다.

제6시대 대륙이 분리되다.

제7시대 인류가 탄생하다.

이 '자연의 시대 구분'은 지구를 '심원한 시간deep time'의 연대로 다룬 최초의 설명이었다. '심원한 시간'은 몇 세기 뒤에 지질학자 존 맥피John McPhee가 지질학 연구에 필요한 완전히 다른 시간 단위(우리의 100만 년이 지질학에서는 하루다)를 말하기 위해 만든 말이다.

하지만 『박물지』를 영어로 옮긴 윌리엄 스멜리가 보기에 자연 시대 연대기는 좀 너무 많이 나간 것 같았다. 너무 '영국적'이지 않았다. 그래서 그는 9권의 해당 절을 축약하기로 했다. '대륙 유럽 사람들이 보기에는 얼마나 매력적인지 몰라도, 이 이론은 냉철하고 신중한 영국인이 받아들이기에는 너무 상상 속에나 있을 법한 내용이다. 따라서 역자는 그것을 영어로 옮기지 않는 편이 낫다고 생각했다.' 역자 주석에서 스멜리William Smellie는 이렇게 설명했다.[16]

하지만 뷔퐁은 변명하지 않았다. 이례적인 사건으로 지구의 과거를 설명할 수 없다는 그의 첫 번째 원칙은 불가피하게 두 번째 원칙으로 그를 이끌었다. 지구의 역사는 아주, 아주, 길다는 것이었다.[17]

• 원서: Georges-Louis Leclerc, Comte de Buffon, *Natural History: General and Particular* (1749 - 88)

14

제임스 허턴 · 조르주 퀴비에

새로운 과학의 법칙

지구의 형성을 설명하는 양대 이론이 나오다

오늘날의 대륙들이 만들어지는 데는 무한한 시간이 필요했을 것이다.
… 시작의 흔적도 끝의 전망도 없다.
-제임스 허턴, 『지구론』

그러므로 지구상의 생명은 종종 끔찍한 사건들에 의해 교란을 받았다.
-조르주 퀴비에, 「기초 논의」

스코틀랜드의 부유한 토지 소유자의 아들인 제임스 허턴은 오만 가지 일을 취미 삼아 해보길 좋아하는 사람이었는데, 이것이야말로 새로운 과학이 필요로 하는 역량이었다. 1740년 14세에 에딘버러 대학에 그리스어와 라틴어를 공부하러 갔으나 곧 고전 공부를 포기하고 화학으로 관심을 돌리더니 학교를 그만두고 변호사 견습생으로 나섰다. 21세에 에딘버러에서 의학을 공부하기로 하고 법조 일을 때려치우더니 해부학을 전공하러 파리에 갔다. 드디어 의학 학위를 받기는 했는데 의사는 자신의 길이 아니라고 결론 내리고 친구와 함께 '살 암모니악sal ammoniac, 염화암모늄'이라는 산업용 화학 물질을 만드는 회사를 차렸다. 회사는 잘되었지만 얼마 지나지 않아 친구에게 경영을 넘기고 가족 농장을 운영하기로 했다.
허턴은 농사에서 이런저런 실험을 했고, 에딘버러 철학 학회에 가입해서 식물, 광물, 대포 등에 대한 논문을 발표했으며, 화학 실험을 했고, 소금 광산을 찾아가고 지질 형성을 조사하러 산을 돌아다녔으며 석탄 생산을 조사했다. 그의 친구이자 전기 작가인 존 플레이페어John Playfair는 '직업이 주는 방해가 없었기 때문에 허턴은 시간을 원하는 대로 사용할 수 있었고 계속해서 몰두할 것을 찾기에 충분한 에너지가 있었다'고 언급했다.[1]

이런 종류의 광범위한 관심사와 생계를 위해 돈을 벌 필요가 없는 부유함의 결합은 당시 지구 과학 연구자의 필수 요건이었다. 지구 과학은 아직 대학에 교수직도 없었고 지구 과학이 무엇인지에 대한 정의도 없었으며 학문의 범위도 설정되어 있지 않았고 이름조차 없었다. 뷔퐁은 자신이 '역사학자'라고 생각했다. 지구를 연구한 다른 연구자들은 스스로를 천문학자, 수학자, 자연 철학자, 아니면 그냥 신사라고 불렀다. 허턴은 인생의 첫 절반을 자신이 화학자, 제조업자, 농부라고 생각하면서 살았다. 그는 50세가 되어서야 첫 연구서인 『석탄과 무연탄의 차이와 속성과 특질에 대한 연구Considerations on the Nature, Quality, and Distinctions of Coal and Culm』●를 펴냈다. 그리 베스트셀러는 아니었지만(플레이페어는 '매우 독창적이고 충실한 책'이지만 '저술의 목적을 볼 때 너무나 전문적인 내용이었다'고 평했다), 서서히 집중되고 있는 허턴의 관심사를 드러냈다. 그는 점점 지구 자체의 구성에 관심을 가졌다.[2]

허턴의 첫 연구서가 나오고 1년 뒤에 스위스 수학자 장 안드레 드룩Jean André Deluc이 지구 과학에 이름을 붙였다. 한동안 드룩은 영국의 샬럿 왕비와 서신을 교환했고 사회적으로 야망 있는 사람답게 그 서신을 출판했다. 1778년에 『산, 지구의 역사, 인간의 역사에 관한 자연적 및 도덕적 편지Physical and Moral

● culm은 영국 남서부에서 발견되는 무연탄의 한 종류다.

Letters on the Mountains and on the History of the Earth and Man』라는 제목으로 첫 번째 권(서신은 매우 분량이 많았다)이 출간됐다. 드룩은 독실한 프로테스탄트 신자였고 암석 형성과 지층에 대한 자신의 이론을 「창세기」의 설명과 부합시키기 위해 노력했다. (그는 뷔퐁의 연대기에 강하게 반대했고 지구의 나이를 1만 년 정도로 보았다.) 드룩의 책은 이렇게 시작한다. '이 편지들은 우주론cosmology의 개요다.' 그리고 각주에서 이 용어의 부정확함을 아쉬워했다. '여기에서 우주론이란 지구에 대한 지식만을 말하며 우주에 대한 지식을 말하지는 않는다. 이런 면에서 '지오-로지geology'라고 부르는 것이 더 정확하겠지만 널리 쓰이는 말이 아니므로 코스모-로지(우주론)라고 부르기로 한다.'[3]

말은 이렇게 했어도 그는 새 용어를 사용했다. 이 책은 점점 인기를 끌었고 '지오–로지geology, 지질학'라는 단어도 점점 널리 사용됐다. 지구에 대한 연구는 여전히 여러 학문 분과에 퍼져 있었고, 한편으로는 신학과 성경 연구와, 다른 한편으로는 물리학, 천문학과, 또 다른 한편으로는 야금학, 화학과 얽혀 있었지만, 어쨌든 이제 '지질학'이라는 이름을 갖게 되었다.

1783년, 석탄에 대한 소책자가 나온 지 6년 뒤에 허턴은 굵직한 지질학 연구를 공개적으로 발표한다. 에딘버러 철학 학회는 새로 생긴 에딘버러 왕립 학회와 막 합병을 해서 철학과 자연 과학 모두를 다루고 있었다. 플레이페어의 설명에 따르면, 이 새로운 학회를 지원하고 싶어서 허턴은 '지구의 체계'에 대한 논문을 학회에 제공하기로 했다. '왕립 학회는 허턴 박사에게 최초의 지구론 개요를 쓸 마음을 불러일으켰다. 그는 평생 지구의 형성에 큰 관심을 가지고 있었다.'[4]

허턴은 이제 57세였다. 이 무렵 그는 '능숙한 광물학자'였고 '지질학의 중요한 사실들을 직접 조사했다'. 또한 '능숙한 물리 지리학자였고' 화학에도 능통했으며 자연사 서적도 많이 읽었다. 그는 이 모든 역량을 한데 모아서 지구의 속성과 지구의 체계를 조사하는 데 사용했다. 하지만 아직까지 자신의 견해를 다른 이들에게 별로 알리지는 않은 상태였다.[5]

1785년 3월 7일에 그의 저술 중 첫 부분이 지인에 의해 왕립 학회 모임에서 낭독되었다. 허턴은 아파서 참석을 못했다(신경과민이었다). 왕립 학회 회의록은 이렇게 기록하고 있다. '논문의 첫 부분은 거주에 적합한 지구의 체계를 지구의 기간 및 안정성과 관련하여 조사한 것'이었다. 한 달 뒤 왕립 학회의 4월 모임에서 허턴은 3월의 발표 부분을 직접 다시 요약했고 논문의 나머지 부분도 발표했다. 허턴은, 우리가 보는 지층은 한때 바다 아래에서 떠다니던 느슨한 물질이었는데 대양 아래의 열기가 그것들을 섞어서 위로 올려 땅이 되었다가 다시 주변의 하천에 의해 침식되어 물속에 가라앉는 과정을 반복하면서 생긴 것이라고 보았다. 이러한 과정은 지금도 대양과 대륙에서 관찰되는 것이었다.

즉 우리 주변의 지구는 과거에 발생한 격변적 사건이나 이례적인 신성의 개입에 의해서가 아니라, 지금도 지속되는 밀물과 썰물, 물살의 치고 빠짐, 퇴적과 침식 작용을 통해 형성되어온 것이라는 설명이었다.[6] 과거에 발생한 일은 모두 현재를 관찰함으로써 설명 가능하다. 혹은, 후대 학자들의 표현을 빌리면, '현재가 과거의 열쇠'다. 오늘날 우리가 보는 자연 현상과 오래 전 과거의 자연 현상 사이에는 동일성이 있으며, 여기에서 추론컨대, 오늘날의 자연 현상과 미래의 자연 현상 사이에도 동일성이 있을 것이다. '과거에 자연이 어떻게 작동했는지를 파악하고, 거기에서 미래의 작동에 대해 결론을 내릴 수 있는 원리를 도출하려면, 현재의 지구가 어떻게 구성되고 있는지 관찰해야 한다.'[7]

동일 과정설의 원리(과거에 대대적인 격변은 없었으며 지구는 지금도 관찰 가능한 자연 과정에 의해 형성되어왔다는 원리)는 그다음 결론으로 이어졌다. 이러한 과정은 매우, 매우, 느리게 변화를 만들어내므로 아주 오랜 시간이 걸렸으리라는 점이었다. 허턴은 이렇게 기록했다. '주장을 요약하자면 … 이러한 작동이 극히 느리기 때문에 추산치에 맞을 만한 길이의 시간 단위를 찾을 수 없다는 것이 분명하다. … 현재의 대륙을 만들어내는 데는 무한한 시간이 필요했을 것이다.'[8]

'무한한indefinite 시간.' 규정define할 수 있는 우리의 능력을 벗어난 시간. 1장의 말미에서 허턴은 이 주장을 더 강하게 반복했다. '그러므로 물리적 탐구에서 내릴 수 있는 결론은 시작의 흔적도 끝의 전망도 없다는 것이다.' 이는 고대 그리스 사람들이 생각한 영원하고 변치 않는 지구를 말하는 것이 아니라, 우리가 살아가는 시간 단위와는 완전히 다른 시간 단위로 변화하는 자연 세계를 이야기하는 것이었다. 허턴은 뷔퐁이 암시만 했던 것을 명시적으로 표현했다. 지질학적 시간인 '심원한 시간'은 인간이 경험하는 시간과 너무 달라서, 몇 년을 최소 단위로 삼더라도 표현하기 어렵다는 것이었다.[9]

이런 주장은 뷔퐁이 온건하게 이야기한 시대 구분보다 더 위험하게 「창세기」와 충돌했다. 그래서인지 허턴은 왕립 학회에서 첫 대중 발표를 하기로 했을 때 신경과민이 왔다. 하지만 이상하게도 그의 논문은(3년 뒤에 『지구론』이라는 제목으로 출간되었다) 그리 많은 노여움을 일으키지 않았다. 전기 작가 플레이페어는 이를 지적인 피로감 탓으로 돌렸다. '세계는 자신들이 설명하겠노라 하는 현상을 제대로 알지도 못하는 사람들이 시도한, 성공적이지 못한 지질학 이론들에 지쳐 있었다.'[10]

스위스의 지질학자이자 수학자인 장 안드레 드룩은 허턴의 연대기를 반박하는 글을 발표했고, 아일랜드 화학자 리처드 커원Richard Kirwan도 허턴이 '합리적 이성과 모세가 말하는 역사의 취지에 부합하지 않는 주장을 펴고 있다'고 비판했다. 하지만 지질학은 여전히 신생 분야였고 지질학자들은 여기저기 흩어져 있었다. 『지구론』이 출간된 지 10년이 지나서도 허턴의 동일 과정설과 심원한 시간에 대한 반응은 여전히 산발적이었다. 플레이페어는 이렇게 언급했다. '지구론은 대대적이고 눈에 띄는 효과를 냈어야 마땅하고 … 과학자들은 그 진가를 열정적으로 알아보았어야 마땅하다. 하지만 사실을 말하자면, 이 책에 대한 관심은 아주 서서히 올라갔다.'[11]

장황하고 에두르는 허턴의 문체도 원인이었을 것이다. (허턴은 수사적 능력을 거의 가지고 있지 않았다.) 그리고 허턴은 과거에 '어떤 종류의 재앙도 발생하지 않았을 것'이라는 말의 의미에 대해서 설명하지 않았다. 이는 사람들을 갸우뚱하게 만들었는데, 몇몇 퇴적지와 화석층은 과거 언젠가 이례적인 사건이 있었음을 보여주는 듯했기 때문이다. 하지만 『지구론』은 과학이기도 했지만 철학이기도 했다. 허턴은 지구 과학의 일반론을 세우려고 한 것이었고('우리는 현재의 렌즈를 통하지 않고는 과거를 알 수 없다'), 어느 특정 지역의 단층을 해석하려는 것은 아니었다.[12]

만성 신부전을 앓고 있던 허턴은 자신의 이론이 완전히 받아들여지고 또 완전히 거부되는 것을 살아서 보지 못했다. 그는 이후 10년 동안 고생스럽게, 천천히, 『지구론』을 확장했다. 개정판은 1795년에 출간되었는데 초판보다 더 모호했다. 1797년 3월, 허턴은 저술의 긴 하루를 마치고 경련과 발작에 사로잡혔다. 주치의를 부르러 보냈지만 의사가 왔을 때는 숨진 뒤였다.[13]

•

27세의 퀴비에는 막 프랑스 과학 학회(프랑스판 왕립 학회) 회원이 되었다.

그는 프랑스어와 독일어를 공부했고, 아리스토텔레스의 『동물지』와 뷔퐁의 35권짜리 『박물지』도 공부했으며, 파리의 자연사 박물관에서 일자리를 얻어 방대한 미분류 화석을 조직하고 카탈로그화하는 일을 맡게 되었고(그는 화석들이 보관된 곳을 '납골당'이라고 불렀다), 동물 해부에 대해 대중 강연도 했다.

1796년에는 「살아 있는 코끼리 종과 화석으로 남아 있는 코끼리 종에 관하여Mémoires sur les espèces d'éléphants vivants et fossiles」라는 논문을 발표했는데, 시베리아에서 발견된 뼈 화석을 인도 코끼리와 아프리카 코끼리의 뼈와 비교한 논문이었다. 많은 자연학자들이 시베리아에서 발견된 뼈가 오래 전의 코끼리 뼈라고 생각했지만 퀴비에는 골상, 상아, 치아의 차이를 볼 때 코끼리와는 완전히 다른 종이라고 주장했다. '거대한mammoth' 동물. 코끼리가 아니라 지금은 멸종한 동물. 그는 이 매머드가 지구상에 더 이상 존재하지 않는 '사라진 종'이라고 보았다.[14] 이는 매우 논쟁적인 주장이었다.

니콜라스 스테노 이래, 화석이 이상하게 생긴 바위가 아니라 살아 있는 생명체에서 나왔다는 점은 대부분의 자연학자들에게 받아들여지고 있었다. 하지만 동물의 어느 종이 통째로 사라졌을 수도 있다는 생각은 세 가지 면에서 문제적이었다. 우선 신학적인 난점이 있었다. 어떻게 충분히 잘 고안되지 않은 동물을 창조할 수 있었단 말인가? 아리스토텔레스적인 생물학 이론에도 배치되었다. 많은 동물 해부학자들이 여전히 아리스토텔레스의 생각을 받아들이고 있었는데, 그에 따르면 동물은 자신의 환경에서 잘 기능하고 살아남을 수 있도록 구조를 발달시켰어야 했다. 허턴이 근래에 제시한 무한하고 점진적인 변화라는 개념과도 부합하지 않았다. 이러한 변화는 너무 느리기 때문에 화석으로나마 뼈가 아직 존재하는 비교적 최근의 생물 종을 통째로 쓸어버릴 수는 없었다.

많은 동물학자들이 그 화석들이 지금도 존재하는 종의 변종이거나 깊은 바다처럼 인간의 탐사가 미치지 못한 지구 어딘가에 지금도 살고 있는 생물일 것이라고 생각했다. (이를테면, 시베리아 매머드는 전자, 암모나이트는 후자에 속한다고 여겨졌다.) 하지만 퀴비에는 그렇게 생각하지 않았다. 아직까지 퀴비에는 종이 왜 사라졌는지에 대한 설명은 가지고 있지 않았다. 그는 거대 이론, 생명 전체에 대한 이론에서 시작한 것이 아니었고, 거대 이론에 맞추어 매머드 화석을 해석하려는 것이 아니었다. 그는 베이컨적 방법론에 따라 구체적인 대상을 연구하고 있었다. 그런데 특정하고 구체적인 자연 현상을 면밀하고 꼼꼼하게 조사하다 보니 다음과 같은 결론이 나왔다. '매머드는 코끼리가 아니라 더 이상 존재하지 않는 무언가 다른 종이다.'

지상에 존재했거나 아직도 존재하는 여러 동물 종의 역사를 종합하던 퀴비에는 예기치 않게도 자신이 지구 자체의 역사에 대한 이론을 만들고 있음을 깨달았다. 1796년의 논문에서 그는 이렇게 언급했다.

> 처음에는 그렇게 보이지 않지만 해부학과 매우 근접한 과학이 하나 있다. 지구 역사의 기념물들을 모으고, 지구가 겪었을 혁명들에 대한 그림을 대담하게 그려보려 노력하는 분야가 그렇다. 한마디로, 지질학이 그 기초가 될 몇 가지 사실들을 분명한 방식으로 구축할 수 있으려면 해부학의 도움을 받아야만 한다. [15]

'혁명.' 불과 7년 전에 바스티유에서 시작된 혁명을 경험한 나라에서 이는 순진한 말이 아니었다. 이미 퀴비에의 마음속에는 멸종을 설명할 수 있을 법한 이론이 싹터 있었다. 매머드는, 그리고 다른 화석 종들(이를테면, 나중에 그가 '마스토돈'이라고 부른, 오하이오 주에서 발견된 거대 동물 화석 등)도, 지구 전체를 바꿔버린 한 차례의 대격변에 의해 사라졌으리라는 것이었다. 퀴비에에게 지구 역사가 인간 사회의 격동스런 전환과 닮았다는 생각은 매우 그럴 법해 보였다. 그래서 화석 뼈들을 면밀히 분석한 뒤에 퀴비에는 잠시 옆길로 빠져 추측의 영역으로 들어갔다.

> 이제는 더 이상 흔적을 찾을 수 없는 이 두 거대한 동물에게, 그리고 지구 곳곳에서 잔해가 출토되지만 현재는 존재하지 않는 동물에게, 무슨 일이 일어난 것일까? … 이 모든 사실은 … 인류 이전에도 세상이 존재했음을 증명하는 것으로 보인다. 존재했으나 어떤 재앙으로 파괴된 세상. 그 원시적인 지구는 어떤 것이었을까? 인간이 지배하기 전의 자연은 어떤 것이었을까? 반쯤 부패된 뼈 이외에는 아무 흔적도 남기지 않을 정도로 그것들을 다 쓸어간 혁명은 어떤 것이었을까?

베이컨의 과학에 충실하게도, 퀴비에는 질문을 던졌을 뿐 확실한 답을 내려고 하지는 않았다.

> 이러한 질문들이 열어놓는 추측들의 방대한 영역에 우리가 직접 관여할 일은 아니다. 더 대담한 철학자들이 그것을 할 수 있을 것이다. 겸손한 해부학은 세부적인 연구에만, 눈과 수술용 칼로 다룰 수 있는 것들을 면밀히 조사하는 데만 한정한 채로, 그 길을 대담하게 따라갈 사람들에게 새로운 길을 열어주었다는 영예에 만족할 것이다.[16]

이후 4년 동안 퀴비에는 '겸손한 해부학'에 집중하면서 '납골당'의 뼈들을 분석하고 분류했다. 1800년 무렵 23개의 새로운 종을 확인하게 되는데, 모두 멸종한 것으로 보였다. 그는 점차 자신이 지구 자체에 대한 이론, '추측들의 방대한 영역'으로 가고 있음을 알았다. 1804년과 1805년 사이에 열린 일련의 공개 강좌에서 퀴비에는 화석층이 '지구가 늘 현재 같지는 않았다'는 강력한 증거를 보여준다고 주장했다. 화석이 발견된 암석층은 지구가 지나온 시간의 흐름을 구성하는 데 사용될 수 있었다. 화석층은 우리가 지각과 감각으로 읽어낼 수 있는, 지구의 과거를 기록한 책이었다. 그는 여러 가지 가설을 세웠는데, 중요한 것들은 다음과 같다.

- 어떤 생명체의 흔적도 담고 있지 않은 층이 가장 오래된 것이다. 따라서 지구에 늘 생명이 존재했던 것은 아니다.
- 바다에서 육지로, 육지에서 바다로, 몇 차례의 변화가 있었다.
- 구별되는 다른 시대가 있었고 각 시대는 다른 종류의 화석을 생성했다.
- 지구의 상태를 바꾼 몇몇 혁명들은 갑작스럽게 일어났다.[17]

퀴비에는 '추측'에서 '가설'로 이동했다. 그는 이제 지구라는 책이 격변적 재앙으로 가득 차 있다고 확신했다.

공개 강좌를 하는 한편, 퀴비에는 자연사 박물관의 동료 광물학자 알렉산드르 브롱냐르Alexandre Brongniart와 함께 파리 주변의 지층을 연구하는 프로젝트를 진행했다. 파리는 1만 8,000제곱킬로미터 면적의 퇴적 분지에 위치하고 있다. 퀴비에와 브롱냐르는 파리 분지의 지층 단면도를 만들었다. 1808년에 연구 결과를 프랑스 과학 학회에 발표했고 1811년에는 확장해서 책으로 펴냈다.

그들은 파리 분지가 아주 오래된 석회암 위에 있으며 그 위로 차례로 침전물이 쌓여 지층이 형성되었다고 보았다. 각각의 층은 각기 독특한 화석을 담고 있었다. 가장 바닥의 석회암층을 포함해 파리 분지는 총 여섯 개의 구별되는 지층으로 되어 있었다. 이것은 지구가 지내온 과거의 여섯 시대를 보여주는 것이고, 각 시대마다 독특한 식물군과 동물군이 있었으며, 그중에 어떤 것들은 멸종되었다.

이렇게 복잡하고 단절된 지층의 과거를 시간 순서대로 정연하게 읽어낸 것은 자연 철학계에서 약간의 센세이션을 일으켰다. 유럽과 영국 모두에서 광물학자들과 '지질학자'(여전히 새로운 용어였다)들이 저마다 자기 지역에서 동일한 방식으로 지층을 조사하기 시작했다. 심지어 퀴비에 자신은 이론을 더 넓게 확장했다. 그는 파리 분지의 여섯 지층이 지구의 소우주라고 결론 내리고 파리 분지에서 발견한 것을 지구 전체의 이론으로 확장했다. 퀴비에는 이 이론을 1812년에 펴낸 화석에 대한 논문 모음집의 첫 절에 기술했다. 모음집 제목은 『네 발 동물의 화석 뼈에 관한 연구Recherches sur les ossemens fossiles de quadrupèdes』로, 그가 1804년 이래 발표하고 출판한 여러 연구들을 묶은 것이었다. 전문가들을 위한 책이지만 첫 절인 「기초 논의」는 일반 대중을 염두에 두고 쓰였다.[18]

퀴비에는 지구가 여섯 번의 격변을 겪었다고 주장했다. 파리 지층의 구성물은 불연속적으로 갑자기 변화한 것이며, (허턴의 동일 과정설이 말하는 것과 달리) 점진적으로 변화한 것이 아니었다. 거의 전 세계적인 재앙이 몇 차례 발생해 동물계와 식물계를 쓸어버렸고, 영향을 받지 않았던 작은 지역에서 살아남은 동식물이 새로 바뀐 지구로 다시 퍼져나간 것으로 볼 수 있었다. 「기초 논의」는 여섯 번의 대격변에 대해 화석층, 토양 지층, 산의 암석 등에서 찾은 증거들을 꼼꼼하고 신중하게 다루었다. '지구상의 생명은 종종 끔찍한 사건들에 의해 교란되었다. 아마도 재앙은 처음에 전체 지각을 깊이 뒤흔들었을 것이고 … 이 거대하고 끔찍한 사건들은 모든 곳에 흔적을 각인했기 때문에 읽는 방법을 아는 사람은 읽어낼 수 있다.' 퀴비에는 허턴과 동일한 방법론을 따랐지만 반대의 결론에 도달했다. 허턴은 대대적인 변화

없이 한 방향으로 점진적으로 변해가는 경로로 지구의 역사를 해석했고 퀴비에는 여러 차례의 예기치 못한 사건들로 단절되며 진행되는 경로로 지구의 역사를 해석했다.[19]

「기초 논의」는 계속해서 별도로 재출간되었다. 그리고 퀴비에가 바랐던 것보다 광범위한 사람들이 읽었다. 반복되는 재앙이라는 이론은 많은 독자들을 정통으로 건드렸다. 혁명을 겪은 프랑스 사람뿐 아니라 성경 말씀을 배우며 자라온 영국과 유럽 독자들도 마찬가지였다. 퀴비에의 여섯 가지 '시대'는 천지 창조의 엿새 이야기와 잘 맞아떨어졌고 격변적인 사건은 무에서의 창조, 인간의 타락, 대홍수 등을 연상시켰다.

이는 전혀 퀴비에의 의도가 아니었을 것이다. 그는 파리 분지의 지층을 읽었지 「창세기」를 읽은 것이 아니었다. 「기초 논의」의 마지막에서 중국과 인도의 홍수 이야기와 함께 성경의 대홍수를 언급하긴 했지만, 그는 이 홍수들이 여섯 차례의 격변 중 가장 최근의 재앙에 대한 기억일 것이라고 보았다. '인간 사회의 모든 전통은 어떤 사회가 새롭게 시작되는 기점을 커다란 재앙의 시점으로 거슬러가서 설명한다. 하지만 그렇게 거슬러간 시점이 5,000년이나 6,000년보다 더 전일 수는 없다. … 그렇지만 그 땅에는 … 이전에도 이미 생명체가 거주하고 있었을 것이다. 인간이 아니라 해도, 다른 동물들이 있었을 것이다.' 퀴비에가 이런 결론에 도달한 것은 물리적인 증거를 본 결과이지 성경 때문은 아니었다.

대홍수가 정말로 인류의 시작을 의미하는 것일 수도 있겠지만 인간이 존재한 기간 자체가 지구의 전체 역사에서 보면 최근의 매우 짧은 기간이다. 퀴비에는 이렇게 결론지었다. '인간에 부합하는 기간은 찰나와 같으나 이제 인간은 그 이전의 수천 세기, 그리고 인간과 동시대였던 적이 결코 없는 수

천 수만의 존재에 대한 역사를 새로 구성하고 있다.'[20]

이것 역시 '심원한 시간'이었다. 인류의 탄생보다 수천 세기 앞선 시간을 이야기하는 것이다.

퀴비에의 격변설은 허턴의 느리고 긴 동일 과정설과는 매우 다른 변화의 메커니즘을 제시했다. 이후 몇십 년 동안 동일 과정설과 격변설은 지구의 원천 자료를 해석하는 방식으로서 어느 것이 더 권위를 갖는가를 두고 격렬히 논쟁을 벌이게 된다. 하지만 이 두 이론에는 공통된 주장이 하나 있다. 어셔 주교가 추산한 지구의 나이는 지구의 실제 역사에서 보면 매우, 매우, 최근에 해당한다는 것이다.

• 원서: James Hutton, *Theory of the Earth* (1785)

Georges Cuvier, *"Preliminary Discourse"* (1812)

15

찰스 라이엘

길고 점진적인 역사

동일 과정설이 정설로 자리잡다

자연의 질서는 가장 이른 시기부터도 동일하다.

–찰스 라이엘, 『지질학 원리』

1830년에 지질학자 찰스 라이엘은 허턴의 편에서 이 논쟁에 뛰어들었다. 길고 느린 변화를 주장한 라이엘의 이론은 너무나 강력해서, 격변설은 150년 동안 지질학자들의 어휘에서 사라진다.

허턴처럼 스코틀랜드 출신인 찰스 라이엘은 허턴이 사망한 해에 태어났다. 1816년에 법학을 공부하러 옥스퍼드 대학에 갔지만 그의 관심사는 지구였다. 2년차 시절에 라이엘은 옥스퍼드의 코퍼스 크리스티 칼리지에서 윌리엄 버클랜드William Buckland가 진행하는 지질학 강좌를 들으면서 많은 시간을 보냈다.

버클랜드는 화학과 광물학을 전공한 학자로, 열정적인 지질학자이자 성직자였다. 그는 퀴비에의 제자였고 격변설의 확고한 지지자였으며 (동시대인들 대다수처럼) 「창세기」를 믿었다. 허구의 인물 텔리아메드처럼 그는 지질학과 신앙 사이에 아무 모순이 없다고 보았다. '모세 이야기는 현대 과학의 발견과 완전한 조화를 이룬다.' 강의에서 버클랜드는 이렇게 설명했다. 「창세기」의 창조 이야기는 지구 역사의 정점들(태초의 창조와 인류의 부상)만을 다루며, 지질학은 그 사이사이 세부 사항들을 채우는 학문이었다.

> 지질학이 더 발달해서 현재 지구의 시스템이 더 오랜 지구의 잔해에서 지어진 것임을 더 잘 드러낼 수 있게 된다고 해도, 전체 우주가 태초의 전능한 신에 의해 창조되었다는 모세의 선언과 불일치한 것은 아니다. 모세가 설명하는 역사는 지구가 인류를 받아들일 준비를 한 시기로만 한정되어 있고, 모세도 그 이전에 또 다른 시스템이 존재했다는 것을 부인하지는 않을 것이다.[1]

젊은 라이엘은 이러한 선언이 전적으로 설득력 있다고 생각했다. 1818년에 버클랜드와 함께 파리에 간 그는 일기에 이렇게 적었다. '파리 식물원에서 퀴비에의 강의실을 보았는데 화석으로 가득 차 있었다. 이전 세계의 영광스러운 유물도 세 개 있었다.' 그 '이전 세계'는 지구를 창조한 태초의 신의 개입과 인간을 불러온 신성의 재개입 사이에서 여러 차례 망가졌다.[2] 하지만 라이엘은 점차 퀴비에의 체계에 만족하지 못했다. 그는 이에 대해 생각할 시간이 아주 많았는데, (대부분의 초기 지질학자처럼) 부유했기 때문이다. 옥스퍼드 졸업 후 법조계에서 일하다 포기하고 지구 연구와 관련된 온갖 종류의 공부를 했다. 그 자신이 적은 것만 봐도 '화학, 자연 철학, 광물학, 동물학, 비교 해부학, 식물학, 간단히 말해서 유기물과 무기물의 모든 것에 관련된 모든 과학'을 포괄했다. 라이엘은 스코틀랜드 전역을 다니면서 암석과 호수의 지층을 연구하는 등 현장 조사를 했고, 런던 지질 학회에 가입해서 논문들을 발표했으며, 다른 초창기 지질학자들과 교분도 쌓았다. 1825년에 라이엘은 과거에 있었던 일의 원인이 꼭 대격변은 아닐 수도 있다는 잠정적인 제안을 했다. 영국 저널 〈쿼털리 리뷰〉에 그는 이렇게 적었다. '우리의 현 지식으로 볼 때 현재 작동하고 있는 원리들이 오랜 시간에 걸쳐 그런 효과를 낼 수 없다고 가정하는 것은 성급한 것으로 보인다.' 퀴비에가 연구한 멸종 생물들에 대해 지구를 뒤흔든 이례적인 재앙을 원인으로 들어 설명할 수도 있겠지만, 현재 작동하는 요인들(오랜 퇴적, 일반적인 기온 변동, 주기적인 침식과 조석 현상 등)이 멸종의 원인일 수도 있다는 견해가 과학적 증거로 반박된 것도 아니었다.[3]

다만 후자의 견해에서는 변화에 필요한 시간이 훨씬 더 길었다.

몇 년 동안 라이엘은 '현존하는 작동 원리들'이 아주 오랜 시간 작동하면 퀴비에의 대격변과 맞먹는 변화의 힘을 가질 수 있다는 증거를 수집했다. 3년 뒤에 그는 프랑스 리마뉴 평원에서 고대의 강바닥 흔적을 발견했다. 화강암과 용암으로 된 대지가 크게 패여 있었는데, 홍수나 지각 변동이 아니라 길고 느린 '시간의 진전'에 의한 것으로 보였다. 라이엘은 아버지에게 보낸 편지에서 이렇게 언급했다. '놀라운 증거였습니다. 강물이 수천, 수십만 년 동안 지속적인 침식을 일으킬 수 있다는 증거입니다.' 그는 시칠리아의 에트나 산과 이탈리아 남부 지역을 돌아다니면서 고대와 현대의 원인이 동일할 수 있다는 증거를 계속 수집했다.[4]

이 모든 것의 기저에는 격변설이 과학으로서의 지질학에 막다른 골목이라는 확신이 있었다. 과거에 있었던 한 차례의 사건이 현재 지구 형태의 원인이라면 지질학자가 이성적으로 현재 상태를 이해할 수 있는 방법은 없게 될 터였다. 지질학자는 재앙적인 홍수, 거대한 혜성의 통과, 그 밖에 결코 실험적으로 재생 불가능한 것들을 가져다가 지구를 설명할 것이고, 그러면 지질학은 역사학으로 남게 된다. 관찰에 이야기와 해석을 섞은 추측으로 가득한, 과학적으로는 증명 불가능한 이야기를 만들 수밖에 없는 것이다.

1829년, 이탈리아 여행의 막바지에 라이엘은 지질학을 진정한 과학으로 만들어줄 원리들을 구성하기로 결심했다. 나폴리의 여관에 앉아서 그는 자신의 책이 이미 '계획이 다 잡혀 있으며 일부는 집필도 했다'고 친구에게 편지를 썼다.

> 지질학에서 알려진 모든 것을 다룬다고 자처하지는 않을 것입니다. 하지만 지질학 분야에서의 논증의 원리를 구축하고자 합니다. 나의 지질학은 모두 그러한 원리들의 사례가 될 것입니다.

이 원리들은 지질학자들도 뉴턴 물리학이나 갈릴레이 천문학에서 요구하는 만큼의 엄정함을 가지고 지질학 연구를 수행할 수 있게 할 터였다.

> 과거에 있던 모든 원인은 현재도 여전히 작용하며 관찰 가능합니다. … 그 원인들은 결코 오늘날과 다른 강도로 영향을 미치지 않았습니다.[5]

현재도 관찰되는 요인만이 라이엘이 인정하는 설명 요인 목록에 들어올 수 있었다. 또 다른 편지에서 그는 자신의 목적이 지구를 '혜성 등 우주의 변화, 뜨거운 액체 상태로부터의 냉각, 자전축이나 중심부 열기의 변화, 화산의 증기, 그 밖에 말이 안 되는 원인'에 의존하지 않고 '쉽고 자연스럽게' 설명하는 것이라고 언급했다.[6]

라이엘은 다음 해에 지질학 원리들을 다룬 첫 책을 출간하면서 이러한 믿음을 제목으로 명확하게 표현했다. 『지질학 원리: 지구에서 벌어진 과거의 변화들을 현재 작동하고 있는 원인들에 의해서 설명하려는 시도Principles of Geology, Being an Attempt to Explain the Former Changes of the Earth's Surface, by Reference to Causes Now in Operation』.

26개 짧은 장으로 구성된 이 책에서 라이엘은 세 가지의 서로 연관된 지질학 원리를 개진했다. 오늘날 '활동설actualism', '반격변설anticatastrophism', 그리고 (다소 희한하게 들리지만) '평형 상태 시스템으로서의 지구the earth as a steady-state system' 다.

- **활동설**: 과거에 작용했던 모든 힘은 현재도 여전히 작용하고 있으며 관찰 가능하다.
- **반격변설**: 이 힘들은 과거에 더 강렬하게 작용하지 않았다. 힘의 정도는 변하지 않는다.
- **평형 상태 시스템으로서의 지구**: 지구의 역사는 방향성이나 진보성을 갖지 않는다. 모든 시대는 본질적으로 동일하다.[7]

2년 뒤 영국의 자연 철학자이자 성직자인 윌리엄 휴얼은 라이엘의 원리에 '동일 과정설'이라는 이름을 붙였고 현재도 이 용어가 사용되고 있다.

『지질학 원리』는 곧바로 다 팔렸다. 증거들을 꼼꼼하게 제시했고 글을 명료하게 썼을 뿐 아니라 자신도 창조주를 믿는다고 반복적으로 주장했기 때문에(아마도 완전히 진심은 아니었겠지만), 라이엘은 영어권 독자를 대번에 사로잡았다. 약 50년 후에 자연주의자이자 철학자인 앨프리드 러셀 월리스Alfred Russel Wallace는 『지질학 원리』가 영국에서 거둔 성공을 이렇게 요약했다.

> 1830년, 퀴비에가 명성의 정점에 있고 그의 책이 여전히 외국어로 번역되고 있었을 때, 알려지지 않았던 저자가 격변설의 뿌리를 흔든 책을 내놓았다. 이 책은 방대한 사실 자료들과 더없이 간결한 논증으로 격변설의 대부분이 상상이며 자연이 분명하게 알려주는 바에 배치된다고 주장했다. 완전한 승리였다. 『지질학 원리』가 출간되고 『지구론』의 영어 번역본은 더 이상 팔리지 않았다.[8]

유럽에서 퍼지는 데는 시간이 좀 걸렸다. 하지만 너무나 명료했고 너무나 합리적이었고 너무나 사리에 맞아 보였기 때문에, 머지않아 전 세계가 동일 과정설을 받아들였다.

이는 20세기에 들어서도 계속되었다. 1960년대에 미국의 지질학자 월터 앨버레즈Walter Alvarez는 동일 과정설이 여전히 이 분야에서 '정설'이며 '과학계는 지구의 과거에 정말로 극단적인 사건이나 격변은 발생하지 않았다고 여기고 있다'고 언급했다. 길고 느리고 점진적인 변화만이 새로운 과학에서 인정할 수 있는 변화였다. 라이엘이 승리했다.[9]

• 원서: Charles Lyell, *Principles of Geology* (1830)

16

아서 홈스

답해지지 않은 문제

지구의 나이를 계산하다

지질학의 근본적인 문제들 중 많은 것은
지구가 만들어지는 데 관여한 과정을 연구함으로써만 알 수 있다.
-아서 홈스, 『지구의 나이』

격변설에 대한 라이엘의 맹렬한 반박은 놀라운 성공을 거뒀다. 『지질학 원리』가 출간되고서 거의 100년 동안, 지구의 과거에 대해 현재의 조사로 설명할 수 없는 사건들을 이론화하려는 지질학자는 이류로 취급되었다. 그러한 추측은 17세기 신학적 방식이며, 성경적 창조론이고, 지질학이 과학이 되기 전의 방식으로 치부되었다.

다만 문제는, 동일 과정설을 엄격하게 따르면 지질학이 대답하지 못한 가장 큰 질문 하나가 영영 미제로 남겨진다는 점이었다. 허구의 인물 텔리아메드처럼 라이엘도 기원에 대한 질문을 지질학이 아니라 종교의 영역에 둠으로써 피해가고자 했다. '아마도 시초가 있긴 했을 것이다. 이것은 형이상학적 질문이고 신학자들이 다루어야 한다. 아마 끝도 있긴 할 것이다.' 『지질학 원리』에서 라이엘은 이렇게 적었다. 여기까지가 그가 말할 수 있는 전부였다. 동일 과정설은 그가 시초에 대해 어떤 이론도 만들 수 없게 했다. 시작(그리고 끝)이라는 것은 과거(그리고 미래)가 현재와 다르다는 의미이기 때문이다.

라이엘에게 지구가 원래 뜨거운 액체 공이었다가 엄청나게 긴 기간 동안 냉각되었다는 생각은 신이 노아의 시대에 하늘을 열고 대홍수를 내려보냈다는 생각만큼 믿기 어려웠다. 태초에 대한 이론들은 베이컨식의 논증을 배제해버릴 위험이 있었다. 진정한 이해 대신 설명 불가능한 과거 원인을 새로 가져와서 쉬운 대안으로 제시하고 넘어갈 우려가 있는 것이다. 『지질학 원리』를 펴내기 직전에 라이엘은 이렇게 언급했다. '내가 요구하는 것은, 과거의 어느 시기가 주어지더라도 완전히 다른 상태인 '시초'로 피난함으로써 어려운 현상에 대한 탐구를 멈추지 말라는 것입니다. (그러나 당신이 나에게 시초의 가능성을 부인하는 것이 아니냐고 지적하는 것에는 아무 문제가 없습니다.) 내가 주장하려는 것은, 각 사안에서 우리가 이렇게 물어야 한다는 것입니다. 현재 존재하는 원인들이 낼 수 있는 모든 효과들을 내가 미처 다 알지 못하는 것인가, 아니면 이 알 수 없는 현상의 원인이 정말로 '시초'인 것인가.'[1] 하지만 지구는 매우 복잡한 연구 대상이다. 물리 법칙이나 화학 원리와 달리 지구는 장소이고 역사를 가지고 있다. 지구의 표면에는 긴 과거의 흔적이 남아 있다. 지구는 시간 속에 살았던 생물 종들의 집이다. 19세기 영국의 전형적인 뉴스 기사는 이렇게 시작했다. '31세의 존 헤든과 68세의 토머스 게이든이 철골에서 추락했다.' 나이는 사건과 관련이 없어 보이지만, 누군가(혹은 무언가)가 존재해온 기간이 얼마나 되는지는 우리가 사건을 이해하는 방식을 변화시킨다. 우리는 탈역사적으로 존재하기 어렵다.[2]

그런 점에서, 라이엘 이후 상당한 사상가들이 동일 과정이라는 보편 원리와 지구의 나이를 알고자 하는 인간적인 충동 사이에 조화점을 찾으려 시도한 것은 당연했다.

『지질학 원리』가 나오고 30년 뒤에 (아일랜드) 벨파스트 출생의 수학자인 윌리엄 톰슨William Thomson(나중에 켈빈 경Lord Kelvin으로 불린다)은 잘 알려진 보편 법칙 하나를 태양계에 적용해서 끝점과 시작점을 추산했다. 그 보편 법칙은 열역학 제2법칙이었는데, 에너지가 한 형태에서 다른 형태로 바뀔 때 그 과정에서 에너지의 일부가 항상 소실된다는 법칙을 말한다.• 태양은 에너지를 열로 바꾸는 자연 엔진이다. 따라서 그러한 에너지 전환을 할 때마다 에너지를 잃게 된다. 그러므로 과거에는 더 뜨거웠을 것이고 미래에는 계속해서 식을 것이다.

다른 말로, 동일 과정설은 아무런 발전이 없는 '정적인 평형 상태stasis'를 의미하는 것이 아니었다. 톰슨은 '현재의 자연 세계에서 작동 중이라고 알려진 것들만을' 과거에도 작용했던 요인으로 받아들인다면, 다음과 같은 간단한 결론이 나온다고 언급했다. '어느 유한한 시간 이전에 지구는 인간이 거주하기에 적합하지 않았으며, 어느 유한한 시간이 지난 이후에 다시 지구는 인간이 거주하기에 적합하지 않게 될 것이다.' 동일 과정설은 지구가 오랜 시간에 걸쳐 아주 많이 변화해왔음을 의미했다. 그가 보기에 태양은 5억 년보다 나이가 많을 수 없었다. (그는 가장 그럴법한 추산치는 1억 년이라고 보았다.) 그렇다면 무한히 먼 과거에도 지구가 늘 태양 주위를 돌고 있을 수는 없었을 것이고, 미래에도 언젠가는 태양 주위를 돌 수 없게 될 것이었다.[3]

2년 뒤에 아일랜드 물리학자 존 졸리John Joly는 육지에서 대양으로 스며들어간 나트륨의 양을 이용해서(이것은 현재도 계속되는 관찰 가능한 과정이다) 대

• 열역학 제2법칙은 다음과 같은 표현으로 더 잘 알려져 있다. '우주는 엔트로피를 향해 가는 경향이 있다.' 에너지가 계속 소실된다는 것은 우주의 자연 엔진이 궁극적으로는 기능을 멈추리라는 것을 의미한다.

양의 나이를 약 1억 년으로 추정했다. 졸리의 작업도 톰슨의 작업처럼 라이엘의 원리를 충실히 따른 것이었다.

1억 년은 긴 시간이다. 5억 년은 더 긴 시간이다. 하지만 사실 라이엘의 엄격한 동일 과정설에 적합해지기에는 둘 다 너무 짧은 시간이다. 느리고 점진적인 변화에는 더 긴 시간이 필요했다.

●

20세기 초, 지질학계에 새로운 연대 측정법이 떠오르고 있었다. 1895년에 독일 물리학자 빌헬름 뢴트겐Wilhelm Roentgen은 실험실에서 '신비로운 광선'을 발견했는데 에너지 입자들이 고체를 통과할 수 있었다. 뢴트겐은 그것을 부를 이름이 없어서 'X선'이라고 불렀다. 다음 해에 프랑스 물리학자 앙투안 앙리 베크렐Antoine-Henri Becquerel도 비슷한 '광선'을 우라늄염에서 발견했다. 1898년에는 마리 S. 퀴리Mari S. Curie와 피에르 퀴리Pierre Curie가 동일한 현상을 발견했는데 이번에는 토륨에서였다. 퀴리 부부는 이 광선에 방사능이라는 이름을 붙이고 토륨 같은 광물에서 나오는 입자들이 분자에서가 아니라 개별 원자들 자체에서 나오는 것이라는 이론을 제기했다.°

4년 뒤, 물리학자 어니스트 러더퍼드Ernest Rutherford와 화학자 프레더릭 소디Frederick Soddy는 이 원자들이 붕괴되고 있음을 발견했다. (아마도 질량이 너무 크거나 에너지가 너무 많아서) 불안정한 원자들이 균형 상태로 가기 위해 입자를 방출하는 중이라는 것이었다. 붕괴는 진행되는 속도가 일정하며 측정과 예측이 가능했다.[4]

러더퍼드는 불안정한 원소를 포함한 광물에서 그 원소의 붕괴 과정을 측

° 원자 이론은 26장에서 간략하게 다루었다.

정하면 지질학적 형성물들의 연대를 계산할 수 있을 것이라고 생각했다. 1906년에 그는 이렇게 기록했다. '이것이 가장 유용한 방법이다. 다양한 지질학적 형성의 연대를 측정하는 데 가장 믿을 만한 방법이 될 것으로 보인다.' 그는 정확한 측정치를 제시하지는 못했지만 다음과 같은 범위를 염두에 두고 있었다. '많은 방사성 광물이 1억 년에서 10억 년 전 사이에 지표에 놓였을 것이다.'[5]

러더퍼드의 독자에게 1억 년은 그리 놀라운 숫자가 아니었다. 하지만 10억 년은 완전히 다른 시간 단위로의 이동이었다.

•

1906년에 아서 홈스는 16세였다. 독실한 감리교 집안에서 자란 그는 물리학을 공부하기 위해 대학에 갈 준비를 하다가 성경 주석에 쓰여 있는 내용을 보고 의문에 빠졌다. 훗날 그는 이렇게 회상했다. '나는 지금도 그 마술적인 창조의 날짜 '기원전 4004년'을 보았을 때의 놀라움을 기억할 수 있다. 「창세기」 첫 페이지 각주에서 그 희한한 숫자 4를 보고 어리둥절해졌다. 왜 딱 떨어지는 4000년이 아닌가? 왜 이렇게 최근인가? 이것을 어떻게 알 수 있는가?' 홈스는 왕립 과학 대학에 진학해 물리학을 공부하면서 러더포드가 제시한 연대 측정법에 점점 관심을 가졌고, 학위 과정을 반쯤 했을 때 분야를 물리학에서 지질학으로 변경했다.[6]

지질학은 다소 혼란스러운 상태에 있었다. 윌리엄 톰슨은 지구 나이를 처음에 5억 년으로 잡았다가 재차 계산을 하면서 그보다 줄어든 2,000만 년으로 다시 추산하고서 83세의 나이로 사망했고, 러더퍼드의 '방사능 연대 측정'은 엄청나게 편차가 큰 결과들을 내놓고 있었다. 방사능 물질의 붕괴 과정은 여전히 제대로 파악되지 못했고, 붕괴의 측정값은 복잡한 변수들에 영향을 받았다. 아서 홈스는 처음에는 학부생으로, 나중에는 박사 과정생으로, 새롭고도 불안정한 방사성 물질 분야에 몰두했다.

그는 방사능 연대 측정법이 더 정확한 결과를 낼 수 있으리라고 확신했다. '모든 방사성 광물은 자신의 시대를 완전히 정확하게 기록해둔 크로노미터다.' 박사 학위를 받고 얼마 되지 않아 그는 이렇게 말했다.[7]

'완전히 정확하게' 그 기록을 읽는 것은 아직 미래의 일이었다. 홈스는 러더퍼드와 소디가 제시한 방사능 붕괴 속도를 사용해서 노르웨이의 어느 암석층이 3억 7,000만 년 되었다고 추정했다. 얼마 후에는 또 다른 암석 표본이 16억 년 되었다고 추정했다. 23세에 펴낸 첫 저서의 상당 부분은 왜 방사능 추정 방법이 그렇게 넓은 범위의 오차를 내는지 설명하는 데 할애되었다.[8]

1913년에 출간된 『지구의 나이』는 지금도 지질학의 기초 도서다. 이 책이 암시하는 질문에 답을 주어서가 아니다. (홈스는 이 책에서 지구의 나이를 구체적으로 제시하지 못했다. 그럴 수 있게 된 것은 훨씬 나중이었다.)

그보다 『지구의 나이』는 아직 청년기 학문인 지질학을 라이엘이 말한 엄격한 동일 과정설에서 다소 벗어나도록 했다는 데 의의가 있었다.

홈스는 동일 과정설 자체가 문제라고 보지는 않았다. 그는 허턴과 라이엘이 기원에 대한 논의를 제쳐둠으로써 지질학의 발전에 기여했다고 생각했다.

> 세상의 기원에 대한 억측성 상상들이 초창기 저술의 내용을 많이 차지하고 있었고, 인류의 지적 역사 내내 그 질문은 지고의 매혹적인 질문이었다. 하지만 그러한 상상들이 합리적인 가설들로 대체된 것은 매우 최근의 일이다. … 과학의 지위를 얻기 시작한 초기에, 지질학은 당시 횡행하던 우주 창조설을 진지하게 고려하는 것을 거부했다. 옛 신학자들의 주장에 기댈 것이 아니라 자연을 직접 관찰해야 한다고 주장하면서, 미성숙한 기원론에서 나오게 마련인 논쟁에서 지질학을 처음으로 구해낸 사람은 허

턴이었다.

하지만 기원에 대한 질문이 영원히 무시될 수는 없었다.

> 지질학적 사실 정보들만으로는 지금도 지구의 시작점에 대해 상세한 내용을 확실하게 추적할 수 없지만, 허턴이 지구의 시작이라는 개념 자체를 거부할 수밖에 없도록 만든 불확실성은 더 이상 존재하지 않는다. 천문학, 물리학, 화학 모두가 … 오늘날의 현대적인 논의에서 위험한 억측의 모래언덕을 상당히 많이 제거했다.[9]

(허턴과 라이엘이 기원 논의를 아예 포기함으로써 지질학에 기여했다면) 홈스는 켈빈 경이 지구의 나이라는 문제를 다시 들여옴으로써 지질학의 발전에 기여했다고 보았다. '켈빈 경은 어처구니없는 방식으로 동일 과정설을 적용하는 것에 단호하게 맞서기로 하고 … 지질학 분야에 뛰어들었다.'
단, 지구 나이의 비밀은 (켈빈 경이 사용한) 열역학 제2법칙이 아니라 방사성 이론이 풀게 되리라고 생각했다. 홈스는 방사성 광물들이 '시초에 태엽이 감긴 시계'이며 '이 시간 기록기를 읽는 방법을 우리가 가지고 있다고 확신한다'고 언급했다.
이 확신은 아직 설익은 면이 있었다. 방사성 연대 측정은 3억 7,000만 년에서 12억 년까지의 넓은 범위에서 연대를 산출하고 있었다. 관련된 요인들이 너무 복잡했고 많은 것들이 제대로 알려져 있지 않았다. 더 많은 연구가 진행되어야 했다. 하지만 홈스는 확신했다. '문제는 질적인 단계에서 양적인 단계로 이동했다. 지질학 사상 최초로 섬세한 실험적 작업에 의한 정확한 측정이 가능해졌다.'[10]
1913년에 이 말은 사실이라기보다는 예언이었다. 하지만 다음 몇십 년 동

모든 단어는 이야기를 품고 있다

걸어 다니는 어원 사전

양파 같은 어원의 세계를 끝없이
탐구하는 아주 특별한 여행

마크 포사이스 지음 | 홍한결 옮김

슬픔에 이름 붙이기

마음의 혼란을 언어의 질서로
꿰매는 감정 사전

존 케닉 지음 | 황유원 옮김

여행자의 어원 사전

6대륙 65개 나라 이름에 담긴
다채로운 역사 이야기

덩컨 매든 지음 | 고정아 옮김

옥스퍼드 오늘의 단어책

날마다 찾아오는 단어가
우리의 하루를 빛나게 할 수 있다면

수지 덴트 지음 | 고정아 옮김

수상한 단어들의 지도

평범한 말과 익숙한 사물에 숨은
의미심장한 사연

데버라 워런 지음 | 홍한결 옮김

나를 이해하고 자연을 읽는 방법

자연에 이름 붙이기

보이지 않던 세계가
보이기 시작할 때

캐럴 계숙 윤 지음 | 정지인 옮김

어떻게 수학을 사랑하지 않을 수 있을까?

수학과 철학에서 찾는
이성적 사유의 아름다움

카를 지크문트 지음 | 노승영 옮김

사피엔스의 뇌

보이지 않는 마음의 원리
인간의 진실을 비추는 뇌과학 이야기

아나이스 루 지음 | 뤼시 알브레히트 그림 | 이세진 옮김

태어난 김에 물리 · 화학 · 생물 공부

슥슥 그린 편안하고 직관적인 그림 설명
한번 보면 잊을 수 없는 필수 과학 개념

커트 베이커, 알리 세제르, 헬렌 필처 지음 | 고호관 옮김

안 방사성 붕괴 연구는 점점 더 나은 데이터를 점점 더 많이 산출해냈다. 지구 나이의 추정치도 명확한 오차 범위 안에서 거의 일치하기 시작했다. 홈스는 말년의 저술들에서 3억 년에서 16억 년으로, 다시 30억 년 이상으로 지구 나이를 추산했다. 뒤이어 러더퍼드는 1930년에 지구가 4×10^9년 전, 즉 40억 년 전에 형성되었을 것이라고 계산했다.[11]

30년이 채 되지 않아 과학계 대부분이 홈스가 설정한 새로운 경로로 방향을 옮기게 된다. 홈스는 이렇게 언급했다. '동일 과정설이 큰 진보를 이루긴 했지만 그것을 너무 교조적으로 적용할 경우에는 우리를 옆길로 오도할 수 있다.' 동일 과정설은 여전히 지질학의 기본적인 전제이지만, 지구의 역사를 시작과 방향과 (모든 가능성으로 보건대) 끝을 포함하는 것으로 이해할 필요가 있음을 인정하는 쪽으로 완화되었다.[12]

• 원서: Arthur Holmes, *The Age of the Earth* (1913)

17

알프레드 베게너

거대 이론의 귀환

대륙 이동설이 제기되다

'진리'가 무엇인지 판단하려면 … 알려진 모든 사실 관계 정보들을
가장 좋은 배열로 정리한, 따라서 가장 사실일 법한 가능성이 높은,
그런 그림을 그려내야 하는 것이다.

-알프레드 베게너, 『대륙과 해양의 기원』

방사성 원소의 붕괴는 라이엘의 엄격한 동일 과정설에 '흐르는 시간'이라는 개념을 재도입했다.

지구의 시간에 시작이 존재했다는 것을 부인하기는 이제 불가능해 보였다. (그 시작이 언제인지는 알 수 없다고 해도.) 그래서 라이엘이 말한, 길고 느리고 예측 가능하고 거의 동일하게 작용하는 변화들은 시작을 갖게 되었다.

이는 몇 가지 추가적인 질문들을 제기했다. 시작점에서 지구는 어떤 모양이었을까? 느린 변화는 어떻게 원래 형태를 변화시켰을까? 그리고 (라이엘의 원리에 맞는) 느린 변화들이 현재도 이어지고 있어서 우리의 관찰에 포착될 수 있을까?

오스트리아 지질학자 에두아르드 쥐스Eduard Suess는 '열 수축설theory of thermal contraction'을 개진해서 큰 호응을 얻었다. 뉴턴의 '뜨거운 액체였다가 서서히 식는 지구' 개념에 라이엘의 '침식과 융기의 순환' 개념을 결합한 것이었다.

수축설에 따르면, 갓 태어난 매우 뜨거운 액체 지구가 고체의 지구로 식어가는 과정에서 지각이 수축해 마른 사과 껍질처럼 쭈글쭈글해졌다. 지각의 일부는 안으로 함몰되어 심해저를 이루었고 그러면서 심해저들 사이의 지각을 위로 밀어올려 대륙이 만들어졌다. 지구가 계속해서 더 식어가면서 (방사성 연대 측정이 암시하는 바에 따르면 이는 수십억 년 동안 이뤄지는 과정이다) 더 수축해서 다시 대륙이 함몰되고 심해저를 밀어올렸다. 이렇게 대륙과 해저가 교대를 한 것이 화석이 산으로 갔다 바다로 갔다 하게 만든 원인이었다. 이 이론은 바다 생물 화석이 산에서 발견되는 이유와, 연결되지 않은 대륙들에서 동일한 종류의 화석이 발견되는 이유를 설명해주었다.[1]

어떤 지질학자들은 수축설의 기본 모델은 받아들이되 대륙은 항상 대륙이었고 해저는 항상 해저였다고 주장했다. (영구설permanence theory이라고 부른다.) 이들은 침식과 퇴적, 또는 지진에 이은 화산 활동이 '육교land bridges'를 만들고 또 파괴했을 것이라고 보았다. 동물들이 (나중에는 사람들도) 육교를 건너 대륙 사이를 이동했을 것이고 그다음에는 육교가 사라졌으리라는 것이었다. 하지만 수축설에는 커다란 문제가 있었다.

우선 (과학사학자 나오미 오레스키스Naomi Oreskes의 표현을 빌리면) '육교가 나타났다가 사라진다'는 개념은 다소 임시방편으로 보였다. 방사성 이론은 또 다른 문제를 제기했다. 이제 알려진 바로, 어떤 원자들은 붕괴하면서 열을 발생시키는 것으로 보였다. 그렇게 열이 계속 생성된다면 지구가 처음에 뜨거웠다가 계속해서 식는 중이라는 개념과 맞지 않았다.[2]

또한 여러 물리학자들이 계산을 해본 결과 지구는 수축으로 찌그러져서 높은 산이나 심해저가 생기기에는 밀도가 너무 높아 보였다. 물리학자 오스먼드 피셔Osmond Fisher는 일찍이 1881년에 지구는 고체가 아닐 수 있으며 '흐

판게아와 대륙 이동

르는 기질'이 지각의 아래층에 있어서 부드럽고 유연한 층 위로 지각이 솟아오르고, 깨지고, 움직일 수도 있다는 개념을 제시한 바 있었다. 피셔와 동시대인인 미국 지질학자 C. E. 더턴C. E. Dutton은 빙하의 움직임을 고체가 위아래로 '출렁거릴 수 있음'을 보여주는 증거로 제시하기도 했다. 하지만 유동성 있는 아래층이 존재한다는 증거는 없었고 고체인 지각이 빙하처럼 행동한 적이 있었다는 증거도 없었다.[3]

독일 천문학자 알프레드 베게너는 다른 해결책을 내놓았다. 1915년에 그는 이렇게 언급했다. '남아메리카와 아프리카 대륙의 모양을 비교해보면 누구라도 두 대륙의 해안선이 비슷한 모양임을 알 것이다.' 직소 퍼즐같이 맞아떨어지는 모양을 보고 베게너는 두 대륙이 한때 하나의 거대한 대륙이었다가(그는 이것을 판게아Pangea라고 불렀다) 아주 오래 전에 깨져서 멀리 떨어지게 되었다는 설을 제기했다.[4]

이를 주장하려면 고체인 지구가 어떻게 '이동'할 수 있는지를 설명해야 했다. 베게너는 지구가 사실은 완전한 고체가 아니라고 보았다. 유체인 핵이 가운데에 있고 그 곁을 밀도가 다른 (일반적으로는 밖으로 갈수록 밀도가 높아지는) 여러 개의 층이 감싸고 있다고 보았다.

지질학자들이 풀지 못했던 많은 수수께끼들을 거의 다 해결한, 간단하고 간결한 설명이었다. 멀리 떨어진 곳에서 발견된 화석들의 희한한 유사성, 대륙 해안선 모양의 일치, 산의 존재(이동하는 대륙들이 충돌해서 겹쳐지면 산이 생긴다) 등을 모두 설명할 수 있었다. 그러나 지질학계에서 대륙 이동설은 조롱을 샀다.

조롱이 완전히 불합리한 반응인 것은 아니었다. 대륙 이동설이 지도 모양을 잘 설명하긴 했지만 베게너는 그 밖의 물리적 증거들을 거의 제시하지 못했다. 베게너는 아리스토텔레스적 거대 이론처럼 크고 포괄적인 설명을 먼저 생각해낸 다음 그것을 내적인 일관성만으로 방어했다. 이는 '과학적'인 방법이 아니었다. 미국 지질학자 해리 필딩 리드Harry Fielding Reid는 이 이론에 대해 다음과 같이 비판했다. '과학은 관찰들을 고통스럽게 비교하는 과정과 면밀한 추론을 통해, 그리고 원인을 향해 한걸음씩 뒤로 짚어가는 추적을 통해서 발달한다. 원인을 먼저 추측한 다음 현상을 연역하는 식으로 발달하는 것이 아니다.' 고생물학자 찰스 슈커트Charles Schuchert도 이렇게 지적했다. '베게너의 가설과 그의 방법론에 대한 전반적 문제는 … 그가 다른 일반화로부터 너무 쉽게 일반화를 한다는 것이다.' 슈커트의 동료인 에드워드 베리Edward Berry(존스 홉킨스 대학 교수였다)도 이렇게 언급했다. '베게너의 가

설에 대한 나의 주된 반대는 그의 방법론에 있다.'

> 내 생각에 이것은 과학적이지 않다. 최초 개념의 익숙한 길을 따라 문헌을 뒤적이며 그것을 확인해주는 증거들만을 선택적으로 수집하고 반대되는 사실들은 무시하면서, 주관적인 아이디어가 객관적인 사실로 여겨지는 자아도취적 상태에서 끝을 맺은 것에 불과하다.[5]

그렇지만 수축설이라고 해서 구체적인 증거나 고통스러운 관찰 결과가 있는 것은 아니었다. 대륙들을 연결하는 육교에 대해서는 더욱 그랬다.

베게너의 직관적인 비약에 대한 조롱은 학계의 영역 싸움에서 기인한 면도 있었다. 베게너는 지질학자도 고생물학자도 아니었다. 그는 기상학을 조금 만지작거린 사람이었고, 얼음 덮인 그린란드 캠프에서 조랑말을 잡아먹으면서 생존한 적이 있는 탐험가였으며, 1차 대전 때 동맹국 쪽에서 싸운 독일인이기도 했다. 어쨌거나, 대륙 이동설에 부인하기 어려운 취약점이 있는 것은 사실이었다. 베게너는 메커니즘을 설명하지 못했다. 왜 판게아가 그냥 하나의 큰 대륙으로 남아 있지 않고 쪼개졌는지에 대한 이유를 제시하지 못한 것이다. 대륙 이동은 직관적으로도 말이 안 되어 보였다. 거대한 대륙이 바다를 가르며 나아가는 여객선마냥 해양 지각을 가르며 나아간다는 것은 상상하기 어려웠다. 이를 상상하려면 몇백 년 전 사람들이 분명 가만히 있는 것으로 보이는 지구가 맹렬한 속도로 태양 주위를 돌고 있다는 것을 받아들여야 했을 때와 맞먹는 정도의 개념적 전환이 필요했다.

베게너도 이 문제를 잘 알고 있었다. 하지만 설명력이 뛰어나다는 장점이 증거가 부족하다는 단점을 상쇄한다고 믿었다. 그리고 어차피 지구는 스스로의 구성에 대해 '직접적인 증거를 제공하지 않는다'고 그는 생각했다.

우리는 대답을 거부하는 피고에 직면한 판사와 같다. 우리는 정황적인 증거로부터 진실을 결정해야만 한다. 우리가 끌어올 수 있는 모든 증거들은 이러한 속임수적인 속성을 가지고 있다. … 진리가 무엇인지 판단하려면 지구 과학에서 찾아낸 모든 증거들을 결합해야만 한다. 즉 알려진 모든 사실 관계 정보들을 가장 좋은 배열로 정리한, 따라서 가장 사실일 법한 가능성이 높은, 그런 그림을 그려내야 하는 것이다.[6]

베게너는 자신의 이론을 고수하면서 새로운 내용을 더해 『대륙과 해양의 기원』 수정본을 출간했다. 2판이 나왔고 이어 3판이 나왔다. 유럽과 북미 지역에서 강연회나 심포지움을 다니며 대륙 이동설을 강의하기도 했다. 1922년에는 '이 이론은 … 명백히 해결 불가능해 보이는 많은 문제들에 해결책을 제공한다'고 적었다.[7]

대부분의 지질학자는 여전히 동의하지 않았다. 하지만 1928년에 해군 천문학자인 F. B. 리텔 F. B. Littell과 J. C. 해먼드 J. C. Hammond가 1913년과 1927년의 워싱턴과 파리의 경도를 비교했는데, 두 도시의 거리가 그 기간 중에 4.35미터 늘어났다는 것을 발견했다. 이는 1년에 0.32미터씩 벌어지고 있는 것에 해당했다(리텔과 해먼드의 연구는 〈천문학 저널〉에 게재됐다. 'World Longitude Operation', *Astromonical Journal*, 38(908), (1928, August 14), p.185). (하지만 이는 과장된 수치다. 현재는 북미와 유럽이 1년에 약 2.5센티미터 정도씩 이동하는 것으로 알려져 있다. 다음을 참고하라. http://nationalgeographic.org/encyclopedia/continental-drift-옮긴이)

파리가 워싱턴에서 6,000킬로미터 떨어져 있으므로 두 도시가 떨어지는 데에 1,800만 년 걸렸다는 뜻이 된다. 이 이동은 측정이 가능했다. 베게너는 1929년에 『대륙과 해양의 기원』의 마지막 판인 4판에서 리텔과 해먼드의 연구를 부록에 추가하고 이렇게 덧붙였다. '이 변화의 방향과 정도는 대륙 이동설을 기초로 추론한 바와 훌륭하게 부합한다.'[8]

베게너는 이에 대한 반응을 볼 수 있을 만큼 오래 살지 못했다. 4판이 인쇄될 때 그는 네 번째 그린란드 탐험을 준비하고 있었다. 1930년 봄에 도착해서 가까스로 그린란드 중심부에 있는 아이스미테에 관측 캠프를 차렸다. 하지만 잘못될 법한 것은 모두 잘못되었다. 얼음이 예상보다 두꺼웠고, 날씨는 불안정하고 혹독했으며, 그가 고용한 팀은 돈을 더 달라고 했고, 공급 물자는 도착하지 않았고, 썰매 개들마저 사라졌다. '전체적으로 재난에 가깝습니다.' 8월 말에 동료에게 보낸 편지에서 베게너는 이렇게 말했다.[9]

11월 초에 식량이 부족해지고 혹한이 닥치자 베게너는 동료 한 명과 함께 관측 캠프를 버리고 물자가 더 잘 갖추어진 샤이덱의 베이스캠프로 이동하기로 했다. 하지만 그들은 400킬로미터 떨어진 베이스캠프에 도착하지 못했다. 1931년 봄에 아이스미테와 샤이덱의 중간쯤에서 베게너의 시신이 발견됐다. 동료의 시신은 찾지 못했다.

•

옹호해주는 사람이 없는 상태로 대륙 이동설은 쉽게 묻혀버릴 수도 있었다. 하지만 그러기에는 설명력이 너무 컸다.

아서 홈스는 이 이론이 매우 설득력 있다고 보고, 대륙의 움직임이 '대류 convection'에 의해 일어나는 것일 수 있다는 가설을 제기했다. 지각 바로 아래에 있는 뜨거운 층인 맨틀이 천천히 움직이는 것이 대류다. 홈스는 맨틀이, 마치 꿀렁꿀렁 끓고 있는 걸쭉한 죽처럼, 느린 대류를 일으킬 만큼은 유동성이 있어서 그 위의 지각을 움직일 수 있다고 보았다.

이 가설은 훗날 맞는 것으로 판명되지만, 홈스도 베게너처럼 지각을 뚫고

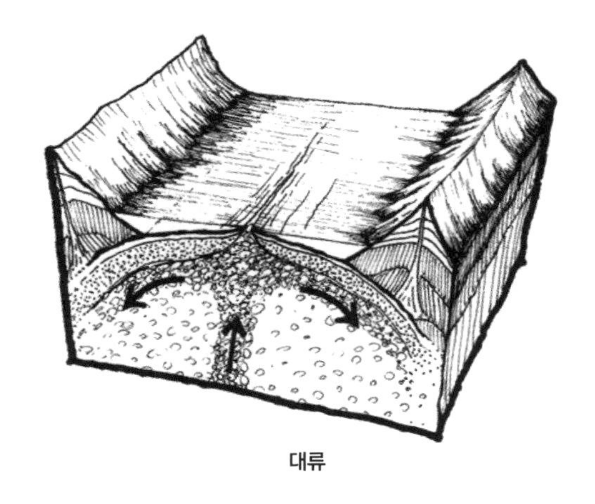

대류

들어가서 이를 직접 증명할 수는 없었다. 지질학은 인공적인 수단의 도움으로 감각을 확장할 필요가 있었다. 화학이 가열로와 현미경의 도움을 받았던 것처럼 말이다.

그리고 바로 그런 도구가 전쟁에서 개발되어 나왔다. 수중 음파 탐지 기술인 '소나' 기술은 원래 적군의 잠수함을 탐지하기 위해 개발됐지만 1950년대에는 대양 바닥의 지도를 그리는 데 사용되었다. 처음으로 지질학자들은 심해의 모양을 볼 수 있게 되었다. 대륙붕, 심해 평원, 중앙 해령, 해구 등등 바다 밑 전체를 보게 된 것이다. 해리 헤스Harry Hess는 심해 지도를 그린 사람 중 한 명으로, 전쟁 전에 프린스턴 대학의 지질학 교수였고 전쟁 중에는 수중 음파 탐지기를 갖춘 수송선을 지휘하는 역할을 맡았다. 1962년에 그는 새롭게 알려진 해저 지도가 맨틀 대류설의 증거가 된다는 논문을 출판했다. 중앙 해령은 맨틀에 의해 천천히 도는 대류가 뜨거운 물질을 해저로 밀어올리는 부분이고 이렇게 밀려올라온 맨틀은 새 지각을 형성한다. 해구는 지각이 다시 맨틀 아래로 가라앉아 녹으면서 대류에 합류하는 부분이다. 홈스가 옳았다. 헤스는 이렇게 설명했다. '대륙들은 알지 못할 힘에 의해 해양 지각 위를 가르며 나아가는 게 아니다. 대륙들은 맨틀 위에 떠서 수동적으로 이동한다. 맨틀이 해령의 꼭대기로 올라왔다가 다시 수평으로 서로 멀어지는 운동을 함에 따라 대륙이 그 흐름을 타고 이동한다.'[10]

헤스는 (두 명의 케임브리지 연구자 F. J. 바인F. J. Vine과 드러먼드 매튜스Drummond Matthews와 함께) '판 구조론plate tectonics'의 토대를 닦았다. 1960년대에 정립된 판 구조론에 따르면, 지각은 계속해서 이동하는 조각들인 판plate들로 되어 있으며 이 판들이 지구의 맨틀 위를 '떠다닌다'. 이것이 바로 베게너가 제시하지 못했던 메커니즘이었다. 베게너의 거대 이론은 반세기 만에 드디어 타당성이 입증되었다.

- 원서: Alfred Wegener, *The Origin of Continents and Oceans* (1915)
- 한국어판: 『대륙과 해양의 기원』 (알프레드 베게너 지음, 김인수 옮김, 나남, 2010)

18

월터 앨버레즈

돌아온 파국

지구사를 설명하는 요인으로 '격변적인 외부 사건'이 재등장하다

6,500만 년 전 칙술루브의 운석 충돌 이후로
지구의 생명은 영원히 바뀌었다.
-월터 앨버레즈, 『티라노사우루스 렉스와 멸망의 운석 구덩이』

『대륙 이동설』 초판이 출간된 지 불과 7년 뒤에 J. 할렌 브레츠J. Harlen Bretz는 지구의 형성에 대해 더 대담한 설명을 제시했다.

시카고 대학 지질학 교수인 브레츠는 학생들과 함께 컬럼비아 고원이라고 알려진 워싱턴 동쪽의 범람원에서 현장 조사를 마친 차였다. 현무암 지대에 구멍이 뚫리고 패여서 기둥과 동굴 같은 모양이 형성된 기괴한 지형이었다. 브레츠는 여기에 '수로가 뚫린 화산 용암 대지'라고 이름을 붙였다. '고원의 맨얼굴에 커다란 칼자국이 난 것처럼, 검고 긴 암석 지대가 패이고 깎여서 꺼져 들어간 부분과 툭 튀어나온 부분들이 미로를 만들고 있었다. … 자연이 바위를 보호하기 위해 덮어놓았던 피부에 거대한 상처가 난 것 같았다.' 브레츠가 보기에 이 상처받은 지표의 형성은 재앙적인 사건으로만 설명이 가능했고, 가장 가능성이 큰 것은 갑작스런 범람이었다. 아주 오래 전 어느 시점에 빙하가 녹은 물이 갑자기 쏟아져 들어오면서 이 현무암 고원에 난폭하게 상처를 냈으리라는 것이었다. 1923년에 브레츠는 '빙하가 녹은 물이 북쪽에서부터 대규모로 쏟아졌고', '컬럼비아 고원을 휩쓴 이 재앙으로' '수로가 뚫린 화산 용암 대지'의 지형이 형성되었다고 주장하는 논문을 두 편 발표했다.[1]

베게너 이론과 달리 브레츠의 논문은 지구 전체의 형성 과정을 설명하려는 것이 아니라 특정 부분의 지형만을 설명하려는 것이었다. 하지만 반응은 베게너에 대한 반응만큼이나 신랄했다. 저명한 지질학자들이 즉시 불쾌감을 표시했다. 1927년 워싱턴 D.C.에서 열린 심포지엄에 모인 사람들은 모두 브레츠의 이론을 짓뭉개기로 작정한 사람들 같았다. 어느 참가자는 이 '비정상적인 범람 이론'이 너무나 '가정에 위배된다'고 말했다. 그 용암 대지가 어느 강이나 어느 폭포에서도 관찰될 수 있는 '길고 지속적인 침식 작용이라는 동일한 과정에 의해' 형성되었다고 보는 게 훨씬 합리적이라는 것이었다.[2]

브레츠는 찰스 라이엘에 정면으로 맞닥뜨렸다. 라이엘이 제창한 엄격한 동일 과정설이, 지구가 시작점을 가지며 오랜 시간 동안 큰 변화를 겪을 수 있다는 점을 포괄해야 할 필요성 때문에 완화되고는 있었지만, 지질학은 여전히 길고 느린 변화 쪽을 정설로 여기고 있었다. 아무리 지역적인 것일지라도 갑작스런 재앙을 원인으로 삼아 무언가를 설명하는 것은 고대의 혜성이나 소행성 충돌을 들고 나오는 것만큼이나 비과학적으로 보였다.

하지만 브레츠는 자신의 주장을 고수했다. 그 용암 대지의 지형은 매우 독특했고, 따라서 매우 독특한 설명이 필요했다. 또 그는 그러한 설명을 제공하기 위해서라면 학계에서 받아들여지던 일반론에 저항할 의지가 있었다. '전례가 없는 개념은 대개 호의적으로 평가받지 못한다. 질서 잡힌 세상에 대한 자신들의 개념이 도전을 받으면 사람들은 충격을 받는다.' 브레츠는

1928년에 이렇게 적었다. 그는 이후 30년 동안 '과거에도 동일하게 작용했던 질서 잡힌 과정' 이론에 도전했다. 새 자료를 기록하고, 측량하고, 더 많은 증거들을 모았다. 드디어 1956년에 컬럼비아 고원에 대한 방대한 연구서를 펴냈다. 느리고 점진적인 침식 과정으로는 그 지형을 설명할 수 없다는 점을 관찰 가능한 사실들만을 근거로 들어서 입증한 책이었다.[3]

이때까지만 해도 브레츠를 비판한 사람들 대부분은 컬럼비아 고원 현장에 직접 가본 적이 없었다. '비정상적인 범람'에 대한 그들의 비판은 '원론적인' 비판이었다. 이때부터 서서히 지질학자들이 그곳에 직접 가서 조사를 하기 시작했다. 그런데 가서 보니 브레츠가 내내 주장했던 대로 컬럼비아 고원에는 재앙적인 사건이 닥쳤던 것으로 보였다. 저명한 학자였던 제임스 길러리James Gilluly(대부분의 대학에서 사용되는 대표적인 지질학 교과서의 저자다)는 깊이 패인 현무암 굴과 기둥들을 보면서 머리를 절레절레 흔들고는 이렇게 말했다고 한다. "완전히 틀렸었군." 1965년에는 버스를 대절해서 일군의 지질학자들이 컬럼비아 고원 지대를 둘러보고 브레츠(이제 83세가 되었다)에게 그의 이론을 인정하는 전신을 보냈다. 전신은 이렇게 맺고 있었다. '우리는 이제 모두 격변설 지지자입니다.'[4]

느리고 점진적으로 쌓인 증거들이 격변적인 사건의 가능성을 입증했다. 다른 분야에서도 새로운 정보가 흘러 들어왔다. 바로 우주 프로그램이었다. 1968년에 아폴로 8호가 달 탐사를 했는데 표면에 수십 개의 운석 충돌 구덩이가 있었던 것이다. 고대의 혜성(과 소행성)은 한 번도 아니고 여러 번 충돌을 했다. 이 또한 격변적 사건이었고, 지질학에서 오랫동안 설명 요인에서 배제했던 격변적 사건이 때로는 실제로 일어난다는 것을 보여주는 증거였다.

1968년에 미국 지질학자 월터 앨버레즈Walter Alvarez는 28세였고 네덜란드의 석유회사에서 일하고 있었다. 막 프린스턴 대학에서 박사 학위를 받았지만 그는 지질학을 약간 부끄러워하고 있었다. 그의 아버지는 노벨상을 받은 물리학자였고, 물리학이 더 매혹적인 분야로 보였다. 물리학자들은 '신의 생각을 읽으려' 하고(아인슈타인의 표현이다), 상대성의 문제로 골몰하며, 양자역학을 가지고 씨름하는데, 지질학자들은 광물이나 분류하고, 지도나 그리고, 석유회사에서나 일할 뿐이라니.

하지만 지구 과학도 달라지고 있었다. 전에는 지구 하나만을 대상으로 하는 학문이었지만 이제는 (앨버레즈가 나중에 회상했듯이) '기억도 못할 만큼 많은 행성과 위성들에서 쏟아져 들어오는 데이터가 넘쳐나게' 되었다. '이러한 천체들 대부분에서 충돌로 생긴 구덩이가 발견됐다.'[5]

1977년 무렵(이때는 버클리 캘리포니아 대학의 교수였다) 앨버레즈는 우주 프로그램에서 오는 새로운 데이터들을, 광물을 분류하고 지도를 그리던 지난한 옛 세월에 모은 증거들을 해석하는 데 사용하고 있었다. 그는 희한한 현상을 하나 발견했다. 이탈리아 암석층에서 뜬금없이 이리듐 원소가 다량 발견된 것이다. 방사성 연대 측정 결과 이 암석의 나이는 약 6,500만 년이었다. 이것은 매우 흥미로운 연대였는데, 소위 말하는 백악기–제3기 범위(K-T 범위)•에 해당하기 때문이었다. 지질학자들은 이 기간의 암석에 화석 기록의 단절이 있다는 사실을 오래 전부터 알고 있었다. K–T 범위 이전에는 공룡과 암모나이트가 많이 발견되는데 그 이후로는 이것들이 '영원히 사라져' 발견되지 않는 것이다.[6]

• 백악기–제3기(K–T, Cretaceous–Tertiary) 대멸종은 현재 백악기–고제3기(K–Pg, Cretaceous–Paleogene) 대멸종이라고 불린다.

앨버레즈는 아버지에게 이 희한한 이리듐 층에 대해 조언을 구했고 두 사람은 대담한 아이디어를 생각해냈다. 이리듐은 지구보다 혜성과 소행성에 훨씬 많다. 이리듐은 소행성이 지구와 충돌한 데서 온 것일지도 모른다. 또한, 그렇다면 이 충돌은 K-T 구간과 관련이 있을지 모른다.

소행성이 실제로 위성이나 행성과 충돌한다는 증거가 점점 많이 발견되고는 있었지만 위의 두 가지 생각 모두 앨버레즈가 편안히 여길 수 있는 범위를 넘어서 있었다. 앨버레즈는 훗날 이렇게 회상했다. '1970년대 중반에는 지구사를 설명할 때 재앙적 사건을 도입하는 것이 매우 불편한 일이었다. 지질학도로서 나는 격변설이 비과학적이라고 배웠다. 지구사의 기록을 읽는 데 점진주의적 견해가 크게 유용했다는 것도 잘 알고 있었다. 그래서 동일 과정설의 원칙을 믿었고 지구의 과거에 어떤 재앙적 사건을 언급하는 것도 피했다. 하지만 자연은 무언가 다른 것을 보여주고 있는 것 같았다.' 컬럼비아 용담 대지처럼, 여기에서도 관찰이 조용히 동일 과정설을 반박하고 있었다.[7]

앨버레즈는 K-T 구간 지층의 이리듐을 지구의 다른 지역에서도 찾는 일에 착수했다. 마침내 찾아낸 후 앨버레즈는1980년 저널 〈사이언스〉에 게재한 논문에서 (아버지 루이스 앨버레즈 및 버클리의 동료 과학자 프랭크 아사로Frank Asaro, 헬렌 미셸Helen Michel과 공저) 'K-T 구간의 이리듐 이상 과다 발견'이 소행성 충돌에 의한 것일 수 있다고 주장했다. 이에 더해, 이 충돌은 화석 기록의 불연속도 설명할 수 있을 것이라고 주장했다.

> 소행성이 지구와 정통으로 충돌하면 자기 물체량의 60배 정도 되는 만큼의 지각을 부서진 가루 상태로 대기 중에 주입하게 된다. 이 먼지의 일부가 성층권에 몇 년이나 남아서 전 세계에 퍼졌을 것이다. 그 결과로 생긴 암흑

이 광합성을 막았을 것이고, 이로부터 예상되는 생물학적 결과들은 고생물학 기록이 보여주는 멸종과 매우 가깝게 부합한다.[8]

회의적인 반응이 일긴 했지만 베게너나 브레츠가 받은 정도의 조롱이나 적대는 아니었다. 소행성 충돌이 가능하다는 것을 보여주는 증거가 이미 많았기 때문이다. 아직까지 확실치 않은 것은 그 일이 지구에 실제로 일어났느냐 하는 것이었다.

그래서 1980년대의 회의주의는 증거를 찾으려는 맹렬한 노력의 형태를 띠었다. 앨버레즈가 훗날 언급했듯이, '이리듐의 비정상적 과다 분포는 분명 사실이었고 전 지구적인 것일 가능성이 있었기 때문에 운석 가설은 수많은 과학자의 관심을 끌었다. 이들은 하던 일을 제쳐놓고 멸종 사건과 관련된 새로운 증거를 찾는 일에 뛰어들었다.' 지질학자뿐 아니라 고생물학자, 화학자, 물리학자, 기상학자, 심지어는 통계학자까지 이 문제의 각기 다른 측면에 관심을 보이며 모여들었다. 이후 10년 동안 운석 충돌설과 관련해 2,000편이 넘는 논문이 발표되고 게재됐다.[9]

앨버레즈 본인은 충돌로 생긴 분화구를 찾는 데 집중했다. 드디어 1991년에 10년간의 수색이 끝났다. 구덩이는 유카탄 해안에 수천 년 동안 쌓인 더께 밑에 숨어 있었는데 폭이 무려 200킬로미터나 되었다.

이 정도 크기의 구덩이라면 충돌한 물체의 직경이 10킬로미터 이상임을 의미했다. 샌프란시스코보다 크고 에베레스트 산보다도 높은 것이다. 이 충돌로 지각이 증발하고, 숲이 불에 타고, 바다에서 쓰나미가 일어나고, 대기 중에 파편이 날아올라 태양광을 가리고, 유독한 산성비 폭풍우가 내렸을 것이다. 앨버레즈는 이러한 원인으로 지구 표면의 모습이 바뀌고 공룡이 멸종되었다고 보았다.[10]

앨버레즈는 과학계 전체를 설득하지는 못했다. 역시 버클리 대학 교수인 윌리엄 클레멘츠William Clements를 필두로 상당수 고생물학자들이 공룡이 한 번에 사라진 것이 아니라 느리고 복잡한 과정을 통해 개체수가 점진적으로 감소했다고 주장했다. (지금도 그렇게 주장하고 있다.) 하지만 대륙 이동설처럼 운석 충돌설도 과학의 여러 분야에 걸쳐 제기된 여러 가지 이상한 현상들을 간단하고 명료하게 설명해낼 수 있었다.

그리고 과학은 재미난 이야기에 약하다. 라이엘이 말한 길고 점진적인 역사는 딱히 마음을 사로잡을 만큼 흥미롭지는 않았다. 재앙적 사건을 다시 도입한 것은 이 분야에 약간의 이야기(와 멜로드라마)를 불러왔다. 1997년에 앨버레즈는 이 가설을 『티라노사우루스 렉스와 멸망의 운석 구덩이』라는 책으로 펴냈다. 책의 대부분은 앨버레즈와 그의 연구팀을 결론으로 이끌어준 과학적 증거들을 꼼꼼하게 제시하는 내용으로 되어 있지만, 1장에는 '아마겟돈'이라는 제목이 달렸고, 톨킨의 『반지의 제왕』에 나오는 구절이 인용됐으며, 재앙의 모습이 어떤 것이었을지에 대한 묘사가 실렸다('전체 숲에 불이 붙고, 대륙 크기만 한 거대한 산불이 땅 전체를 휩쓸었다. … 숲이 불타는 동안 또 다른 공포가 해안에서 몰려오고 있었다'). 과학 저술가 칼 짐머Carl Zimmer가 말했듯이, '갑자기 생명의 역사가 어떤 공상 과학 영화보다도 더 영화 같아졌다.'[11]

영화 같은 역사는 지질학만의 이야기가 아니었다. 격변설은 과학 분야 전체에 격변적 사건의 가능성을 다시 불러왔다. 혜성, 소행성, 초신성, 비정상적인 태양의 불꽃, 초화산 등은 처음에 과학의 영역에 들어왔다가 이어서 대중문화의 영역으로 들어갔다. (그리고 '금주의 과학 영화'로 마무리되었다.) 하버드 대학의 천체 물리학자 로버트 커시너Robert Kirshner는 2002년에 이렇게 적었다. '일련의 재앙들이 우리 각자의 현재 상태를 가져왔다. 우리의 뼈와 혈액을 구성하는 칼슘과 철분의 원자들은 우주의 재앙에서 호되게 시련을 당한 뒤에 만들어진 것이다.' 이제는 일회적 재앙을 지구의 역사뿐 아니라 우주 전체의 역사를 말할 때도 도입할 수 있게 됐다.[12]

• 원서: Walter Alvarez, *T. rex and the Crater of Doom* (1997)

4

생명을 설명하다

Reading Life

19

장-바티스트 라마르크

생물학

처음으로 생명의 역사를 체계적으로 설명하려 시도하다

생명과 생명체는 … 전적으로 자연적인 현상이며 개체의 파괴 역시 첫 번째 사실에서 필연적으로 뒤따르게 되는 자연적인 현상이다.

-장-바티스트 라마르크, 『동물 철학』

1761년 여름.

뷔퐁은 방대한 백과사전적 저술의 후반부 작업에 열중하고 있었다. 제임스 허턴은 스코틀랜드의 고원을 돌아다니며 소금 광산과 석탄 광산을 조사하고 있었다. 어셔 주교의 6,000살 지구설은 여전히 대체로 정설로 여겨지고 있었다.

프랑스와 영국은 또 전쟁을 벌이고 있었다. 두 나라의 오랜 적대 관계는 북미 식민지를 둘러싼 경쟁으로 격화되었다. 대서양 건너편에서 영국 식민지인들(젊은 조지 워싱턴 포함)은 프랑스 및 프랑스와 동맹을 맺은 원주민들과 혼란스런 전투를 벌이고 있었다. 유럽에서는 영국과 영국의 마지막 남은 연합 세력 프러시아가 프랑스, 스페인, 오스트리아, 러시아 연합 전선과 전쟁을 벌이고 있었다.•

• 두 대륙에서 벌어진 이 전쟁은 적어도 두 개의 이름을 가지고 있다. 유럽 쪽 전쟁은 '7년 전쟁'으로 불리고 북미의 전쟁은 '프렌치-인디언 전쟁' 또는 '식민지 전쟁'이라고 불린다.

17세의 장-바티스트 드 모네는 또래보다 몸집이 작았지만 프랑스인의 자부심으로 가득 차 있었고 자신은 절대 죽지 않을 거라는 젊은이다운 자신감을 가지고 있었다. 아버지는 1년 전에 숨졌고 열 명의 형과 누나는 그에게 관심이 없었다. 프랑스 군대는 프러시아와 독일의 베스트팔렌 공국에서 싸우고 있었는데, 도움이 필요했다. 그래서 장-바티스트는 늙은 말을 구해 전쟁터로 갔고 프랑스군이 프러시아-영국군 진지를 공격하려는 때에 딱 맞게 전선에 도착했다.

7월 15일 저녁, 그가 속한 부대는 거대한 토이토부르크 숲으로 돌진해 가장 가까운 적의 주둔지를 공격했다. 그리고 대패했다. 다음 날까지 5,000명 이상의 프랑스 군인이 죽거나 포로가 되었다. 전체 연대에서 생존자는 장-바티스트를 포함하여 열네 명뿐이었다.[1]

만신창이가 된 젊은이는 진급을 했지만 다음 해에 동료와 씨름을 하다가 목뼈를 다치고 말았다. 다시 한 번 죽음의 문턱까지 갔다가 복잡한 수술과 수개월의 요양 끝에 겨우 목숨을 건졌다. 하지만 쇠약하고 가난해졌다. 장-바티스트는 은행원으로 일하면서 남는 시간에는 새로운 관심사를 연구했다. 처음에는 의학, 그다음에는 생물들, 그다음에는 생명의 속성 그 자체.

첫 프로젝트는 프랑스의 모든 식물을 찾아내 이름을 붙이려는 애국적인 노력이었는데, 이것이 노년의 뷔퐁 눈에 띄었다. 뷔퐁은 그를 왕립 식물원에 취직시켰다. 이후 몇 년 동안 장-바티스트는 식물학 연구를 계속하면서 자신의 진짜 관심사에 점점 더 다가갔다. 생명의 정의, 죽음의 불가피성, 그리고 이 둘의 관련성.

언젠가부터 그는 자신의 이름을 '라마르크 훈작'이라고 쓰기 시작했다. 원래는 맏형이 쓰던 이름이었는데 언제부터 장-바티스트가 썼는지, 왜 그렇게 썼는지는 알려져 있지 않다. (19세기의 한 논평가가 추측하기로는, 아마도 열 명의 형, 누나가 모두 사망해서가 아닐까?) 라마르크는 자신의 이론처럼 계속 진화하고 변화했다. 그리고 이름을 바꾼 것은 매우 성공적이어서 이제 그는 라마르크로 알려져 있다.

라마르크가 발전시킨 이론은 그의 첫 번째 비(非)식물학 저서 『무척추동물의 체계Syetème des animaux sans vertèbres』에 실마리가 드러나 있다. 1801년에 나온 이 책은 아리스토텔레스가 '무혈 동물(혈액이 없는 동물)'이라고 분류한 것을 다룬 책이다. 라마르크는 혈액이 없는 동물은 척추가 없는 것을 발견하고 현대 용어인 무척추동물이라는 말을 만들었다. 하지만 이 책의 가장 획기적인 부분은 부록에 있었다. '화석에 관하여'라는 제목의 부록에서 라마르크는 화석이 '지구의 표면이 여러 시점에 겪은 혁명적 변화, 그리고 그에 따라 지구상의 생물들 또한 겪었을 변화를 알려주는 지표'라고 언급했다.[2] 뷔퐁 이래로, 지구가 변화를 겪는다는 것은 이제 그리 놀라운 생각이 아니었다. 하지만 생물이 변화를 겪는 것은 다른 이야기였다. 이때까지 대부분의 자연사학자들은 동물과 식물이 지구 역사에서 비교적 최근에 현재와 같은 형태로 등장했을 것이라고 생각했다. 당시 최첨단의 생물학 연구였던 린네의 『자연의 체계Systema naturae』(1735년)도 현재 존재하는 특성만을 다뤘을 뿐 시간에 따른 변화는 다루고 있지 않았다. 그런데 라마르크는 생물의 역사를 지구의 역사와 결합했다. 지구가 달라지면서 지구에 사는 생물도 달라졌다는 것이다.

이듬해 펴낸 『수리 지질학Hydrogéologie』에서 라마르크는 이 개념을 더 발전시켰다. 지구의 변화와 지구에 사는 생물의 변화는 밀접하게 관련되어 있지만 이 둘은 별도의 학문 분야다. 서문에서 라마르크는 자연사 연구가 세 가지 분야로 나뉜다고 언급했다. 지구 자체(갓 생겨난 지질학의 연구 분야), 하늘과 천체, 그리고 생물. 마지막 분야에 대해 라마르크는 '비올로지biologie, 생물학'라는 이름을 붙였다.[3]

아리스토텔레스 이래, 생물을 분류하기 위한 시도는 많이 있었다. 동물은 물리적인 특성, 습성, 먹이 등에 따라, 식물은 구조나 모양에 따라 분류되곤 했다. 그런데 라마르크는 이보다 더 근본적인 분류를 생각했다. 생물(생물학의 연구 대상)과 무생물. 지구상의 모든 것은 생물이거나 무생물이고, 다시 말하면 살아 있거나 죽어 있다.

이 구분을 하려면 '살아 있다'는 것이 무엇을 뜻하는지 정의해야 했고 이는 라마르크가 오랜 세월 숙고한 주제였다. 그는 개인적인 글에서 살아 있는 생명은 자연적으로 생겨나며 '여러 부분들로 조직되고', 그 속성상 '지속 기간이 한정되어 있다'고 적었다. 생명 활동을 하는 모든 것은 '필연적으로 생명 활동을 잃게 된다. 즉 모든 생명은 죽음을 향한다'. 무생물은 영속적이지만 생물은 예외없이 죽음을 선고받은 상태다.[4]

5년 정도 연구를 더 진행한 후, 1809년에 라마르크는 『동물 철학』을 집필했다. 생물에 대한 자연사인 이 책에서 라마르크는 생명을 본질적으로 구성하는 것이 무엇인지에 대해 다음과 같이 정의를 내렸다.

> 생명은 … 유기적 운동을 허용하는 방식으로 물질이 조직되어 있는 상태다. 그리고 이 운동은 … 그것에 자극을 주는 원인들에 의한 행동의 결과이다. … 살아 있는 존재는 … 모든 이가 알듯이, 영양을 섭취하고 성장과 발달을 하며 재생산을 하는 기능이 있다. 그리고 언젠가 죽는다.[5]

모든 살아 있는 생물은 안에서부터 추동되는 움직임을 가진다. 또한 외부 자극에 대해서도 움직임이나 변화로 반응한다. 그리고 (아마도 가장 중요한 것으로) 생물은 죽는다.

지질학과 달리 생물학(biology는 살아 있는 모든 생명을 뜻하는 비오스bios와 언어logos를 합한 말이다)은 시작과 끝의 문제를 제쳐놓는 사치를 누릴 수 없었다. 움직임은 변화다. 태어나는 것도 변화다. 죽는 것도 변화다. 생물학자는 단순히 이를 묘사만 해서는 안 되고 변화의 존재와 목적을 설명해야 했다. 라마르크는 변화의 세 가지 원칙을 제시했다.

첫째 원칙은 용불용설로, 여기에서 라마르크는 부패와 죽음을 생명 자체의 진보와 결합했다. 라마르크는 지구의 역사와 생명의 역사가 관련되어 있다는 개념으로 돌아가서, 생물은 지구 자체의 변화에 반응하면서 변화한다고 보았다.

> 어떤 기관을 계속 사용하면 그 기관은 발달하고 강해지고 심지어 크기도 커진다. 어떤 기관을 계속 사용하지 않으면 발달이 저해되고 약화되며, 여러 세대에 걸쳐 오래도록 사용되지 않으면 결국 사라진다. 그러므로 다음과 같이 추론할 수 있다. 환경에 어떤 변화가 생겨서 어떤 동물 종의 습성을 변화시키면 덜 사용되는 기관은 점차 사라질 것이다. 더 많이 사용되는 기관은 사용 정도에 비례해 강해지고 커질 것이다.[6]

환경에 작은 변화가 생기면 생물에 작은 변화를 일으킨다. '환경에 크고 영구적인 변화가 발생하면 … 새로운 습성을 유도한다. 시간이 오래 지나면 이는 큰 변화로 이어진다.'

둘째, 이러한 변화들은 아주 오랜 시간에 걸쳐 일어나며, 자연 자체를 제외하고는 다른 어떤 추동 요인 없이 일어난다. 20년 전의 허턴처럼, 라마르크는 고대의 홍수라든가 혜성 같은 것을 믿지 않았다. '알려져 있는 자연의 과정이 우리가 관찰하는 모든 사실들을 충분히 설명할 수 있는데 왜 … 우주

적 재앙을 가정해야 하는가?'

> 살아 있는 생명체에 대해서 말하자면 … 자연은 모든 것을 조금씩 차례대로 한다. … 자연의 모든 작업은 갑작스럽게 이루어지지 않으며 … 모든 것이 천천히, 그리고 순차적인 단계로 이뤄진다. … 거대한 재앙이 모든 것을 한순간에 쓸어버리고 자연이 스스로가 만들어놓은 것의 많은 부분을 파괴하는 상상을 할 필요는 없다.

라마르크는 모든 것을 아우르는 시작점에서는 '초월적인 창조자'가 어떤 역할을 했을 것이라고 인정했지만, 이 '무한한 권능'은 시작점 이후부터는 추가적인 개입 없이 자연이 스스로 변화해가도록 고안했다고 주장했다. '자연 자신이 조직, 생명, 감정까지도 창조한다. … 자연은 그 자신을 생산할 힘과 역량을 가지고 있다.'[7]

마지막으로, 모든 변화는 특정한 방향성을 갖는다. 단순한 것에서 복잡한 것으로, 낮은 것에서 높은 것으로, 원시적인 것에서 발달된 것으로. 생명은 오래 전에 물에서 단순한 형태로 시작되어 점차 진화했다.

> 물은 동물계 전체의 진정한 요람이다. … 물이나 매우 습한 환경에서만 이뤄질 수 있었다. … 이러한 직접적이고 자생적인 발생에서 단순한 극미동물들이 생겨났고 거기서부터 모든 동물이 차례로 만들어졌다. … 오랫동안 세대 전승이 이뤄진 뒤에, 원래 하나의 종이었던 개체들이 앞의 종과 구별되는 새로운 종으로 변형됐다.

이 변형은 단순하고 '불완전한' 생명체를 '가장 완벽하고 … 가장 복잡한 조직을 갖는 것으로' 바꾸었다. 상실, 죽음, 부패에는 목적이 있었다. 자연의 길은 궁극적으로 완벽을 향해 나 있었다.[8]

이것은 거대 이론이었고, 라마르크는 고대 철학자들이 그랬듯이 내적 일관성을 기초로 논리를 펴야 했다. 그의 이론은 실험적으로 증명할 수 있는 길이 없었다. 그가 할 수 있는 것이라곤 현재 존재하는 생명체들이 자신의 환경에 완벽하게 적응한 것처럼 보인다는 관찰 결과와 지구가 오랜 시간에 걸쳐 아주 많이 변했다는 사실을 결합하는 것이었다. 그러면 생명체 또한 오랜 시간에 걸쳐 아주 많이 변했으리라는 결론이 논리적으로 도출되었다.

이 이론의 큰 약점 하나는 그렇게 되는 메커니즘에 대한 설명이 빠져 있다는 점이었다. '어떻게 해서' 그러한 변화들이 세대를 거쳐 이어지는가? 라마르크는 이것을 알지 못했고(다른 사람들도 알지 못했다), 모호한 플라톤적 언어로 변화를 생성하는 자연의 '의지' 같은 것을 이야기할 수밖에 없었다. 퀴비에는 용불용설이 완전히 어처구니없다며 '시인의 상상력을 즐겁게 해줄 만하기는 하다'고 비웃었다.[9]

메커니즘에 대한 설명이 없어서 라마르크의 이론은 궁지에 빠졌다. 동의보다는 반대를 일으켰고 받아들여지기보다는 조롱을 샀다. 라마르크는 프랑스 과학자들 사이에서 사회적으로나 학문적으로나 그리 저명인사가 아니었다. 라마르크는 『동물 철학』에 대한 반응을 보고 점점 실의에 빠졌다. 그는 자신의 이론을 계속 옹호했지만 십대 시절의 부상 이후 계속 따라다니던 건강 문제가 악화됐다. 시력이 악화됐고 집 밖으로 나오기가 어려워졌으며 자신의 실패에 대해 계속 생각했다. 그는 부유했던 적이 없었고 저축도 다 떨어졌다. 아내는 숨졌다. 아들 중 한 명은 청각 장애와 정신 장애를 갖고 태어났고 다른 아들은 정신병원에 보내야 했다. 획기적인 이론을 내놓은 지 20년 뒤 라마르크가 숨졌을 때, 두 딸은 너무 가난해서 아버지를 제대로 매장할 수 없었다. 라마르크의 시신은 공공 매장지로 보내졌다. 이곳은 5년마다 한 번씩 뼈를 추려서 지하 묘지에 한꺼번에 넣게 되어 있어서 그가 최종적으로 묻힌 곳이 어디인지는 아무도 모른다.

라마르크는 시대를 좀 너무 앞서 갔고, 그의 체계는 좀 너무 거대했으며, 그는 물리적 증거의 필요성을 좀 너무 경시했다. 하지만 그는 미래의 생물학자들을 위해 중대한 기초를 닦았다. 이후의 모든 자연사학자가 그의 이론을 토대로 연구를 발달시키게 된다. 라마르크의 이론은 생명의 역사를 기술한 최초의 일관된 내러티브였다. 50년 뒤, 저명한 생물학자 에른스트 헤켈(찰스 다윈의 지지자로, 다윈을 널리 알린 사람이며 베스트셀러 저자이기도 하다)이 드디어 라마르크에게 마땅한 애가를 바쳤다. '(생물이 공통 조상으로부터 파생했다는) 진화 이론을 주류 과학 이론이자 생물학 전체의 철학적 기반으로 정립한 영예가 영원히 그에게 있기를.'[10]

• 원서: Jean-Baptiste Lamarck, *Zoological Philosophy* (1809)

• 한국어판: 『동물 철학』 (장-바티스트 라마르크 지음, 이정희 옮김, 지식을만드는지식, 2014)

20

찰스 다윈

자연 선택

처음으로 종의 기원에 대해 자연주의적인 설명을 제시하다

종은 변화하며, 계속적으로 우호적인 작은 변종들이 발생해
보존되고 축적되면서 지금도 변화하고 있다.
-찰스 다윈, 『종의 기원』

『동물 철학』은 지나치리만큼 광범위하고 종합적이었지만 큰 질문 하나에 답을 하지 않았다. 라마르크는 '가장 단순한 조직으로 된 극소동물animalcule로부터 다른 모든 동물이 차례로 생겨났다'고 주장했다. 하지만 이런 과정은 어떻게 생기는가? 지구상의 모든 종이 하나의 종류에서 나온 것인가? 그렇다면 분화를 일으킨 요인은 무엇인가? 또 대체 종이란 무엇인가?

이는 간단한 문제가 아니었다. 라마르크는 개별 동물보다 생명 전체에 더 관심이 있었기 때문에 이 질문을 한 줄로 답하고 피해갔다('비슷한 개체들에 의해 생성된 동류 개체들의 집합'). 다른 학자들도 마찬가지였다. 아리스토텔레스 이래 어떤 자연사학자도 종이 무엇인지 만족스런 정의를 내리지 못했고, 새로운 종이 어떻게 생겨나는지에 대해서도 만족스런 설명을 내놓지 못했다.[1]

아리스토텔레스는 해부학적 구조, 식성, 습성 등 몇몇 기준들로 동물을 분류했다. (대체로 습성으로 분류했다.) 그의 '종'은 각 생물이 특정한 생활 양식

에 적응해온 방법에 따라 분류되어 있어서 매우 복잡했고 겹치는 것도 있었다. 수생, 비수생, 발이 있는 것과 없는 것, 정적인 것과 돌아다니는 것, 혈액이 있는 것과 없는 것 등등.[2]

중세의 생물 분류도 비슷한 방식이어서, 동식물을 구조, 모양, 습성, 혹은 이 세 가지 모두에 따라 구분했다. 9세기에 아부 알-디나와리Abu al-Dinawari가 쓴 『식물론Book of Plants』은 아래와 같이 식물을 분류하고 있다.

> 식물은 세 부류로 나뉜다. 첫 번째 부류는 뿌리와 줄기 둘 다 겨울을 난다. 두 번째 부류는 겨울에 줄기는 죽지만 뿌리는 살아남아서 여기에서 새로운 줄기가 자란다. 세 번째 부류는 뿌리와 줄기가 모두 겨울에 죽고 땅에 뿌려진 씨앗에서 새로운 식물이 자란다. 모든 식물은 또 다른 세 가지 분류로 나눌 수도 있다. 어떤 것들은 다른 것의 도움 없이 줄기가 위로 자란다. 어떤 것들은 타고 올라갈 무언가가 있어야 하며 그것을 타고 위로 자란다. 어떤 것들은 위로 자라지 않고 땅 표면에 퍼지면서 자란다.[3]

700년 뒤에 영국 자연학자 토머스 머펫Thomas Mufet도 여전히 부정확한 방법으로 곤충을 '분류'했다. 그는 『곤충론Theatrum insectorum』에서 이렇게 적었다. '어떤 것들은 초록색, 어떤 것들은 검정색, 어떤 것들은 파란색이다. 어떤 것들은 한 쌍의 날개로 날고, 어떤 것들은 날개가 더 많으며, 어떤 것들은 날개 없이 뛰을 뛰고, 날지도 뛰지도 못하는 것들은 긴다. 어떤 것들은 긴 정강이를 가지고 있고, 어떤 것들은 짧은 정강이를 가지고 있다. 어떤 것들은 울음소리를 내고, 어떤 것들은 소리를 내지 않는다.'[4]

하지만 16세기가 저물고 17세기로 넘어가면서 유럽인은 익숙하지 않은 땅을 점점 더 많이 탐험하게 되었다. 식민지인들은 이상한 땅에서 농사를 지었고 알지 못할 숲에서 희한한 동물을 사냥했다. 전에 알던 비교적 적은 수의 동물, 식물, 곤충에 폭발적으로 다양한 동물, 식물, 곤충이 더해졌다. 이 방대한 생물들을 조직하는 더 나은 방법과 모든 생물을 분류할 수 있는 더 믿을 만한 체계가 필요했다.

1735년에 스웨덴의 의사이자 식물학자 칼 폰 린네Carl von Linne가 『자연의 체계Systema naturae』에서 진정으로 과학적이라 할 만한 생물 분류를 최초로 해냈다. 린네는 초판이 나온 뒤 30년 동안 계속 내용을 수정해서 12판까지 개정판을 냈다. 그는 중세의 분류법과 마찬가지로 식물, 동물, 광물을 각각 하나의 계로 분류했다. (스무고개 놀이에서 우리도 사용하는 분류법이다.) 하지만 그의 분류법은 정확성과 엄정함에서 중세의 분류와는 차원이 달랐다. 모든 생물은 형태학에 근거해 하나의 속, 하나의 과, 하나의 목에 배정됐다.

전에 없이 획기적인 정확성을 갖추기는 했지만, 『자연의 체계』도 아리스토텔레스 이래 생물을 분류하려 시도한 모든 자연사학자들과 동일한 가정을 깔고 있었다. 종들은 서로 다르다는 가정이었다.

아리스토텔레스에게 종들은 본질적으로 서로 달랐다. 종들은 애초부터 서로 구분되는 별도의 존재들이었다. 중세 사상가들도 그렇게 생각했다. 아우구스티누스에 따르면 '하나의 기원을 가진 비슷한 개체들'이 하나의 종을 이루며, 각 종은 다른 종과 관련 없이 개별적으로 생겨났다. 린네의 종도 고정적이었다. '우리는 애초에 다른 형태로 생겨난 것들 각각을 종으로 간주한다.' 극소동물에서 복잡한 동물로 발전한다는 이론을 편 라마르크조차도 극소동물들의 집합 전체가 먼저 생겨난 뒤에 각각이 더 복잡한 형태로 발전했다고 보았다.[5]

즉, 종은 서로에게로 발달해가지는 않는 것으로 여겨졌다. 진화 생물학자 에른스트 마이어Ernst Mayr의 표현을 빌리면, 종은 고정되어 있고, 영구적이며, 상호간에 연결되어 있지 않았다. 그리고 린네 분류법의 정확성은 이런 생각을 더 고착시켰다.

●

린네가 숨지고 30년 뒤에 찰스 다윈이 영국 슈롭셔에서 부유한 의사의 다섯째 아이로 태어났다. 때는 1809년. 영국은 정신이 오락가락하는 조지 3세가 통치하고 있었다. 장-바티스트 라마르크는 막 『동물 철학』을 출간했다. 제임스 허턴의 동일 과정설이 서서히 어셔 주교의 젊은 지구설을 몰아내고 있었고, 조르주 퀴비에는 동일 과정설의 대안 이론인 격변설을 연구하느라 애쓰고 있었다.

다윈은 훗날 이렇게 회상했다. '나는 타고난 자연학자였다.' 어린 시절 다윈은 자연을 돌아다니며 채집하고, 낚시하고, 자연사 책을 읽는 것에 푹 빠졌다. 하지만 아버지는 의학을 공부하라며 그를 에딘버러 대학에 보냈고 그 다음에는 아들이 성직자가 되기를 바라면서 케임브리지 대학에 보냈다. 다윈은 두 분야 모두에 흥미를 못 느꼈다. '내 시간은 낭비되었다. 나는 … 강의에 진력이 났다.' 공부보다는 말 타기에, 그리스어보다는 새 관찰에 더 많은 시간을 썼다. '케임브리지 대학에서 어떤 공부도 딱정벌레 채집보다 즐겁지 않았다.'[6]

다윈은 괜찮은 학위와 자연 세계에 대한 백과사전적 지식을 가지고, 그리고 치료와 설교에는 아무런 관심을 못 가지고 졸업을 했다. 그래도 학과 이외의 공부에서 몇몇 케임브리지 대학 교수에게 깊은 인상을 주었는데, 식물학자 존 헨슬로John Henslow도 그중 하나였다. 헨슬로는 탐사 항해에 동행하기 적합할 거라며 다윈을 해군 장교 로버트 피츠로이에게 추천했다. 피츠로이는 2년 예정으로 남아메리카 연안 탐사 항해를 떠날 참이었다.

다윈은 대번에 따라나서기로 결정했다. 피츠로이의 항해선 비글호는 크리스마스 날 출발하기로 되어 있었지만 선원들이 모두 술에 취하는 바람에 출항이 연기되었다. 26일 일기에 다윈은 이렇게 기록했다. '아름나운 날이었고 항해하기에 더없이 좋은 날씨였지만 이 기회는 잡지 못했다. 선원 거의 모두가 술에 취해서 배에 없었기 때문이다.' 드디어 1831년 12월 27일에 비글호가 플리머스 해협을 출발했다.[7]

2년 예정이던 항해는 5년이 걸렸다. 비글호는 남아메리카에서 갈라파고스 제도로 갔다가 타히티를 거쳐 호주를 들른 뒤에 귀환했다. 다윈은 관찰한 것을 꼼꼼하게 일기로 기록했는데, 일기에는 '종의 문제'에 대한 고민이 반복적으로 드러나 있다.

우선, 종의 개념은 여전히 매우 빈약하게 정의되어 있었다. 25년쯤 뒤에 다윈은 이렇게 회상했다. '아무도 모든 자연학자를 만족시킬 정의를 내리지 못했다. 그런데도 모든 자연학자가 그들이 종이라고 말할 때 그것이 무엇을 의미하는지 모호하게나마 알고 있었다.' 두 번째 문제는, 종이 (그게 무엇이건 간에) 고정적이고 영구적이라고 가정하면 신성한 창조가 여러 번 작용했다는 이야기가 될 수밖에 없었다. 그러면 왜 유럽의 딱정벌레는 알파인의 동굴 딱정벌레나 미국의 동굴어처럼 모두 장님인가? 이 종들은 각각 따로따로 장님으로 창조된 것인가? 순무, 루타바가, 여러 종류의 박은 왜 모두 큰 줄기를 가지고 있는가? 이것들은 '밀접히 관련된 창조 행위에서 나온 세 개의 다른 종인가?' 아니면 하나의 종이고 품종만 다른 것인가? 후자가 맞다면, 당시에 받아들여지던 종의 정의는 매우 부적절한 것이 되고 말았다.[8]

항해에서 엄청나게 다양한 생물들을 보면서 다윈의 질문은 더 깊어져만 갔다. 갈라파고스 제도의 섬 각각에는 각기 고유한 흉내지빠귀가 있었다. 이들은 서로 교배를 하지 않았고 중요한 측면들에서 서로 달랐으므로 다른 종으로 볼 수 있었다. 하지만 본질적으로 매우 비슷하기도 했다. 그러면 이것들은 어떻게 분류해야 하는가? 이들의 차이는 어떻게 설명될 수 있는가? 더 중요하게, 그것들의 유사점은 어떻게 설명될 수 있는가?

훗날 다윈은 이렇게 기록했다. '비글호에 있을 때 나는 종이 영구적인 것이라고 믿고 있었다. 하지만 때때로 마음에 흐릿한 의구심이 떠오르곤 했던 기억이 난다. 1836년 가을에 집으로 돌아와서 나는 즉시 일기를 출판하는 작업을 시작했는데•(내가 관찰해서 기록한) 많은 사실들은 여러 종들이 공통 조상으로부터 갈라져 나왔을 가능성을 보여 준다는 것을 깨달았다. 그래서 1837년에 새 공책을 펴서 이와 관련이 있을 법한 모든 것을 기록하기 시작했다. 하지만 종이 변형 가능하다는 것을 확신하게 된 것은 2, 3년이 더 지나서였던 것 같다.'[9] 이 공책은 그가 기록한 여러 권의 공책 중 첫 번째였는데, 온통 질문들로 채워져 있었다. 1837년 7월과 1838년 2월 사이에 쓴 기록을 보면 아래와 같은 내용들이 나온다.

- 종은 모든 곳에서 일정한가?
- 모든 동물은 변화하려는 경향성을 가지고 있다.
- 이것은 증명하기 어렵다.
- 시간이 없고 큰 변화가 일어나지는 않았기 때문에 답할 수 없다.
- 변화를 일으키는, 알려지지 않은 원인들….
- 각 종은 변화한다. 이것은 진보인가?

• 이 일기는 1839년에 『일기와 기록들Journals and Remarks』이라는 제목으로 출간되었지만 현재는 『비글호 항해기』라는 제목으로 더 잘 알려져 있다.

- 변화는 동물의 의지에서 나오는 것이 아니라 적응의 법칙에서 나온다.
- 개체의 죽음이 이상한 일이 아니듯 종의 죽음도 이상한 일이 아니다.
- 인간은 자신에 대해 편견을 갖지 않기가 어렵다.[10]

종의 문제를 가지고 씨름하던 동안, 다윈은 다른 자연학자들의 책도 읽었다. 다른 이들의 논의에서 일부는 빌려오고 일부는 거부했다. 찰스 라이엘은 다윈이 비글호 항해를 준비하던 때에 『지질학 원리』를 펴냈다. '나는 그 책을 항해에 가지고 가서 … 꼼꼼히 공부했다. 많은 면에서 큰 도움이 되었다.' 다윈은 길고 느린 변화라는 라이엘의 철학이 굉장히 설득력 있다고 보고 그것을 도입해 '자연은 갑작스런 도약을 하지 않는다'는 말로 표현했다. 하지만 변화가 특별한 진보의 방향을 갖지 않는다는 라이엘의 견해는 (아직까지) 받아들이지 않았다. 그보다, 라마르크의 『동물 철학』을 읽고 더 복잡하고 '완벽한' 형태로 적응이 이뤄져간다는 개념을 받아들였다. 그렇지만 라마르크의 용불용설은 신랄하게 비판했는데, 책의 구석에 이렇게 적어놓았다. '동물의 기관이 어떤 습성이 없으면 퇴화되어 없어지고 어떤 습성이 있으면 강화된다는 가정은 말이 되지 않는다.'[11]

1838년 가을에는 토머스 맬서스Thomas Malthus의 베스트셀러 『인구론』 최신판을 펴들었다. 동인도 회사의 직업 전문 대학에서 역사와 정치·경제를 가르치던 맬서스는 1798년에 『인구론』을 처음 펴냈고 이후로 계속 개정판을 냈다. 맬서스는 인류의 미래가 두 가지 요소에 의해 좌우될 것이라고 주장했다.

첫째 식량은 인간의 생존에 필수적이다.

둘째 이성간의 열정은 필수적이며 현재의 상태대로 거의 변하지 않고 유지될 것이다.

다른 말로, 인류는 재생산을 향한 내재적인 충동을 가지고 있으며 이는 인구가 꾸준히 증가하리라는 것을 의미한다. 하지만 식량 공급은 인구만큼 빠르게 증가하지 않기 때문에 태어난 인구 중 상당수는 늘 아사의 위협에 처하게 될 것이다. 그는 '생존에 필요한 식량 확보의 어려움'이 '인구 증가에 대해 강력하고 지속적으로 작동하는 제약 요인'이 될 것이라고 결론내렸다.[12] 맬서스에게 이는 모든 인구 구성원이 '편안하고 행복하고 비교적 안락하게 사는' 완벽한 사회란 있을 수 없다는 것을 의미했다. 맬서스의 이론은, 인류 중 일부는 늘 가난과 배고픔을 겪을 것임을 시사하는 것이었다. 하지만 다윈은 여기에서 무언가 다른 생각을 떠올렸다. '그 글을 보고 이런 생각이 번쩍 떠올랐다. 이러한 환경에서는 유리한 변이가 보존되고 불리한 변이는 파괴될 것이다. 그 결과로 새로운 종이 형성될 것이다.'[13]
다윈은 종의 문제를 풀 열쇠를 발견했다고 믿었다. 얼마간 더 궁리를 하고 나서 1842년 6월에 집필을 시작했다. 그리고 1844년에 초고를 끝냈고(이것이 훗날 『종의 기원』이 되는 글이다), 1, 2년 뒤에 이러한 변이들이 '자연의 경제(주변 환경)'에 생물이 적응하면서 생기는 결과라는 개념을 추가했다.
하지만 아직 이 주장을 출판할 준비는 되어 있지 않았고 1858년에도 다윈은 여전히 원고를 다듬고 있었다. 이때 영국의 탐험가이자 박물학자인 앨프리드 러셀 월리스Alfred Russel Wallace로부터 편지를 한 통 받았다. 월리스는 다윈보다 열네 살이 어렸는데 다윈의 『일기와 기록들』을 깊이 감탄하며 읽은 바였다. 그는 다윈의 선례를 따라 해외(월리스의 경우에는 아마존 우림과 동인도)로 현장 조사를 나가서 수만 종의 생물을 직접 관찰했고 독자적으로 새로운 결론에 도달했다. 생물 종이 환경의 압력에 의해 변화하고, 달라지며, 진화한다는 것이었다. 인도네시아에 있는 동안 월리스는 열병이 계속 재발하는 바람에 날마다 상당한 시간을 누워서 보내야 했다. 그는 이렇게 회상했다.

> 나는 생각하는 것 말고는 할 일이 없었다. 그러던 어느 날 12년 전에 읽은 맬서스의『인구론』이 생각났다. '인구 증가의 제약 요인(질병, 사고, 전쟁, 기아 등)'에 대해 맬서스가 제시했던 명료한 설명이 떠올랐다. 그는 그런 요인들이 문명화된 집단보다 원시적인 집단의 평균 생존율을 훨씬 낮게 만든다고 했다. 이와 비슷한 원인이 동물의 경우에도 작동하지 않을까 하는 생각이 들었다. … 이것이 암시하는 막대하고 지속적인 파괴에 대해 모호하게나마 생각하다 보니 다음과 같은 질문이 떠올랐다. 왜 어떤 것은 죽고 어떤 것은 사는가? 대체로 가장 살기에 적합한 것이 살아남는다는 것이 명확한 답으로 보였다. 질병의 결과로는 가장 건강한 것이 살아남고, 천적 침입의 결과로는 가장 강하고 날래고 교활한 것이 살아남으며, 기근의 결과로는 먹이 사냥을 가장 잘하거나 소화를 가장 잘 시키는 것이 살아남는 식으로 말이다. 그러자 이러한 자동적인 과정이 종을 필연적으로 향상시킨다는 생각이 들었다. 각 세대마다 열등한 것이 도태되고 우등한 것이 살아남는다. 즉 가장 적합도가 높은 것들이 살아남는 것이다.[14]

월리스는 이러한 생각을 '원래의 유형에서 무한히 멀어지려는 변종들의 경향에 관하여On the Tendency of Varieties to Depart Indiefinitely from the Original Type'라는 제목의 짧은 글로 작성해서 편지와 함께 다윈에게 보내면서 이 글을 찰스 라이엘이나 그 밖에 관심 가질 만한 자연사학자들에게 전해 달라고 부탁했다. 다윈은 깜짝 놀랐다. '이 글은 내 이론과 정확히 같은 이론을 담고 있다.' 편지에 적힌 부탁대로 다윈은 이 글을 라이엘에게 보냈다. ('나는 이보다 더 놀라운 우연의 일치를 보지 못했습니다. … 그게 무엇이건 나의 독창성은 깨질 것입니다.') 그리고 다윈 자신의 연구에 대한 간단한 초록도 보냈다.[15] 라이엘과 동료인 조지프 후커(왕립 식물원장이자 다윈의 친구)는 두 글 모두를 린네 학회에서 발표했다(린네 학회는 100년 역사를 가진 자연사 학회다). 1858년 8월에 월리스와 다윈의 이론이 린네 학회의 모음집에 나란히 게재됐다.

'자연 선택에 의한 진화' 이론이 최초로 글로 설명된 것이었다. 이는 자연사의 발달에서 분수령이라 할 만한 일이었지만 당시에는 아무도 알아차리지 못했다. 린네 학회의 회장은 1858년 연간 보고서에서 이렇게 언급한 것으로 유명하다. '올해는 … 과학계에 혁명을 일으킬 놀라운 발견으로 여겨질 만한 것이 나오지 않았다.'[16]

이듬해에 다윈은 월리스 또한 자연 선택을 발견한 것에 고무되어서 자신의 전체 주장을 『종의 기원』으로 펴냈다. 초판(원제는 『자연 선택, 혹은 생존 투쟁에서 유리한 종족의 보존에 의한 종의 기원에 관하여On the Origins of Species by Means of Natural Selection, or the Preservation of Favoured Races in the Struggle for Life』이다)에서 개진된 일련의 주장들은 모두 다윈의 핵심 결론을 뒷받침한다. 생명은 지구 자체만큼이나 계속적으로 변화하며, 그 변화는 자연적인 원인만으로 설명할 수 있다는 것이다. 그는 종의 문제를 스스로 만족할 만큼 해결했다. 종은 영원하지 않고, 고정되어 있지도 않으며, 서로 연결이 없지도 않다. 종은 이전의 종이 변이를 만들어내고 그 변이가 생존에 더 적합하다고 판명나면 변화한다.

『종의 기원』은 즉시 다 팔렸다. 이 책은 널리 논의되고, 널리 비판받고, 널리 찬사받고, 널리 비난을 샀다. 다윈은 훗날 이렇게 적었다. '서평이 너무 많아서, 한동안은 스크랩을 했지만 … 얼마 후에 포기했다.' 1864년에 저명한 생물학자이자 철학자인 허버트 스펜서가 '적자 생존survival of the fittest'이라는 표현으로 다윈의 이론을 묘사한 이후로 이 구절은 다윈의 이론과 뗄 수 없이 붙어다니게 된다.

이후 20년 동안 다윈은 『종의 기원』을 다섯 차례 개정했다. 마지막 개정판에서도 다윈은 이 이론의 논리적인 최종 결론 하나를 명시적으로 언급하지 않았다. 하지만 사적으로는 '자연 선택이 인류에게도 적용된다'는 결론을 이미 내리고 있었다. '종이 변화 가능하다는 것을 확신하게 되자마자 … 나는 인간도 동일한 법칙의 지배를 받는다는 결론을 피할 수 없었다.' 훗날 『자서전Autobiography』에서 다윈은 이렇게 회상했다.[17] 1871년에 다윈은 드디어 진화론을 인류에게도 적용해 『인간의 유래The Descent of Man』를 펴냈다. 『인간의 유래』는 『종의 기원』이 내비치기만 했던 시사점을 분명하게 표현했다. 다윈은 인류가 스스로에 대해 가져온 가장 소중한 개념인 인류의 고유성이라는 개념과 생물학이 정면충돌할 수밖에 없게 만들었다. 한 서평가는 이렇게 언급했다. '다윈이 종의 기원에 대해 제기한 질문은 신학적 사고와 과학적 사고가 부딪치는 지점을 드러낸다. … 이 책에서 우리는 전에는 희미하게만 드러났던 문제들에 정면으로 봉착하게 된다.'[18]
이 어려운 문제는 이제 분명하게 드러났고, 앞으로도 계속해서 드러나게 된다.

• 원서: Charles Darwin, *On the Origin of Species* (1859)
• 한국어판: 『종의 기원: 톺아보기』 (찰스 다윈 지음, 신현철 옮김, 소명출판, 2024)
『종의 기원』 (찰스 다윈 지음, 김창한 옮김, 집문당, 2020)
『종의 기원』 (찰스 다윈 지음, 장대익 옮김, 사이언스북스, 2019)
『종의 기원』 (찰스 다윈 지음, 이민재 옮김, 을재, 2016)
『종의 기원』 (찰스 다윈 지음, 김관선 옮김, 한길사, 2014)
『종의 기원』 (찰스 다윈 지음, 송철용 옮김, 동서문화사, 2013)
『종의 기원』 (찰스 다윈 지음, 홍성표 옮김, 홍신문화사, 2007)
『종의 기원 1~2』 (찰스 다윈 지음, 박동현 옮김, 신원문화사, 2006)

21

그레고어 멘델

유전

유전의 법칙과 작동 기제가 드러나다

이 과정을 통해 종 A는 종 B로 바뀔 수 있다.

-그레고어 멘델, 『식물의 잡종에 관한 실험』

찰스 다윈은 변이가 부모에서 자손으로 전승될 수 있다고 확신했다. 하지만 어떻게 그 과정이 벌어지는지는 알지 못했다. '유전을 지배하는 법칙은 거의 알려져 있지 않다.' 그는 『종의 기원』 2장에서 이렇게 아쉬워했다. '왜 어떤 특징이 … 어느 때는 유전이 되고 어느 때는 되지 않는지 아무도 설명하지 못한다.'[1] 19세기에 가장 널리 받아들여지던 유전의 모델은 '혼합 유전'이었는데 이는 자연 선택설에 막대한 문제를 야기했다. 혼합 유전설은 양친의 특질이 자손에게 중간쯤 섞여서 나타난다고 보았다. 검정 숫말과 흰 암말은 회색 망아지를 낳고, 키가 180센티미터인 아버지와 150센티미터인 어머니는 165센티미터인 아이를 낳는다는 식이었다. 여기에는 두 가지 문제가 있었다. 우선 실제로 그렇지 않은 경우가 많았다. 둘째, 이 메커니즘은 다양성을 보존하는 게 아니라 줄이는 방향으로 가게 되어 있었다.

『종의 기원』이 처음 출간되고 9년 뒤에 다윈은 '미세한 입자('제뮬gemmule'이라고 불렀다)'의 존재를 상정해 유전을 설명할 수 있을지도 모른다는 대안적인 가설을 세웠다. 생물체의 각 부분에서 제뮬이 나와서 생식기로 들어가고 자손에게로 이어진다는 생각이었다. 하지만 이 이론의 근거라고는 더 마땅한 다른 이론을 생각해내지 못했다는 것밖에 없었다. 그는 생물학자이자 유전학자인 T. H. 헉슬리T. H. Huxley에게 보낸 편지에서 이렇게 말했다. '이것은 매우 경솔하고 거친 가설이지만 나에게는 꽤 안도를 주는 가설입니다. 나는 많은 사실들에 대해 그 가설에 의지할 수 있었습니다.'[2]

다윈은 더 나은 설명을 생각해내지 못했지만 진리의 열쇠가 말 그대로 다윈의 지붕 아래 있었다. 1882년에 다윈이 사망했을 때 그의 서재에는 펴보지 않은 짧은 독일어 논문이 있었다. 오스트리아의 식물학자(이자 아우구스티누스 수도회 수사) 그레고어 멘델이 1865년에 지역의 자연사 학회에 발표한 논문이었다. 이 논문은 9년간 그가 한 잡종 실험을 다루고 있었다. 멘델은 34종의 완두콩 품종을 교배해서 새로운 종을 만드는 실험을 했다. 새로운 종을 만드는 데는 실패했지만, 완두콩의 형질(모양, 씨앗 색깔, 꼬투리 모양과 색깔, 꽃의 위치, 줄기의 길이 등)이 다음 세대로 전승될 때 따르는 법칙들을 발견해냈다.[3] 이 법칙들은 '놀랍도록 규칙적으로' 작용했다. 어떤 특질은 '완전하게, 혹은 거의 변화하지 않고' 항상 다음 세대로 이어졌다. 이러한 특질을 멘델은 '우성' 형질이라고 불렀다. 한편 어떤 특질은 자손 세대에서는 사라졌다가 나중 세대에서 다시 나타나곤 했는데, 몇 세대가 지나도 달라지지 않은 형태로 나타났다. 멘델은 이를 '열성' 형질이라고 불렀다.

여러 세대에 걸친 교차 수분cross-fertilization을 고생스럽게 진행하면서 멘델은 우성 형질과 열성 형질이 전승되는 양상에 대한 공식들을 도출해냈다. 형질들은 생식 세포(난세포와 꽃가루 세포)를 통해 부모 완두콩에서 자손 완두콩으로 전승되는 것이 분명했다. 멘델은 생식 세포들이 어떤 분절적인 단위(그는 이것을 '원소element'라고 불렀다)를 가지고 있어서 그것이 각각 특정한 형질을 운반한다고 보았다. '두 식물의 차이는 궁극적으로 … (부모 식물의) 기초 세포에 존재하는 원소들이 어떻게 조합되었는지의 차이에만 달려 있다.' 멘델은 원소들을 잘 조작하면 다음 세대의 특성을 바꿀 수 있을 것이고 궁극적으로 한 종을 다른 종으로도 바꿀 수 있을 것이라고 생각했다.

> 종 A를 종 B로 변형시키려면, 우선 둘을 수분시켜서 나온 잡종을 다시 B의 꽃가루와 결합시킨다. 그렇게 나온 다양한 자손들 중 B와 가장 비슷한 것을 골라서 다시 한 번 B의 꽃가루와 수분시킨다. 이 과정을 계속하면 결국 B와 형태가 같고 안정적으로 B와 같은 자손을 낳는 것으로 변화한다. 이러한 과정을 통해 종 A가 종 B로 바뀌는 것이다.[4]

이것이 바로 다윈을 괴롭히던 문제, 즉 변이가 한 세대에서 다음 세대로 전승되어 궁극적으로 종의 형태를 바꾸게 되는 메커니즘이었다. 하지만 일련의 사건들이 벌어지면서 멘델은 연구를 더 밀고 나갈 수가 없었다. 무엇보다 그는 과학자가 아니라 수사였기 때문에 자신의 논문을 번역하고 출판하는 일을 더 밀고 나갈 수가 없었다. 그래서 그의 논문은 1865년 지역 학회 발표 때 참석해준 40명 정도만 알고 있었다. 저명한 스위스의 식물학자 카를 빌헬름 폰 네겔Karl Wilhelm von Nageli가 참석해 멘델의 논문에 주목하긴 했지만, 그는 완고한 혼합 유전설 지지자여서 멘델을 비판했다. 네겔리는 멘델이 조밥나물로 이 실험을 다시 해야 한다고 주장했고, 이 실험은 완전하게 실패했다. 조밥나물은 수분 없이 씨앗을 만들 수 있어서 씨앗들이 사실상 잡종이 아니었던 것이다. 1868년 멘델은 종신 주교로 선출되어 연구에서 더 멀어졌고, 수도원이 낼 세금을 둘러싸고 오스트리아 정부와 복잡하고 오랜 싸움에 관여하게 되었다. 그래도 멘델은 여전히 자신을 자연학자라고 생각했고, 꽃, 과수, 꿀벌 등의 잡종 형성에 대해 실험을 계속했으며, 이후 10년 동안 기상에 대한 관찰과 이론으로 이름을 알렸다. 1883년 그는 동료에게 이렇게 말했다. '과학 연구는 내게 큰 만족을 주었습니다. 머지않아 전 세계가 인정하게 될 것이라고 생각합니다.'[5] 완두콩을 염두에 두고 한 말은 아니었을 것이다. (이미 그의 관심사는 완두콩이 아니었다.) 하지만 세계가 기억하게 될 것은 완두콩이었다.

•

멘델의 논문이 출판된 지 1년 뒤에 독일 생물학자 에른스트 헤켈은 유전이 세포 깊숙한 곳에 있는 무언가에 의해 조절된다는 가설을 제기했다. 헤켈은 이 이론을 증명할 데이터도 장비도 없었지만, 20년 뒤에 독일의 발터 플레밍Walther Flemming이 훨씬 개선된 현미경 렌즈와 거름 기술의 도움으로 분열(유사 분열) 중인 세포 안에서 실 같은 구조물을 발견했다. 플레밍의 동료 빌헬름 발다이어Wilhelm Waldeyer는 여기에 '염색체chromosome'라는 이름을 붙였다. 염료를 잘 빨아들이는 물체라는 뜻이었다(chroma는 색, soma는 물체라는 뜻이다).[6] 그리고 완두콩이 수면 위로 다시 떠올랐다.

1900년 5월 8일, 식물학자 윌리엄 베이트슨William Bateson은 왕립 식물원에서 유전 연구의 난제들에 대해 강연을 하러 런던에 가는 길이었다. 그는 기차에서 읽으려고 논문을 한 무더기 챙겨갔다. 멘델의 독일어 논문도 포함돼 있었는데 우연히도 베이트슨의 손에 제일 먼저 닿은 것이 멘델의 논문이었다. 절반쯤 읽었을 때 베이트슨은 이 공식들이 유전 문제의 열쇠라는 것을 깨달았다. (아마 그는 이 논문을 더 일찍 읽었을지도 모른다. 하지만 베이트슨은 극적인 요소가 있는 기차 이야기를 즐겨 했다.)

그 무렵 두 명의 다른 연구자도 멘델의 논문을 읽었다. 네덜란드 식물학자

휴고 드 브리스(그도 잡종 형성에 대한 실험을 하고 있었다)와 나겔리의 제자 카를 코렌스였다. 세 명 모두 1년 안에 유전 문제를 다룬 논문을 내면서 멘델의 유전 '법칙'을 인용했다. 1901년에 왕립 원예 학회는 독일어본을 영어로 번역하는 일에 자금을 댔고 이로써 멘델의 법칙이 더 많은 대중에게 알려지게 되었다.[7] 이제 남은 일은 염색체와 멘델의 법칙을 연결하는 것이었다. 1902년에 독일 생물학자 테오도어 보베리Theodor Boveri가 일련의 실험을 통해서 성게의 배아가 정상적으로 발달하려면 정확히 서른여섯 개의 염색체를 필요로 한다는 사실을 밝혀냈다. 각 염색체가 저마다 특정한, 그리고 (발달에) 꼭 필요한 정보 조각을 나른다는 것을 강하게 암시하는 결과였다. 그와 동시에, 미국 컬럼비아 대학의 대학원생 월터 서턴이 메뚜기 실험을 통해서 염색체가 '특정한 형질 집합의 물리적 토대'를 운반한다고 주장했다. 염색체에 실려서 한 세대에서 다음 세대로 형질 정보를 전달하는 그 '물리적 토대'는 다윈의 '제뮬'도, 멘델의 '원소'도 아닌, '유전자gene'였다.[8]

유전자라는 용어를 만든 영예는 윌리엄 베이트슨과 덴마크 식물학자 빌헬름 요한센Wilhelm Johannsen에게도 함께 주어져야 한다. 베이트슨은 염색체 및 유전과 염색체의 관계를 연구하는 새로운 학문을 '유전학genetics'이라고 칭했고, 요한센은 유전학을 뜻하는 단어 'genetics'에서 'gene'만 떼어 유전인자를 칭하는 용어로 사용했다. 멘델이 완두콩 실험을 발표한 지 40년 뒤, 그리고 숨진 지 20년 뒤, 멘델은 생물학에 완전히 새로운 하위 분야 하나를 만들어냈다. 그가 예견했듯이 전 세계가 그의 작업을 인정하게 되었다.

• 원서: Gregor Mendel, *Experiments in Plant Hybridisation* (1865)

• 한국어판: 『식물의 잡종에 관한 실험』 (그레고어 멘델 지음, 신현철 옮김, 지식을만드는지식, 2021)

22

줄리언 헉슬리

종합

세포 수준의 연구와 거시적 진화 이론을 결합하다

현재의 생물학은 새로운 학문들이 차례로 생겨나 따로따로 연구를 한 기간이 지난 뒤에, 이제 종합의 시기로 접어들고 있다. … 이미 우리는 다윈주의를 다시 살려낸 데서 첫 번째 성과들을 보기 시작했다.

-줄리언 헉슬리, 『진화: 현대적 종합』

1차 대전은 끝났다. 찰스 다윈은 문제에 봉착했다.

이 둘은 관련이 있었다. 1918년 1차 대전이 끝나기 직전에 미국 생물학자 레이먼드 펄Raymond Pearl은 이렇게 언급했다. '오늘날 서구 유럽이 처한 상황에 토대를 깐 사실을 하나만 꼽으라면 『종의 기원』이라는 책이 출간된 것이다.' 이는 널리 퍼진 견해였다. 다윈의 자연 선택론은 인간을 신이 목적을 가지고 창조한 고유한 존재라는 위치에서 끌어내려 다른 동물들처럼 도덕이 존재하지 않는 암울한 생존 투쟁으로 인류를 던져 넣었다. 다윈 자신도 이렇게 적은 바 있었다. '모든 자연은 전쟁 중이다.' 그러니 이 전쟁이 호모 사피엔스를 집어삼키는 것도 이상한 일이 아니었다. 펄은 (섬뜩하게 예언적으로) 독일이 다른 민족에 대해 무자비한 '생물학적 제거'를 수행해도 이상한 일이 아닐 것이라고 언급했다.[1]

『종의 기원』에 대한 신학적인 반대도 높아지고 있었다. 알렉시스 드 토크

빌Alexis de Tocqueville은 한 세기 전에 미국을 방문한 후 이렇게 언급한 바 있었다. '기독교가 인간의 영혼에 이렇게 큰 영향을 미치고 있는 나라는 미국 말고는 없다.' 미국에서는 다윈에 대한 반대가 「창세기」를 문자 그대로 믿으려는 형태로 드러났다. 버틀러 법Butler Act이 1925년에 테네시 주에서 통과되면서 학교에서 창조론 대신 자연 선택을 가르치는 것이 금지됐다. 그리고 스콥스 재판Scopes trial은 이 법이 정당하다고 재차 확인했다.[2]

자연 선택설은 도덕적 시사점에 크게 관심을 두지 않는 생물학자들로부터도 공격을 받았다. 이들은 자연 선택이 진화의 양상에 대해 의미하는 바에 의구심을 표했다.

자연 선택은 우연히 생겨난 변이를 통해 작동하며 약한 것을 솎아내는 일만 한다. 이는 '진보'를 설명하기에는 부적절해 보였다. 생명의 역사는 분명히 복잡성이 증가하는 방향성을 보여주는 것 같았는데, 자연 선택은 방향성 없이 마구잡이로 벌어지는 변화를 의미하는 것으로 보였다. 그래서 저명한 생물학자들(러시아의 레프 베르크Lev Berg, 오스트리아의 루드비히 폰 베르탈란피Ludwig von Bertalanffy, 독일의 오토 신데볼프Otto Schindewolf 등)은 여러 종류의 정향 진화설을 제시했다. 정향 진화설은 종이 생겨나는 과정의 기저에는 미리 정해진 양상이나 목적, 혹은 의도가 있을 것이라고 보는 이론이다.

더 나은 도구와 더 많은 데이터, 더 개선된 연구 기법은 새로운 발견들을 빠르게 산출하고 있었고 그중 많은 분야의 연구들(세포학, 생물 측정학, 발생학, 유전학)은 자연 선택이 생물을 설명하는 데 실제로 매우 적합하다는 것을 암시하고 있었지만, 이런 연구들은 너무 전문적인 언어로 쓰여서 해당 분야 전문가가 아니면 알기 어려웠다. 에른스트 마이어의 표현을 빌리면, '생물학 내 다양한 분과 사이의 소통에 막대한 간극이 있었다'. 그리고 생물학과 다른 과학 분야 사이에는 더 큰 간극이 있었다. 특히 유전학은 계속해서 새로운 통찰을 내놓았지만 유전학자들은 그러한 내용을 동물 행동, 화석, 생물-환경간 상호 작용 등 현장의 생물 연구에서 관찰된 현상과 연결하는 데 관심을 기울이지 않았다.[3]

1920년대 독일 대학의 표준 생물학 교과서였던 『동물학 원론』은 '다윈의 선택 이론은 … 수많은 적응의 궁극적인 원인을 설명하지는 못했다'고 언급했다. 저명한 식물학자인 빌헬름 요한센(돌연변이설을 지지했다—옮긴이)은 더 강하게 자연 선택설을 거부했다. '유전학이 다윈주의적 선택 이론의 토대를 완전히 몰아낸 것이 분명해 보인다.' 프랑스 생물학자 장 로스탕Jean Rostand도 (자연 선택설이 진화를 충분히 설명해내지 못한다고) 동의했다. '(오늘날 우리는 생명체에 진화가 발생한다는 사실은 너무나 확실하게 알고 있다.) 하지만 진화의 메커니즘에 대해서는 거의 모른다.' 1937년에 파리 자연사 박물관 장이었던 폴 르모앵Paul Lemoine은 한술 더 떴다. '자연 선택은 아무런 역할도 하지 않는다. 유전학 데이터들은 진화의 주장을 뒷받침하지 않는다. … 진화론은 곧 사라질 것이다.'[4]

•

줄리언 헉슬리는 '다윈 구출 유전자'를 갖고 있었던 것 같다. 그의 할아버지 T. H. 헉슬리는 『종의 기원』 원고를 처음 읽은 사람 축에 속하는데, 그것을 읽고 다윈의 가장 열렬한 지지자이자 친구가 되었다. 『종의 기원』이 출간된 지 10여 년 뒤에 그는 지인에게 보낸 편지에서 '『종의 기원』은 『프린키피아』가 천문학에 미친 영향만큼이나 혁명적인 영향을 생물학에 미칠 책'이라고 언급했다. 평생에 걸쳐 비판자들에 맞서 다윈주의 이론을 강력하게 옹호한 T. H. 헉슬리는 스스로 '다윈의 불독'이라는 별명까지 지었다.[5]

1887년에 태어난 손자 줄리언은 어려서부터 자연학자였다. '식물, 동물, 화석, 지리'에 관심이 많았고, 개구리를 채집하고, 나비를 분류하고, 새를 관찰했다. "줄리언은 분명히 생물학에 소질이 있다." 줄리언이 겨우 네 살이 되었을 때 그의 저명한 할아버지는 이렇게 말했다. "내가 그 애를 가르칠 수 있으면 좋을텐데!" 줄리언은 옥스퍼드에서 동물학을 공부했고 1909년에 졸업 후에도 학교에 남아 발생학, 개체 발생학, 세포 분화, 형태 발생학, 유전학, 그리고(그는 늘 연구실과 현장 관찰을 결합했다) 붉은발 도요새와 뿔논병아리의 짝짓기 습성에 이르기까지 여러 분야에 걸쳐 다양한 연구를 진행했다.[6]
줄리언은 1920년대 말까지 계속 학계에 있었다. 유능하고 존경받는 교수이자 연구자였지만, 성격이 급하고, 학생들을 가르치는 일에 점점 진력이 났으며, 결혼 생활은 불행했고, 때때로 편집증과 우울증에 시달렸다. 그러던 차, 1926년에 작가 H. G. 웰스가 그에게 생물학 백과사전 작업을 공동으로 하자고 제안했다. 생물학의 진전을 전체적으로 요약하는 작업이었다. 웰스는 줄리언보다 20세가 위였는데 T. H. 헉슬리에게 생물학을 배운 바 있었고 『타임머신The Time Machine』과 『우주 전쟁The War of the Worlds』 등으로 이미 유명한 작가였다.
줄리언은 이 기회를 붙잡아 교수직을 떠나 백과사전 일에 착수했다. 줄리언은 글을 잘 쓰는 사람이었지만 웰스(까다롭기로 악명이 높았다)는 점점 복잡하게 발달해가는 생물학을 일반인이 이해할 수 있게 만들려면 문체를 더 다듬어야 한다고 주장했다. 'H. G.의 엄한 지도를 통해 많은 것을 배웠다. 어려운 개념과 잘 알려져 있지 않고 이해하기 힘든 사실에 대해 대중적인 글쓰기를 하는 방법, … 다양한 정보를 소화 가능한 방식으로 종합하는 방법, 나무를 알면서도 숲의 양상도 볼 수 있는 방식으로 조직하는 방법에 관하여

(배웠다) …. 쉽지는 않았다.' [7]

『생명의 과학The Science of Life』은 전 세계적인 베스트셀러였다. 하지만 곧 큰 주제에 대해 글을 잘 쓰는 능력이 인세 수입보다 더 가치 있었던 것으로 판명난다. 점점 많은 과학자들(줄리언 헉슬리 포함)이 유전학에서 나온 발견들과 자연사의 다른 분야에서 나온 발견들을 전체적으로 통합해야 할 필요성을 느꼈다. 이 모든 것이 어떻게 맞아떨어지는지 보여주는 하나의 큰 설명이 필요했다. 다윈의 원래 이론(이미 나온 지 반세기가 되었다)을 유전학과 세포학에서 이뤄진 새로운 발견과 연결해 다윈주의를 지켜내야 할 필요가 있었다. 과학자와 일반인 모두 거시 이론과 세부적인 발견을 아우르는 방식으로 '작동 중인 진화'를 더 잘 이해해야 했다.[8]

그래서 줄리언은 '다윈의 불독'이었던 할아버지의 본을 따라 1936년에 새로운 학회 '일반 생물학과 관련된 계통학 연구회Association for the Study of Systematics in Relation to General Biology'를 만들었다. 줄리언이 초대 회장을 맡았고, 1937년 6월의 어느 금요일에 열린 첫 모임에 74명의 생물학자가 참석했다. 〈네이처〉에 따르면, 이 학회의 목적은 '생물학 내의 여러 분야 연구자들 사이에 협업을 촉진하고 토론을 활성화시키는 것'이었다. [9]

러시아 곤충학자로 헉슬리와 서신을 자주 주고받았으며 분류학자이기도 한 테오도시우스 도브잔스키Theodosius Dobzhansky는 이미 그런 취지의 책을 집필하고 있었다. 『유전학과 종의 기원Genetics and the Origin of Speicies』(1937)은 도브잔스키가 진행한 유전학 실험실 연구, 현장 관찰(그는 초파리 연구를 했다), 그리고 다소 모호한(비전문가는 알기 어려운) 집단 유전학의 수학적 계산 등을 한데 모아서 다윈주의적 자연 선택론이 종의 존재를 설명할 수 있음을 입증했다. 현대 생물학 최초의 체계적인 '빅 픽처' 작업이었다.

그리고 이런 작업이 연이어 나왔다.[10] 이후 10년 동안 조지 게이로드 심슨 George Gaylord Simpson의 『진화의 속도와 양상Tempo and Mode in Evolution』, 베른하르트 렌슈Bernhard Rensch의 『종의 수준 이상에서의 진화Evolution above the Species Level』, 에른스트 마이어의 『분류학과 종의 기원, 동물학자의 입장에서Systematics and the Origins of Species, from the Viewpoint of a Zoologist』 등이 출판되었다. 헉슬리도 큰 그림을 그리는 저술에 박차를 가했다. 1942년에 나온 헉슬리의 『진화: 현대적 종합』은 두 가지 면에서 다른 책들과 달랐다. 우선, 헉슬리는 의도적으로 과학자뿐 아니라 관심 있는 비전문가까지 대상으로 삼았다. 그리고 최초로 '종합'이라는 단어를 사용했다.

'교회에서뿐 아니라 생물학 실험실에서도 다윈주의의 죽음이 선포되었지만, (거짓 사망설이 돌았던) 마크 트웨인의 경우처럼 그 보도는 매우 과장된 것 같다. 오늘날에도 다윈주의는 매우 건재하기 때문이다.' 이렇게 시작하면서, 줄리언 헉슬리는 1장에서 집필 의도를 다음과 같이 밝혔다.

> 지난 20년간의 생물학은 새로운 학문들이 차례로 생겨나 따로따로 연구를 한 기간이 지난 뒤에, 이제 종합의 시기로 접어들고 있다. 오늘날까지 생물학은 반쯤 독자적이고 대체로 상충하는 하위 분야들의 모습을 보였으나, 이제 물리학 같은 더 오랜 학문에 맞먹는 통합성을 향해 가고 있다. 즉 하나의 세부 분야의 진보는 거의 동시에 다른 모든 분야의 진보를 이끌며 이론과 실험이 나란히 나아간다. 그 주요한 결과 중 하나로 다윈주의가 다시 태어났다. … 그러므로 이 다윈주의는 수정된 다윈주의다. 다윈의 시절에는 알려지지 않았던 사실들과 함께 작동하지만 여전히 다윈주의다. 진화를 자연주의적으로 설명하는 것을 목적으로 하기 때문이다. … 이 책에서는 다시 태어난 다윈주의, 재에서 일어난 이 변형된 불사조를 다루려고 한다.[11]

이것은 방대한 분야를 아우르는 작업이었고, 『진화: 현대적 종합』은 방대한 분야를 아우르는 책이었다. 고생물학, 유전학, 지질학적 분화 이론, 생태학, 분류학, 적응 이론, 진화적 진보의 개념 등이 차례로 포괄되었다.

H. G. 웰스에게 받은 글쓰기 훈련은 큰 도움이 되었다. 문체의 명료성과 구체성, 어려운 전문 용어 없이 전문적인 개념을 설명하는 능력 덕분에 이 책은 즉시 성공을 거뒀다. 저명한 생물학 저널 〈아메리칸 내추럴리스트〉는 이 책이 '이번 10년, 아니 아마도 이번 세기의 가장 뛰어난 진화 이론'이라고 찬사를 보냈다. 독자도 호응했다. 헉슬리의 책은 3판 5쇄까지 찍혔으며 1973년에 나온 마지막 판에는 아홉 명의 저명한 과학자들과 공동으로 쓴 서문이 포함되었다. 현대적 종합 이론이 전반적으로 참임을 확인하고 새로운 데이터를 추가한 서문이었다.[12]

헉슬리의 책이 나온 1942년부터 21세기인 오늘날까지 세포 수준의 유전학 연구를 자연사의 더 큰 세계와 연결하려는 노력은 계속되었고 점점 더 많은 세부 분야(20세기 말의 진화 유전체학 분야 등) 전문가들이 그런 노력에 참여했다. 새로운 책들은 계속 헉슬리가 쓴 제목을 사용했다. '현대적 종합.' 헉슬리는 다윈을 되살려냈고 '변형된 불사조'는 꾸준히 진화했다.

• 원서: Julian Huxley, *Evolution: The Modern Synthesis* (1942)

23

제임스 D. 왓슨

생명의 비밀

생화학으로 유전의 신비를 밝히기 위해 노력하다

과학은 외부인이 흔히 상상하는 것처럼
논리적이고 직선적인 방식으로 진전되지 않는다.
-제임스 D. 왓슨, 『이중 나선』

라마르크 이래 적어도 100년 동안 생명 과학계는 생물이 자손에게 특질을 전승한다는 것을 받아들이고 있었다. 하지만 그것이 어떻게 이뤄지는지는 미지수였다. 무언가가 전승된다. 하지만 그 무언가는 무엇인가? 그것은 어떻게 생겼으며 어떤 방식으로 행동하는가? 그것은 어디에 있는가? 그리고 이 '판겐pangene(유전 정보의 단위를 이렇게 부르기도 했다)'은 눈 색깔, 키, 털의 문양을 어떻게 다음 세대에서 고스란히 생성하는가?

1953년에 젊은 미국인 제임스 왓슨과 영국인 프랜시스 크릭이 케임브리지에서 답을 발견했다. 이중 나선 모양의 분자 DNA가 부모의 형질을 자손에게 복제한다는 것이 답이었다. 크릭은 너무 흥분해서 근처의 술집까지 껑충껑충 뛰어가 방금 '생명의 비밀'을 풀었다고 소리쳤다고 한다. 이것이 바로 수십 권의 과학책에서 '세상을 바꾼 발견', '20세기 가장 중요한 과학적 발견', '현대 생물학의 탄생' 등으로 이야기하는 사건이다. 그리고 15년 뒤에 왓슨이 베스트셀러 『이중 나선』을 펴내면서 이 분수령의 순간은 영원히 기억되는 자리에 올랐다.[1]

하지만 디옥시리보스 핵산, 즉 DNA의 존재는 그 이전에도 100년 넘게 알려져 있었다. 그리고 이중 나선 구조가 실제로 관찰된 것은 왓슨과 크릭의 '발견' 이후 몇 년이 더 지난 뒤였다. 'DNA의 발견'은 17세기 기술에 뿌리를 두고 화학, 생물학, 심지어 물리학에서 이뤄져온 작은 진전들이 19세기 말과 20세기 초에 수많은 과학자들에 의해 발전한 뒤에 마침내 한 명의 걸출한 연구자가 그것을 한 권의 베스트셀러에서 종합해낸 것이라고 볼 수 있다.

•

로버트 훅이 현미경으로 코르크 조각을 관찰한 이래, 자연 과학자들은 생명체가 마치 벌집이 칸으로 나뉘어 있는 것처럼 분절적인 조각으로 구성돼 있다는 사실을 알고 있었다. 훅은 『마이크로그라피아』에서 이렇게 적었다. '코르크의 물질은 전적으로 공기로 채워져 있다. 그리고 … 그 공기는 서로 구분되는 작은 상자, 혹은 방(cell)으로 막혀 있다.' 훅은 이 방(즉 세포)들을 화석화된 나무부터 거미까지 수많은 종류의 생물에서 발견했다. 뒤이은 연구자들도 모든 종류의 식물 조직, 배아 조직, 동물 조직에서 세포를 발견했다.

세포 안에는 무엇이 있는가? 세포는 왜 존재하는가(왜 한 덩어리로 뭉쳐 있지 않고 구분된 방의 형식으로 존재하는가)? 이는 18세기 과학으로 해결되지 않는 문제였다. 하지만 19세기로 넘어와 1830년대 말에는 두 명의 연구자(프랑스의 생물학자 펠릭스 뒤자르댕Felix Dujardin과 체코의 얀 푸르키녜Jan Purkinje)가 더 개선된 도구의 도움으로 감각을 확장시켜서 훅의 '작은 상자'는 '끈적이고 비치는 물질'로 되어 있다는 사실을 밝혀냈다. 푸르키녜는 이 끈끈하고 다루기 힘든 생명의 기초 물질을 '원형질'이라고 불렀다. 원형질은 '(가장 기초적인) 생명 물질'이었지만 아직은 존재의 목적이 알려지지 않은 젤리였다.[2]

1847년에는 독일인 자연학자 두 명(식물학자 마티아스 슐라이덴Matthias Schleiden과 동물학자 테오도어 슈반Theodor Schwann)이 혹이 말한 세포가 생명의 가장 기초 단위임을 밝혀냈다. 모든 새 생명체에서는 세포들이 작은 알갱이로 시작해서 팽창하며 자란다. '이것은 절대적인 법칙이다. 모든 세포는 … 매우 작은 소포로 나타나서 점차적으로 완전히 발달한 상태만큼 크기가 커진다.' 그리고 1861년에는 생물학자 막스 슐츠Max Schultz가 세포는 원형질로 채워져 있고 그 안에 뚜렷이 구분되는 중심 물질이 있음을 확인했다. 이것이 세포핵(영어 단어 nucleus는 '중심'을 의미하는 라틴어에서 나왔다)이다.[3]

한편, 로버트 보일의 17세기 실험실 연구 이래로 금속과 기체와 무생물을 주로 연구하던 화학이 생물학으로 들어오기 시작했다. 1828년, 화학자 프리드리히 뵐러Friedrich Wöhler는 소변에서 발견되는 유기 화합물인 요소를 실험실에서 (우연히) 합성해냈다. (그는 '나는 콩팥 없이도 요소를 만들 수 있다'고 동료에게 편지를 썼다.) 이 예기치 못한 합성은 무기물질을 지배하는 화학 법칙이 유기물질의 작용도 지배한다는 것을 암시했다. 세포도, 찔러보고 자극을 주고 깨뜨리는 등의 실험을 통해 화학적 반응을 관찰함으로써 그 성질을 파악할 수 있다는 의미였다. 이렇게 해서 '생화학biochemistry'이 탄생했다.[4]

이 신생 과학은 빠르게 성장했다. 1833년 프랑스 화학자 앙셀름 파얜Anselme Payen과 장 프랑수와 페르소Jean Francois Persoz는 맥아에 있는 무언가(그들은 이것에 '디아스타제'라는 이름을 붙였다)가 녹말을 당분으로 변화시킨다는 것을 알아냈다. 최초로 효소를 발견한 것이다. 효소는 대체로 단백질로 이뤄진 유기분자로, (자신은 변하지 않으면서) 화학 반응을 촉발시켜 생명체 내에서 변화를 일으킬 수 있는 물질이다. 4년 뒤에 스웨덴 화학자 옌스 야코브 베르셀리우스Jöns Jacob Berzelius는 이러한 변화에 '촉매 작용'이라는 이름을 붙였다. '전에 알려진 과정들과 달리' 촉매 작용은 '신체의 구성 요소들을 다른 관계가 되도록 재배열하는 원인' 역할을 했다. 촉매의 발견은 실험실을 훨씬 벗어나는 함의를 가지고 있었다. 베르셀리우스는 이렇게 설명했다.

> 우리는 이 개념을 살아 있는 자연에 적용했다. 그러자 우리에게 완전히 새로운 빛이 왔다. 우리는 다음과 같이 생각해볼 충분한 이유를 갖게 되었다. 살아 있는 동식물 안에서 수천 가지 촉매 작용이 조직과 체액 사이에 벌어지는데, 전에는 수액이나 혈액 같은 공통 물질에서 수많은 다른 종류의 화합물이 만들어지는 원인을 생각해낼 수 없었지만, 미래에는 아마도 유기 조직의 촉매 작용이 갖는 힘에서 그 원인을 발견할 수 있을 것이라고 말이다.[5]

우리의 생물학적 존재, 우리의 형태와 모양에 대한 궁극적인 설명은 화학에 달려 있었다. 즉, 우리의 세포를 만들고 세포들 사이의 상호 작용을 규율하는 화학적인 과정을 파악해야 했다.
하지만 세포는 여전히 미지의 영역이었고 생물학자도 화학자도 기껏해야 그 영역의 윤곽을 추측만 할 수 있을 뿐이었다.

•

1865년에 스위스의 의학도 프리드리히 미셔Friedrich Miescher는 장티푸스에서 가까스로 회복됐다. 하지만 청력이 손상되어 한쪽 귀가 완전히 들리지 않게 되었다. 환자를 치료하기는 어렵게 된 터라 연구로 방향을 돌렸다. 그는 삼촌인 저명한 의사 빌헬름 히스를 따라서 연구를 시작했다. 훗날 히스는 '생물의 조직 발달과 관련한 문제의 최종적인 해결은 화학으로만 가능하다는 생각이 들었다'고 말했다. 조카인 미셔가 화학으로 해결하고자 한 문제는 세포가 정확하게 어떻게 구성되어 있는지였다. 특히 세포핵의 기능이 아직 알려져 있지 않았다. 미셔는 백혈구 세포핵이 다른 세포핵보다 크다는 것을 발견한 후 버려진 붕대에서 고름을 수거해 세포핵을 분리하고 (알려져 있던 방식대로, 여러 가지 용매를 사용해 세포핵을 분리할 수 있었다) 그것으로 세포핵의 구성 성분을 분석했다.[6]

미셔의 실험은 2년에 걸쳐 진행되었고 1871년에 출판되었다. 미셔의 연구는 예기치 못한 존재를 드러냈다. 통상 세포핵은 단백질로 구성되어 있다고 여겨졌고 그 단백질이 어떤 방식으로든 생명의 기초 물질로 기능할 것이라고 생각되었다. 하지만 알고 보니 세포핵은 다시 두 부분으로 나뉘어 있었다. 하나는 단백질이 맞았지만, 다른 하나는 전에는 알려지지 않았던, 약간 산기가 있는 물질이었다. 미셔는 이 새로운 산성 물질에 '뉴클레인(nuclein. 핵산을 의미하며, 나중에는 nucleic acid라고 불리게 된다)'이라는 이름을 붙였다.●

1929년, 리투아니아의 생화학자 피버스 레벤Phoebus Levene은 반유대주의를 피해 미국으로 와서 뉴욕의 록펠러 연구소에서 일하고 있었다. 그는 미셔가 발견한 뉴클레인 중에 '디옥시리보스'라고 불리는 당분을 포함한 것이 많다는 사실을 발견했다. 그는 이 특정한 핵산을 디옥시리보스 핵산deoxyribonucleic acid, 즉 DNA이라고 불렀다.[7]

자, 미셔는 DNA를 발견했다. 레벤은 그것에 이름을 붙였다. 그러나 둘 다 그게 어떤 역할을 하는지는 몰랐다.

●

생화학자들이 세포의 화학 구조를 파고드는 동안, 생물학자들은 멘델의 유

●………… 여기에서 '산기가 있다'는 것은 물에 넣었을 때 물에서 양성자나 수소 이온이 증가하는 것을 의미한다.

전자 수수께끼를 가지고 씨름했다.

많은 정보가 있긴 했지만 아직 아무도 떠다니는 정보 중 관련된 것을 붙잡아 엮어내지 못하고 있었다. 이미 1880년대 초에 발터 플레밍Walther Flemming은 분열하는 세포 속에서 작은 실같이 생긴 염색체를 발견했다. 1890년에는 생물학자 헤르만 헨킹Hermann Henking이 다른 염색체들은 세포 분열 중에 둘로 분열되어 한 쌍의 댄서처럼 쌍을 이루는 반면 유독 한 염색체가 (분열에 참여하지 않고) 새로운 세포로 반만 들어간다는 것을 발견했다. 왜 그런지는 알아내지 못했지만, 어쨌든 그 게으른 염색체에 미지의 염색체라는 의미에서 'X염색체'라는 이름을 붙였다.[8] 그리고 1902년에는 독일 생물학자 테오도어 보베리가 멘델이 말한 유전 인자가 염색체에 실려 다음 세대로 전달된다는 것을 알아냈다.

이제 해야 할 일은 두 종류의 염색체가 존재한다는 사실과 염색체가 유전 인자를 나른다는 사실을 연결하는 일이었다. 미국에서 세 명의 생물학자가 이와 관련된 연구 결과를 각기 내놓았다. 클레런스 매클렁Clarence McClung은 메뚜기를 연구해서 X염색체의 유무가 자손의 성별과 관련 있을 수 있다는 이론을 처음으로 제시했다. 에드먼드 비처 윌슨Edmund Beecher Wilson은 노린재목과 곤충(진딧물, 매미, 고구마 벌레 등)을 이용해서 X염색체가 암컷 자손에만 나타난다는 이론을 제시했다. 네티 스티븐스Nettie Stevens는 초파리 세포를 연구해서 윌슨의 이론을 관찰로 확증했다.[9]

스티븐스가 초파리 연구 결과를 발표한 뒤에, 동물학자 토머스 헌트 모건Thomas Hunt Morgan은 컬럼비아 대학에서 초파리를 여러 세대에 걸쳐 연구하는 7년짜리 프로젝트를 시작했다. 초파리는 매우 빠르게 번식하기 때문에 초파리 입장에서 7년은 '심원한 시간'에 해당했다. 이 방대한 자료를 분석해서 모건의 연구팀은 눈 색깔을 결정하는 유전 정보가 X염색체에 존재한다는 사실을 알아냈다.[10] 특정한 '표현형phenotype(키, 체중, 코 모양, 머리카락 색처럼 관찰 가능하게 발현되는 특징)'과 특정한 '유전형genotype(염색체의 배열)' 간의 직접적인 관계를 드러낸 최초의 연구였다. 이는 오래 전부터 알려져 있었던 희한한 현상 하나에 생물학적 설명을 제공했다. 어떤 형질은 아버지에게서 아들에게 직접 전해지지 않는다는 현상이었다.•

'어떤 가족은 피를 계속 쏟을 수 있고 어떤 가족은 피를 덜 쏟을 수 있다.' 3세기에 작성된 바빌론의 탈무드는 이렇게 기록하고 있다. 이는 혈우병에 대한 초창기 언급 중 하나다. 혈우병은 혈액이 응고되지 않는 병인데, 오랫동안 의사들은 이 희한한 질병을 파악하기 위해 고전해왔다. 10세기 코르도바의 외과의사 알부카시스Albucasis는 건강한 어머니도 혈우병이 있는 아들을 출산할 수 있음을 알아냈다. 19세기 초에는 필라델피아의 의사 존 오토John Otto가 혈우병이 남성에게만 나타나는 것 같다고 언급했다. 독일, 스페인, 러시아의 왕실들은 혈우병이 왕자들한테 자주 나타나는 바람에 골치를 앓고 있었다.[11]

찰스 다윈도 혈우병의 유전 패턴을 그린 적이 있다. 모건의 초파리 실험은 혈우병 유전 패턴이 보이는 기이함을 설명할 수 있게 해주었다. 혈우병의 유전 정보가 X염색체에만 담겨 있다면 자손이 가진 모든 X염색체가 영향을 받았을 때만 혈우병이 발병한다. 남성은 X염색체가 하나뿐이므로 발병 확률이 더 높다(오토 박사의 통계를 잘못 해석했다. 드물긴 하지만 X염색체 두 개가 모두 혈우병의 영향을 받았으면 여성에게서도 혈우병이 나타날 수 있다).

• 성별 결정은 초파리와 사람에게서 매우 다르게 작용한다. 하지만 초파리 연구는 성별과 연결된 특징을 이해하는 데에 이론적 기초를 제공했다.

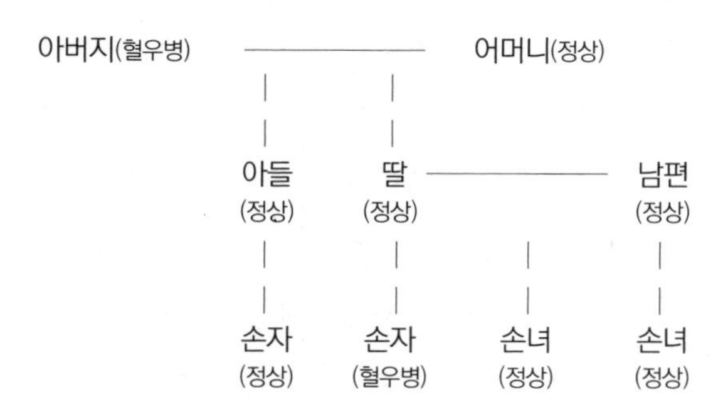

찰스 다윈의 혈우병 유전 패턴

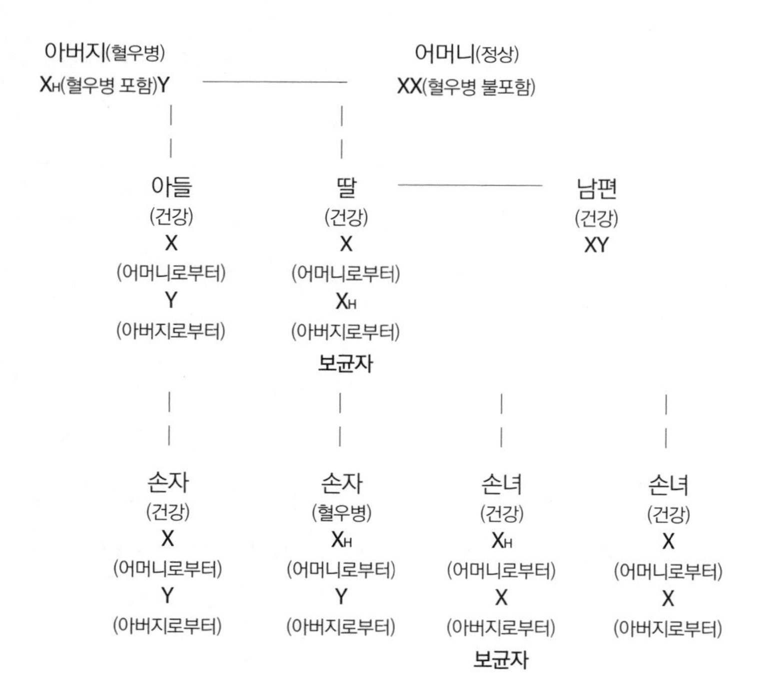

모건의 혈우병 유전 패턴

모건의 연구는 숨겨진 전염 경로를 드러내주었다. 명백하게 건강해 보이는 여성도 혈우병 보균자라면 50퍼센트 확률로 아들에게 혈우병 인자를 전할 수 있는 것이다.

하지만 이 모든 연구도 유전의 메커니즘과는 관련이 없었다. 유전 정보가 어떻게 염색체에 올라타는지, 그리고 어떻게 그것이 수용체에서 발현되는지는 여전히 알려지지 않은 상태였다. 염색체와 유전자를 연구하는 생물학자들은 어떤 염색체가 어디로 가서 어떤 결과를 낳을지에 대한 확률만 기록할 뿐이었다. 이 문제는 화학, 생물학, 물리학이 짧게 한 장소에서 만나면서 실마리가 나타난다.

1927년, 모건의 초파리 연구를 함께 진행하던 생물학자 허먼 멀러Hermann Muller는 X선을 쪼였더니 초파리의 유전 정보가 달라졌다는 사실을 발견했다. X선을 쬔 초파리들은 새로운 표현형을 가진 자손들을 낳았다. 멀러가 기록한 것만 해도 '반점이 있는 날개', '흰 눈', '작은 날개', '갈라진 털' 등으로 다양한 변이가 나타났다. 이미 뢴트겐, 퀴리 부부, 러더퍼드 등이 방사선이 원자와 분자의 구조를 변화시킨다는 것을 밝힌 바 있었다.• 그러므로 멀러의 결과는 여전히 신비에 싸인 유전자가 사실은 분자일지도 모른다는 점을 암시했다. X선이 일으키는 변화에 취약한 구조물인 것이다. 그리고 X선을 쪼일 때 계속해서 동일한 변화를 내놓지는 않는 것으로 볼 때, 유전자는 비슷하게 행동하는 분자들의 집합이 아니라 서로 다른 분자들의 집합이라는 점도 알 수 있었다.[12]

정리하면, 유전자는 분자이고 염색체에 실려 부모로부터 자손에게 전해진

• 16장을 참고하라.

다. 이것은 수수께끼의 첫 번째 부분에 대한 답이었다. 하지만 수수께끼의 두 번째 부분에 대한 답은 아직 나오지 않고 있었다. 어떻게 해서 하나의 분자가 자손 개체에서 특정한 모양의 귓불이나 기다란 둘째 발톱, 아니면 주근깨와 같은 표현형을 만들어내는가?

이 문제에 대한 답은 빵 곰팡이에서 나왔다. 1940년대에 스탠퍼드 대학의 생화학자 조지 비들George Beadle과 에드워드 테이텀Edward Tatum은 붉은 옥수수 곰팡이인 '뉴로스포라'를 가지고 실험하고 있었다. (뉴로스포라는 빵에서 자라는 균류로, 콩을 인도네시아에서 많이 먹는 '온쫌'으로 발효시키는 물질이기도 하다.) 비들과 테이텀은 유전자에 돌연변이가 발생하면 특정한 효소의 생성이 중단되어 세포가 특정한 화학 반응을 하지 못한다는 사실을 알아냈다. 세포들이 어떤 화학 반응을 일으키고 일으키지 않는지에 따라 곰팡이 균주의 특성이 달라졌다. 즉 세포들의 화학 반응이 개체에 정체성을 부여하는 역할을 하는 것이다. 한 세기 전, 앙셀름 파얀과 장 프랑수아 페르소는 최초로 효소를 발견했고 옌스 베르셀리우스는 촉매 작용이 생명체에서 수행하는 역할의 중요성을 언급한 바 있었다. 이후 수십 년간 생화학자들이 이를 토대로 연구를 해나갔고, 이제 비들과 테이텀은 어떤 생물을 그 생물 안에서 발생하는 화학 반응들의 총체로서 규정할 수 있게 되었다. 그 생물의 구성 신진대사, 표현형, 기능하는 방식, 겉모습 등을 화학 작용으로 설명할 수 있게 된 것이다. 그러한 화학 반응의 촉매 역할을 하는 것이 효소였다. 유전자 변이는 효소 활동에 변이를 일으켰고, 효소 활동의 변이는 표현형의 변이를 일으켰다. 빵 곰팡이의 경우, 유전자가 변형된 곰팡이균에서는 부모 곰팡이균과 달리 특정한 영양소를 (스스로 합성하지 못하고) 외부에서 넣어주어야 하는 '영양요구주'라는 표현형이 생성됐다. 날개의 반점이라든지,

기다란 둘째 발톱이라든지, 갈라진 턱과 같은 표현형의 발현도 효소가 좌우하며, 효소가 교란되면 생명체가 변형된다.

드디어 유전형과 표현형 사이의 연결고리가 나타났다. 비들과 테이텀은 이후 몇 년간 어떤 효소가 어떤 염색체에 의해 전달되어 어떤 표현형을 낳는지 연구했다. 이들의 이론은 '1유전자 1효소설'로 알려지는데, 유전자(인간의 유전자든 박테리아 유전자든 간에)는 효소의 생성에 영향을 미치고 효소는 생물의 특성에 영향을 미친다는 설명이었다.[13] (1유전자 1효소설은 나중에 1유전자 1폴리펩티드설로 발전한다—옮긴이)

하지만 유전자 자체가 무엇인지는 여전히 미스테리였다. 효소에 영향력을 발휘할 수 있다고 알려진 분자도, 유기 물질도, 화합물도, 아직은 밝혀져 있지 않았다.

한편, 오즈월드 에이버리Oswald Avery라는 생물학자가(뉴욕의 록펠러 연구소에서 레벤과 함께 일했다) 폐렴균 바이러스 연구를 하다가 어떤 종류의 폐렴균은 독특하게도 자신의 주위에 다당류 분자로 껍데기를 형성한다는 사실을 발견했다. 껍데기가 생기면 균이 더 강력해졌다. 그리고 껍데기를 만들 수 있는 폐렴균에서 DNA(미셔와 레벤이 세포핵에서 발견한, 단백질 이외의 산기가 있는 물질)를 추출해 다른 폐렴균에 넣으면 다른 폐렴균도 갑자기 다당류 껍데기를 만들 줄 아는 균으로 변형된다는 것을 발견했다.

이 발견은 어쩌면 유레카의 순간이 될 수 있었을 발견이었다. 실제로 에이버리는, 뜻밖에도 DNA가 '유전자'가 할 법한 작용을 하는 것으로 보인다는 내용을 형에게 편지로 써서 보내기도 했다. 하지만 조심성과 책임감이 강한 에이버리는 자신의 연구 결과를 토대로 커다란 주장을 펴는 것에 너무나 신중했다. 에이버리 연구팀은 연구 결과를 〈실험 의학 저널Journal of Experimental

Medicine〉에 게재했는데 그리 눈길을 끌지 못했다. 세포 연구는 너무 많은 학문 분과와 세부 분야, 세부 발견들로 퍼져 있어서 생물학자나 생화학자 중에서 관련된 연구 결과들을 다 파악하고 있는 사람은 거의 없었다.[14]

또 다른 연구팀도 에이버리의 연구와 비슷한 시사점을 가진 연구 결과를 내놓았다. (이 역시 알고 있는 생물학자는 극소수였다.) 생물학자 막스 델브뤼크Max Delbrück와 살바도르 에드워드 루리아Salvador Edward Luria, 그리고 박테리아 학자 알프레드 허시Alfred Hershey는 롱아일랜드의 연구실에서 '박테리오파지'의 정확한 구조를 밝히기 위한 실험을 하고 있었다. 박테리오파지란 박테리아를 감염시킬 수 있는 바이러스로, 박테리아 세포에 침투해 그 안에서 재생산을 하고 난 후 숙주인 박테리아 세포를 파괴하고 밖으로 나온다.

실험 결과, 박테리오파지가 자신을 정확하게 복제하는 능력이 있다는 것이 점점 분명해졌다. 1947년에는 생화학자 시모어 코언Seymour Cohen이 특정한 유형의 박테리오파지가 박테리아 세포에 침투하면, 감염된 세포 안에서 DNA 합성이 갑자기 중단됐다가 몇 분 후에 몇 배나 빠른 속도로 재개된다는 사실을 발견했다. 이는 DNA가 정확한 복제 기능과 관련이 있음을 강하게 암시하는 것이었다.

그 밖에도 몇몇 다른 연구자들이 DNA가 복제 기능과 관련 있다는 연구 결과를 내놓았다. 하지만 복제 기능과 관련해서는 대체로 DNA보다 단백질이 더 강한 후보자로 여겨지고 있었다. 그리고 복제 기능을 하는 물질이 DNA든 단백질이든 간에, 유전 정보가 정확히 어떻게 부모 세포에서 암호화되며 어떻게 자손 세포에서 그 암호가 해독되는지는 누구도 밝히지 못하고 있었다.[15]

1948년, 박사 과정을 밟고 있던 젊은 제임스 왓슨은 연구 주제를 아직 확실하게 정하지 못한 채로 롱아일랜드 '파지 그룹Phage group'에서 일을 시작했다. 처음에는 핵산 연구에 관심이 별로 없었다. 이 분야는 '개념들이 논파되기 어려운' 분야였다. 나중에 왓슨은 '단백질이나 핵산의 3차원 구조가 많이 이야기되었지만 대부분은 허풍이었다'고 회상했다. 가설은 난무했지만 어느 것도 테스트가 가능하지 않았다.

1951년에 연구 장학금을 받아서 유럽에 온 왓슨은 영국의 물리학자이자 생물학자인 모리스 윌킨스Maurice Wilkins가 발표자로 나선 세미나에 참석했다. 윌킨스는 런던 킹스 대학에서 DNA를 연구하고 있었다. 그날 윌킨스는 DNA를 찍은 X레이 회절 사진을 보여주면서 설명을 했는데, 사진은 매우 분명한 구조적 패턴을 드러내고 있었다. 갑자기 왓슨은 흥미를 느꼈다. 이렇게 분명한 패턴이라면 DNA의 '일반적인 구조'를 발견하는 열쇠가 될 수 있을 것 같았다. 그리고 유전 정보를 나르는 것이 DNA임을 그 구조를 통해 입증할 수 있을지도 몰랐다.[16]

왓슨은 장학금 조건을 무시하고 영국 케임브리지 대학의 캐번디시 연구소에서 생물리학자 프란시스 크릭과 함께 연구를 하기로 했다. 크릭은 왓슨보다 열두 살 위였는데 지난 몇 년간 DNA에 관심을 가지고 있었다. 하지만 영국 학계의 관습은 크릭이 DNA 분야의 연구를 하지 못하게 막고 있었다. 이에 놀란 왓슨은 『이중 나선』에서 이렇게 회상했다. '그 당시 영국에서는 DNA 분자 연구가 실질적으로 모리스 윌킨스의 사유 재산 영역이나 마찬가지였다.'

> 모리스가 몇 년이나 연구해온 문제에 프란시스가 뛰어든다면 매우 안 좋게 보일 것이었다. … 그들이 서로 다른 나라에 산다면 더 쉬웠을 것이다. 하지만 영국의 조밀함(모든 중요한 사람들은 결혼으로 연결되어 있지 않더라도

> 서로를 다 아는 듯 했다)과 페어플레이에 대한 영국의 개념은 모리스가 선점한 분야에 프란시스가 진입하는 것을 허용하지 않을 터였다. 프랑스에서라면 그런 페어플레이 개념이 없으니 이러한 문제는 생기지 않을 것이다. 미국에서도 그러한 상황이 벌어지지는 않을 것이다. 가령 단지 칼텍의 연구자가 먼저 시작했다는 이유만으로 버클리의 연구자가 매우 중요한 문제를 다루지 못하는 일은 생기지 않았을 것이다.[17]

시카고 출신의 왓슨은 크릭을 종용해서 윌킨스의 영역에 들어가도록 했고, 왓슨과 크릭은 윌킨스와 일하던 로잘린드 프랭클린Rosalind Franklin이 공들여 만든 고해상도 DNA X레이 회절 사진(이 사진을 산출하는 것은 매우, 매우, 어려운 작업이다) 중 가장 최근 것을 구했다. 로잘린드는 훌륭한 과학자였지만, 케임브리지 대학의 남성 과학자들에게 여성의 영역이 아닌 곳에 들어와서 문제나 일으키는 여성으로만 여겨지고 있었다. (왓슨은 그의 책에서 덜 매력적인 부분 중 한 곳에 이렇게 언급했다. '페미니스트에게 가장 만만한 집은 남의 연구실인 모양이었다.')

한편, 신화적으로 유명하던 미국의 생화학자 라이너스 폴링Linus Pauling도 DNA로 관심을 돌려 연구를 진행하고 있었다. 윌킨스보다 유리한 고지에 서고 '(폴링을) 그의 게임에서 패배하게 만들고자', 크릭과 왓슨은 DNA 연구에 더 몰두했다. 왓슨의 표현을 빌면, 이들의 작업은 '어떤 원자가 어떤 원자 옆에 있고 싶어하느냐'를 알아내 '유치원 아이들 장난감처럼 보이는 분자 모형을 이용해서' 가설적인 구조를 짓는 일이었다. 프랭클린이 찍은 X선 사진에 드러난 패턴, 그리고 이제까지 알려진 DNA 분자의 화학적 특성에 모두 부합하는 모형을 짓는 것이 이 연구의 목표였다.[18]

1953년 초에 폴링은 가능할 법한 모형을 하나 만들어냈다. 그의 DNA 모형은 '3중 나선'으로 되어 있고 당과 인이 결합해서 만들어진 '뼈대'가 내부에 있는 구조였다. 왓슨은 이 모델이 작동하지 않으리라는 것을 곧바로 파악했다. 인 분자가 서로를 밀어내기 때문이었다. ('폴링의 구조에서 화학 작용은 나선을 풀게 되어 있었다.') 하지만 폴링이 가능할 법한 모형에 근접해 있다는 것은 분명했다.

왓슨은 새로운 모형을 고안하는 일에 한층 더 열정적으로 매달렸다. ('나는 노벨상을 위한 경주를 달리고 있었다.') 가능해 보이는 구조들을 종이에 수없이 그리고 마분지로 수없이 모형을 만들면서, 왓슨은 드디어 DNA의 새로운 구조를 생각해냈다. '이중 나선'으로 되어 있고 뼈대가 바깥에 있는 구조였다. 왓슨과 크릭은 이 모형의 화학적 특성을 계산하고 이 모형에서 나오게 될 패턴과 기존에 알려진 X레이 사진의 패턴을 비교한 후, 이 가설이 합리적이라고 결론 내렸다. 1953년 4월 왓슨과 크릭은 이 모델을 〈네이처〉에 발표했다. 논문은 (크릭이 쓴) 짧은 문장으로 끝을 맺는다. 이중 나선으로 된 구조여야 두 개의 DNA 가닥이 (안쪽에 배열된 염기들이 특정하게 짝을 이루는 방식으로) 수소 결합을 할 수 있으며, 이는 DNA가 복제될 수 있는 구조임을 의미한다고 설명하는 문장이었다. '(염기가 특정한 짝을 이루게 되는 방식으로만 수소 결합이 발생한다. 아데닌(A)은 티민(T)과, 구아닌(G)은 시토신(C)과 쌍을 이룬다. 특정한 쌍으로만 결합이 발생하므로, 한 가닥의 염기 배열이 주어지면 나머지 가닥의 염기 배열도 자동적으로 정해진다) 우리 모델이 제시하는 특정하게 짝을 이루는 구조가 이것이 유전 물질의 복제 메커니즘이 될 수 있음을 암시한다.'[19] (DNA는 두 가닥이 느슨한 수소 결합으로 엮여 있으며 이 결합은 에너지를 주면 쉽게 분리된다. DNA 가닥의 염기 배열이 A와 T, G와 C로 짝을 이루므로, 분리된 가닥은 나머지 가닥을 새로 찍어내는 주형틀 역할을 할 수 있다.

따라서 정확히 똑같은 이중 나선이 복제될 수 있다. 다음을 참고하라. 『생명, 그 아름다운 비밀에 대해 과학이 들려주는 16가지 이야기』(송기원 지음, 로도스, 2014), pp.83~86 – 옮긴이)

이 복제 메커니즘에는 두 가닥의 DNA와 한 가닥의 리보핵산(RNA)이 관여한다. 생물학자 콜린 텃지Colin Tudge는 복제 메커니즘을 다음과 같이 설명했다.

> 왓슨과 크릭이 제시한 모델에서는 두 가닥으로 된 DNA가 분리되어 두 개의 개별적인 가닥이 된 다음에 각각 복제된다. … 파트너와 분리된 개별 DNA 가닥은 (자신의 염기 배열과 짝을 이루는) 상보적인 가닥을 생성해 DNA 이중 나선을 복제하거나, 아니면 (역시 자신의 염기 배열과 짝을 이루는) 상보적인 RNA 가닥을 만든다. 후자의 경우, (DNA의 염기 배열을 읽어들인) RNA는 세포핵을 떠나서 세포질로 이동해 그에 맞는 단백질이 합성되도록 지휘하는 역할을 한다. [20]

RNA는 DNA와 새로 생성될 단백질 사이에 전달자 역할을 하는데, 왓슨과 크릭은 이것이 이뤄지는 방식까지는 아직 정확히 알아내지 못했다. (나중에 밝혀지기로, 세 종류의 RNA가 있어서 각기 다른 기능을 한다.)

퍽 개괄적인 모델이었지만 이 모델은 매우 설득력이 있었다. 화학적 특성으로 볼 때 합리적이었고, 알려져 있던 핵산의 특성들과도 부합했다. 이후 이 모델은 프레더릭 생어Frederick Sanger, 조지 가모브George Gamow, 마셜 니런버그Marshall Nirenberg, J. 하인리히 마테이J. Heinrich Matthaei와 같은 전 세계의 기라성 같은 생화학자들에 의해 검증되고 정교화된다. 그리고 제임스 왓슨이 『이중 나선: DNA 구조의 발견에 대한 개인적인 설명』을 출간한 1968년 무렵에는, DNA가 이중 나선 구조로 되어 있고, 그것이 유전 물질을 복제, 재생산하는 기능을 가지고 있다는 사실은 진리로 받아들여지고 있었다.

나중에 프랜시스 크릭은 정보의 흐름이 DNA에서 RNA로, 그리고 단백질로 이어진다는 현대 생물학의 '중심 원리central dogma'를 제시한다. '원리'라는 단어가 쓰였지만, 크릭은 자신의 이론이 여전히 가설적이라는 것을 알고 있었다. 그가 말했듯이, '아무리 그럴 법하더라도 이것은 거대 가설로, 실험적 증거는 직접적으로 없는' 것이었다. 실험적 증거가 나오기까지는 20년 정도가 더 있어야 했다. 과학자들이 DNA의 상세한 지도를 그릴 수 있게 된 것은 1970년대 말이었고, 단백질과 DNA의 상호 작용이 파악된 것은 1984년이 되어서였다. 왓슨의 열정적이고 흥미로운 설명이 발빠르게 타이틀을 차지했지만, 사실은 왓슨도 크릭도 DNA를 '발견'한 것은 아니었다. 코페르니쿠스처럼, 그들은 수십 년간 관찰되어온 사실들에 대해 매우 간결하고 설득력 있는 이론을 구성해냈을 뿐이었다.[21]

• 원서: James D. Watson, *The Double Helix* (1968)

• 한국어판: 『이중 나선』 (제임스 왓슨 지음, 최돈찬 옮김, 궁리, 2019)
『이중 나선』 (제임스 왓슨 지음, 하두봉 옮김, 전파과학사, 2000)

24

리처드 도킨스 • E. O. 윌슨 • 스티븐 제이 굴드

생물학과 운명

신다윈주의적 환원론과 그에 대한 반론이 제기되다

우리는 생존 기계다. 유전자라고 알려진 이기적인 분자를
맹목적으로 보존해 나르기 위해 프로그래밍되어 있는 로봇 기계다.
-리처드 도킨스, 『이기적 유전자』

우리는 생물학적 존재이고
우리의 영혼은 그것에서 자유롭게 벗어날 수 없다.
-E. O. 윌슨, 『인간 본성에 대하여』

우리는 불가분하게 자연의 일부다.
그렇다고 해서 인간의 고유성이 무화되는 것은 아니다.
-스티븐 제이 굴드, 『인간에 대한 오해』

왓슨과 크릭은 그 이전에 존재했던 모든 것을 담아냈다.
이중 나선 이론이 더 정교해지면서 바로 이것이 다윈이 풀지 못한 잃어버린 퍼즐 조각이라는 생각이 점점 강화되었다. 이것이 유전의 메커니즘이었고, 멘델이 말한 유전 인자의 위치와 작동 기제였으며, 생명의 초석이었다. 아직 연구되어야 할 것이 많이 남아 있었지만 어쨌든 1960년대 분위기로는 생명의 신비가 풀린 것처럼 보였다. 1965년 10월에 〈라이프〉는 이렇게 보도했다. 'DNA 분자의 나선 구조와 그 원자들의 복잡한 배열에 유전의 최종

비밀이 놓여 있다. 과학자들이 유전자 코드를 읽는 것이 가능해지기 시작했다. … 읽은 뒤에는 아마 '쓰는' 법도 알게 될 것이다. DNA 코드에 유전적 지시 사항을 부여할 수 있을 것이다. 그때가 오면 인간의 능력은 진정으로 신과 같아질 것이다.' 이는 생명을 창조하는 능력을 갖게 되리라는 말이었다. 인간은 '전에는 존재하지 않았거나 상상하지 못했던 생명체'라든가 '목성의 표면에서 더 잘 적응하거나 대양 바닥에서 더 잘 생존하는 … 새로운 형태의 인류', 혹은 더 간단하게 '인간의 장점은 강조하고 단점은 제거해서' 만든 이상적인 인간을 창조할 수 있을 것이었다.[1]

우리도 모르게 DNA는 우리가 무엇인지가 아니라 우리가 누구인지를 결정하는 권능을 부여받은 듯했다. 그리고 이 충동은 왓슨-크릭 모델이 존재하기 전부터 있었던 한 학문 분야에서 이미 드러나고 있었다. 바로 집단 유전학population genetics이다.

집단 유전학은 1930년대와 1940년대에 있었던 '현대적 종합'의 흐름과 밀접하게 관련이 있다. 현대적 종합 이론들은 세포 수준의 연구를 더 거시적인 유기체에 대한 연구와 결합하고, 미생물학에서 발견한 개별적인 연구들을 종의 역사 전체와 연결하려는 시도였다. 모건의 연구팀이 초파리의 유전자 지도를 그리던 시기에, 영국의 생물학자이자 통계학자 로널드 피셔Ronald Fisher는 어느 특정한 세대에 어느 특정한 유전자가 발현될 확률을 조사하고 있었다. (피셔는 쌍둥이였는데 한쪽이 출생 직후에 사망했다. 그는 케임브리지 대학에서 공부한 수학자이지만 수학보다는 생명 과학에 더 관심이 많았다.) 피셔는 줄리언 헉슬리, 에른스트 마이어, 영국의 수학자이자 생물학자인 J. B. S. 홀데인J. B. S. Haldane 등과 더불어 현대적 종합 이론을 편 사람으로 꼽힌다. 1930년대에 피셔는 특정한 유전 정보가 다음 세대로 전승될 확률은 계산이 가능하며 이 계산들은 더 근본적인 결론을 말해주는 하나의 숫자로 다시 계산될 수 있다고 주장했다. 어떤 개체가 생존하고 어떤 개체가 죽을지를 숫자로 나타낼 수 있다는 것이었다.[2]

이는 패러다임을 바꾸는 개념이었다. 한 세기 전에는 '생존의 의지will to live'가 인간 본성의 일부로 여겨졌다. 생존의 의지는 말로 설명할 수 없고 계산할 수도 없는 생존 '본능'이며 물리적인 요소로 환원할 수 없다고 생각됐다. (오늘날에도 이렇게 여겨진다.)

그런데 피셔는 생존의 의지를 양적으로 규정하려 했다. 그것도 인간의 자유로운 영혼에 기반을 두지 않는 화학적 기초 위에서 말이다. 그에게 생존의 의지(다윈의 용어로는 '적합도fitness')는 영혼보다는 육체, 의지보다는 신체 기관과 관련이 있었다. 정확히는 유전자의 특정한 조합에 달려 있었다. 피셔는 유전자들이 실험실에서 연구하는 기체 분자들과 다르지 않게 행동한다고 보았다. 즉 유전자들은 임의로 섞고, 결합하고, 복제할 수 있었다.

따라서 유전자를 적절히 조합하면 더 긴 집게 발, 더 강한 근육, 더 나은 보호색, 죽음을 강하게 거부하는 성향 등을 나타내도록 만들 수 있을 것이었다. 네 가지 특성 모두 유전자 조합의 산물이며 수학이 충분히 발달하기만 하면 예측 가능할 터였다. 용맹함도 뾰족한 이빨처럼 유전적 특질이지 초월적 특질이 아니었다. 수학이 발달한다면, 용맹함이 후세에서 얼마나 자주, 그리고 대략적이라도 어디에서 드러날지 알 수 있을 것이라고 여겨졌다. 뾰족한 이빨에 대해 알 수 있듯이. 그리고 이런 예측들은 현재의 식물 군집, 동물 군집, 심지어 인간 집단의 특성과 비교해볼 수도 있을 터였다.[3]

집단 유전학은 까다롭고 삐걱거리는 신생 분야였다. 초창기 학자들은 대립형질allele(염색체의 특정 유전자 위치에 놓일 수 있는 둘 이상의 유전 형질)이 부모로부터 자손에게 전해진다고 보았다. 둥근 콩이 되는지 사각 콩이나 주름진 콩이 되는지는 어떤 대립 형질이 전해지느냐에 달려 있었다. 특정 대립 형질이 발현되는 위치와 빈도는 (전적으로까지는 아니어도) 대략 수학적으로 계산이 가능했다. J. B. S. 홀데인은 1938년에 이렇게 언급했다. '현재로서는 진화의 수학적 이론이 다소 불운한 처지에 있다. 대부분의 생물학자들이 흥미를 갖기에는 너무 수학적이고, 대부분의 수학자들이 흥미를 갖기에는 충분히 수학적이지 않다. 하지만 반세기 정도 후에 이 분야가 응용 수학의 중요한 분야로 발전하리라는 예측은 충분히 합리적이라 할 것이다.'[4] 홀데인 자신은 이미 진화의 수학적 이론에 헌신하고 있었다. 유전 정보가 다음 세대에 어떻게 전해지는지 정확한 메커니즘이 알려지기 전부터 홀데인은 인간의 생존 의지가 특정한 대립 형질들을 보존하려는 충동과 관련이 있다고 보았다. 그는 한 명의 형을 위해 희생할 수 있느냐는 질문에 다음과 같이 수학자다운 답변을 한 것으로 유명하다. '아니오, 두 명의 형, 혹은 여덟 명의 사촌을 위해 희생하겠습니다.'[5] 두 경우 모두 같은 양의 유전 물질을 보존하게 된다.

왓슨-크릭 모델이 발표되면서 그 '유전 물질'을 더 분명히 이해하게 되었다. 생존 의지는 특정한 DNA 배열을 보호하고 전승하고자 하는 열망과 관련이 있었다. 1960년대 초에 영국의 생물학자 윌리엄 D. 해밀턴William D. Hamilton은 DNA 보존이 자기희생과 같은 이타적 행동을 설명할 수 있다는 가설을 제기했다. 그의 가설은 '해밀턴 법칙Hamilton's Rule'이라고도 불리는데, 이에 따르면 가까운 친족 관계인 개체들 사이에서는 언제나 이타심이 발견된다. 한 개체가 다른 개체를 위해 희생할 때 그 다른 개체는 늘 유전자를 공유한 개체였다. 어미 새가 자신의 목숨을 희생하면서 고양이를 유인할 때 이 행동의 진정한 수혜자는 아기 새가 아니라 어미 새의 DNA다. 이 DNA는 아기 새에 복제되어 있으므로 어미 새의 이런 행동으로 보호를 받는 것이다. 해밀턴은 이 이론이 벌과 개미 군집에서 암컷이 자손을 희생시키고 자매를 보호하는 희한한 행동도 설명해줄 수 있다고 보았다. 벌과 개미는 반수 이배체라는 특이한 재생산 방식을 가지고 있다. 어떤 난자는 정자와 결합되지 않고도 성숙하는데, 이런 난자들은 (희한하게도) 모두 수컷 자손이 된다. 한편 성숙한 수컷과의 생식으로 생긴 난자는 암컷이 된다. 따라서 수컷은 염색체가 한 묶음뿐이고 암컷은 두 묶음이다(수컷은 반수체, 암컷은 이배체여서 반수 이배체라는 용어가 나왔다—옮긴이). 즉 암컷 벌이나 개미는 자신의 자손보다는 자매와 공통 유전자가 더 많다.[6]

해밀턴은 이것이 개미가 음식을 자매에게 나눠주고 자손은 굶어 죽게 두는 이유라고 설명했다. 어떤 개체가 이타적인 행동을 할 확률과 그 행동의 수혜를 입을 개체는 두 개체가 공유하는 DNA의 양으로 계산할 수 있었다. '이타심의 수학'이라 부를 만한 이론이었다.

한두 해 뒤에 미국의 화학자이자 유전학자인 조지 로버트 프라이스George Robert Price는 그러한 행동을 예측하는 공식을 제시했다. '프라이스 방정식'이라고 불리는 이 공식은 부모의 유전 자원과 성공적인 자손의 유전 자원과의 관계를 나타낸다.

$$\bar{w}\Delta\bar{z} = Cov(wi,zi) + E(wi,\Delta zi)$$

여기에서 w는 한 개체의 적합도, z는 특정한 형질이다. 이 방정식은 측정 가능한 어떤 형질에 대해서도 그것이 드러날지 아닐지를 예측하는 데 사용될 수 있다. 진화 생물학자 스티븐 A. 프랭크Steven A. Frank는 이 공식이 '모든 조건하에서 진화적 변화를 나타내는 정확하고 완전한 묘사'라고 언급했다. (이 공식을 내놓은 직후에 프라이스는 기독교에 귀의했고 재산을 모두 가난한 사람들에게 나눠주었다. 그리고 5년 뒤 자살했다.[7])

1976년, 옥스퍼드 대학의 생물학자 리처드 도킨스가 해밀턴의 규칙, 프라이스 방정식, 집단 유전학의 이론들을 하나의 거대 설명으로 엮어 『이기적 유전자』를 출간했다. 인간을 포함해 모든 유기 생명체에 대한 종합적인 과학 이론을 개진한 책이었다. '어떤 행성에서 지적인 존재가 나타났다고 할 수 있을 때는 그것이 자신의 존재 이유를 알아냈을 때다.' 도킨스는 이렇게 시작했다. 그리고 그가 알아낸 이유는 단순했다. 우리가 먹고, 자고, 성관계를 갖고, 생각하고, 글을 쓰고, 우주선을 짓고, 전쟁 기계를 만들고, 남을 위해 희생하는 것은 모두 우리의 DNA를 보존하기 위해서라는 것이다. 도킨스에 따르면 자연 선택은 가장 기본적인 수준인 분자 수준에서 작동하며, 우리의 신체는 유전자를 보호하고 퍼뜨리기 위해 진화했을 뿐이다. 유전자는 자신의 생존을 위해서만 일하는 가차 없이 이기적인 분자들이다.[8]

이는 그다지 위안을 주는 세계관이 아니었고 『이기적 유전자』는 대중의 분노를 샀다. 하지만 도킨스의 결론은 다윈의 자연 선택설을 지난 수십 년간 발달해온 집단 유전학 및 미생물학 연구 성과들과 결합했을 때 논리적으로 도출되는 것일 뿐이었다.

왓슨과 크릭이 DNA를 '발견'하지 않은 것과 마찬가지로, 신체가 유전자를 위한 진화적 도구일 뿐이라는 개념을 도킨스가 맨 처음 생각해낸 것은 아니었다. (어떤 과학책에서는 그렇게 이야기하기도 하지만.) 『이기적 유전자』가 출간되기 1년 전인 1975년, 생물학자 E. O. 윌슨이 (그의 저서 『사회 생물학

sociobiology』 1장에서) '개체는 DNA가 더 많은 DNA를 만들기 위한 수단일 뿐이다'라는 결론을 낸 바 있었다. 하지만 도킨스는 글솜씨가 좋았고 수사법에 능했으며 『이기적 유전자』는 이 개념이 함의하는 바를 일반인과 생명 과학 연구자 모두에게 특히나 명료하게 드러냈다. 진화 생물학자 앤드류 리드 Andrew Read의 말을 빌리면(그는 책이 나올 당시 박사 과정생이었다), '지적인 개요는 이미 존재했지만 『이기적 유전자』는 그것을 공고히 함으로써 간과할 수 없는 것으로 만들었다'.[9]

•

미국의 생물학자 E. O. 윌슨은 도킨스를 막상막하로 따라잡고 있었다. 20년 전에 윌슨은 개미의 복잡하고 정교한 사회적 행동이 화학적 신호에 의한 것임을 입증해 명성을 얻었다. 그때 곤충학자들은 개미가 어떻게 정확한 소통을 하는지 알아내려 애쓰고 있었다. 서로 더듬이를 두드리는가? 서로의 신체를 접촉하는가? 모종의 신호를 발산하는가? 가능성 중 하나는 개미가 화학적 신호를 방출한다는 것이었지만 어떻게 그러는지는 밝혀내지 못한 상태였다. 막 서른이 되고 갓 박사 학위를 받은 윌슨은 개미를 가지고 모든 종류의 이상한 짓을 해보았다. 훗날 그는 이렇게 표현했다. '통제되지 않은 실험들을 … 되는대로 해보면서 뭔가 흥미로운 것을 발견할 수 있는지 보았다.' 한 줄로 행진하는 개미의 방향을 강력한 자석으로 바꾸려 해보기도 하고('개미들은 전혀 관심을 보이지 않았다') 개미 군집을 얼려보고, 두 군집에서 여왕 개미를 서로 바꿔서 다른 종의 개미가 섞일 수 있는지 알아보기도 했다(이것은 효과가 있었다). 또 일개미의 복부에서 내장 기관들을 들어내서(개미의 내장 기관은 실낱보다도 작다) 어느 기관이 그 이론상의 화학적 신호를 방출하는 곳인지 하나씩 알아보았다.[10]

그러던 중, 침 바로 위에 있는 '거의 보이지 않는' 뒤프르 분비선이라는 기관이 양성 반응을 보였다. 이 분비선으로 길을 표시하면 개미들이 개미집에서 쏟아져 나와 그 길을 따라갔다. 페로몬의 존재가 증명된 것이었다. 페로몬은 단지 방향에 대한 지침만 주는 것이 아니라 행동 자체를 강화하고 촉발하고 변화시키는 역량이 있는 화학 물질을 말한다.

그러니까, 동물의 행동은 화학에 달려 있었다. 이는 생명체에 대한 윌슨의 접근 방식에 초석이 되었다. 그의 생각은 '학문적 환원주의'라는 개념으로 발전했는데, 실험으로 입증 가능하고 계산으로 확증 가능한 물리학과 화학이 모든 인간 지식의 기반이 되어야 한다는 생각이었다. 생물학은 이러한 물리와 화학의 기초 위에서 세워지는 학문이었다. 즉 생물학적 법칙은 물리적이고 화학적인 원칙에서 직접적으로 도출되어야 했다. 그리고 사회과학(심리학, 인류학, 동물 행동학, 사회학)은 기저에 있는 '단단한' 과학에 전적으로 의존해서 그 위를 떠다니는 학문이었다.[11]

1960년대 초에 윌슨은 친족 관계인 개체들 사이에서 DNA가 어떻게 보존되는지에 대한 해밀턴의 연구를 알게 되었다. 이 이론은 오늘날 '친족 선택 kin selection' 이론이라고 불린다. 윌슨은 나중에 이렇게 기록했다. '친족 선택설의 독창성과 설명력에 매혹되었다.' (윌슨은 2012년에 펴낸 『지구의 정복자』에서 친족 선택 이론을 폐기하고 집단 선택group selection 이론을 주장했다—옮긴이) 곤충 행동을 계속 연구하는 한편, 윌슨도 도킨스처럼 생화학 연구와 집단 유전학, 친족 선택설, 그리고 자신의 현장 연구를 종합해 두 권의 책을 펴냈고 둘 다 고전이 되었다. 1971년에 나온 『곤충의 사회The Insect Societies』에서 윌슨은 개미 군집이 집단으로서 하나의 개체처럼 행동한다고 설명했다. 개미 군집은 노동을 분업하고 그 안의 개체들은 전체를 위해 자신을 희생한다. 각 개체는 기계의 나사처럼 전체의 일부에 지나지 않는다. 그리고 전체 군집의 행동은 물리적이고 화학적인 요소로 완전히 설명될 수 있다.[12] 1975년에 펴낸 『사회 생물학: 새로운 종합Sociobiology: The New Synthesis』에서는 동일한 주장을 인간 사회까지 포함한 모든 사회로 확장했다. 인간의 행동도 개미의 행동과 마찬가지로 물리적인 필요에 의한 것이지 초월적인 의지에 의해서가 아니라는 것이었다.

> 손에 잡히지 않는 감정이나 동기(증오, 사랑, 죄책감, 공포 등)도 시상 하부와 대뇌변연계의 감정 중추에 의해 제어되고 형성된다. … 그렇다면 우리가 질문해야 할 것은, 무엇이 시상 하부와 대뇌변연계를 만들었는가 하는 것이다. 이것들은 자연 선택에 의해 진화했다. … 시상 하부와 대뇌변연계는 DNA를 영속화하기 위해 만들어진 것이다. [13]

우리는 어떤 때는 후회에 휩싸이고 어떤 때는 이타적인 충동을 느끼며 또 어떤 때는 좌절감을 느낀다. 이것은 우리의 뇌가 (우리가 의식하는 것과는 별개로) 우리 유전자를 잘 보존하는 방식으로 환경에 반응하기 때문이다. 그렇다면 '사회 생물학'은 인간 사회를 전적으로 생물학적 충동의 결과로만 해석하려는 시도인 셈이다. 윌슨은 윤리, 철학, 사회학, 심리학은 모두 진짜 과학에 길을 내어줄 것이며, 그것들은 모두 분자 생물학으로 귀결될 것이라고 예견했다.

> 동물 행동의 양상을 자연주의적으로 연구하는 동물 행동학과 그것의 근접 학문인 비교 심리학이 생물학의 핵심적이면서 통합적인 분야라고들 흔히 생각한다. 하지만 그렇지 않다. 동물 행동학과 비교 심리학 모두 한편에서는 신경 생리학과 감각 생리학에 의해, 다른 한편에서는 사회 생물학과 행동 생태학에 의해 잠식될 것이다. … 미래에는 오늘날의 동물 행동

학과 비교 심리학처럼 임시방편적인 용어와 엉성한 모델이 존재할 수 없을 것이다. 동물 행동의 전체적인 양상은, 첫째로는 뉴런을 분류하고 뉴런의 회로를 재구성하는 신경 생리학의 해석적 적용이라는 틀을 통해서, 둘째로는 분자 수준의 세포적 변환 기제를 파악하는 감각 생리학의 틀을 통해서 설명될 것이다.[14]

윌슨은 '많은 동물 행동학자나 심리학자가 이를 불쾌하게 받아들이지 않기를 바란다'고 덧붙였지만 이는 너무 낙관적인 기대였다. 사회 과학자들, 그리고 상당수의 생물학자들도 (예상 가능한) 분노로 반응했다. 1975년 가을에 스티븐 제이 굴드(윌슨과 마찬가지로 하버드 대학의 교수였다)를 포함한 일군의 과학자들이 윌슨에 반박하는 모임인 '사회 생물학 연구 그룹'를 꾸리고 반박문을 〈뉴욕 리뷰 오브 북스〉에 공개 편지로 게재했다. 그들은 윌슨의 사회 생물학이 결정론적이라고 지적하면서, 인간의 자유 의지와 인간의 선택이라는 요소를 없애버리고 현 상태를 불가피한 것으로 보이게 만들었다고 비판했다.

결정론적 이론들은 … 현 상태와 특정 집단, 특정 성별, 특정 인종, 특정 계급에 대해 존재하는 편견에 유전학적인 정당화 논리를 제공한다. 역사적으로, 강력한 국가와 그런 국가의 지배 계층은 자신의 권력을 이러한 과학계의 생산물을 통해 확장하고 유지하려 해왔다. … 이러한 이론들은 1910년에서 1930년 사이 미국에 있었던 이민 제한법, 단종법, 또 나치 독일이 가스실을 만든 기초가 된 우생학적 정책 등에 활용되었다.

이들은 윌슨의 『사회 생물학』도 이런 종류의 위험한 개념이라고 주장했다.

그 이론의 객관적이고 과학적이라 자처하는 현실 접근은 정치적인 가정들을 가리고 있다. 그러므로 우리는 현 상태를 '인간 본성'의 불가피한 결과라

> 고 방어하는 또 하나의 논리를 보게 된다….
> 윌슨은 사회적 문제들에 대한 책임에서 그들을 면제해줌으로써 그들의 사회 제도들을 지탱하는 데 일조하는 생물학적 결정론의 긴 행렬에 가담했다. 그러한 이론들의 사회적, 정치적 영향들을 과거에 누차 봐온 바, 우리는 이에 대해 강하게 반대해야 한다고 생각했다.[15]

윌슨은 상대편을 마르크스주의자라고 비난했지만, 이 반응은 논의를 그다지 더 진전시키지 못했다.

서로에게 딱지를 붙여가며 비난하는 싸움을 계속하는 한편, 또 다른 생물학자, 생화학자, 유전학자들이 『사회 생물학』 쪽으로 모여들었다. 이후 20년간 윌슨의 새로운 사도들은 또 하나의 과학을 탄생시켰는데, 바로 진화 심리학이다.

윌슨은 『사회 생물학』이 나온 지 3년 뒤에 펴낸 『인간 본성에 대하여』에서 자신의 이론을 방어했다. 『사회 생물학』이 마지막 장을 제외하고는 동물 연구를 다루었다면 『인간 본성에 대하여』는 인간을 집중적으로 다룬 책이었다. '『사회 생물학』의 마지막 장은 사실 책 한 권의 분량으로 쓰였어야 했다. … 이제까지 제기되었던, 그리고 정치적 이념이나 종교적 신념에 의해 앞으로도 제기될 수 있는 주된 반대들에 대해 집중적으로 논하기 위해 … 이러한 다양한 목적을 염두에 두고 『인간 본성에 대하여』를 집필했다.'[16]

『인간 본성에 대하여』는 『사회 생물학』에서 제시했던 '인정하기 꺼려지는' 결론에서 물러나지 않았다. 윌슨은 이렇게 시작했다. '인간은 생존과 재생산을 위한 장치이고 이성은 그것을 위한 여러 기법 중 하나다.' 그다음에 그는 인간이 가장 소중하게 여겨온 특성들도 유전자에서 나온다는 점을 차례로 설명했다. (이를테면, '가장 높은 형태의 종교적 수행은 … 생물학적 이득을 주는 것으로 볼 수 있다', 또 성의 궁극적인 기능인 유전적 다양화에는 성행위가 주는 물리적인 즐거움이 일조한다.) 그리고 윌슨은 이 긴 글의 끝을 과학적 사고에 대한 찬가로 마무리했다.

> (내가 왜 과학적 사고를 종교보다 우월하다고 생각하는지 다시 말하고자 한다.) 과학은 자연 세계를 설명하고 통제하는 데 성공을 거듭해왔고, 또한 과학은 검증할 방법을 고안하고 실행할 수 있는 역량을 가진 모두에게 열려 있다는 점에서 자기 교정 능력을 갖추고 있다. 과학은 신성한 주제와 세속적 주제를 모두 조사할 준비도 되어 있다. 그리고 이제 과학은 전통적인 종교를 진화 생물학의 메카니즘적 모형으로 설명할 수 있는 가능성도 갖게 되었다. … 결국, 진화적 서사는 우리가 가질 수 있는 최상의 신화일 것이다.[17]

제임스 왓슨과 리처드 도킨스처럼 윌슨은 뛰어난 글솜씨를 가지고 있었고 강력한 비유를 구사할 줄 알았다. 『인간 본성에 대하여』는 널리 찬사받고 널리 비난받고 널리 읽혔다. 이 책은 즉시 베스트셀러가 되었고 1979년에 퓰리처상을 받았다.

●

1981년에 스티븐 제이 굴드가 반격을 가했다. 굴드는 윌슨보다 열두 살 아래로, 이미 (나일스 엘드리지Niles Eldredge와 함께) 동일 과정설과 격변설의 중간이라 할 수 있는 단속 평형설punctuated equilibrium을 제안해 진화 생물학계에서 유명했다. 단속 평형설은 생물 종이 본질적으로는 오랜 기간 동일하게 유지되지만 중간중간 상대적으로 빠른 굵직한 변화의 시기를 거친다는 이론이다. 윌슨처럼 굴드도 글솜씨가 좋았다. 일반 독자를 대상으로 하는 잡지 〈자연사〉에 정기적으로 기고했고, 여러 전문 저술을 집필했으며, 두 권의 매우 인기 있는 대중 과학서를 쓰기도 했다.

『인간 본성에 대하여』에 대한 반론인 『인간에 대한 오해』도 윌슨의 책처럼 일반 독자를 대상으로 한 책이다. 이 책에서 굴드는 생물학적 결정론의 한 가지 특정 사례에 대해 집중적으로 강력한 반박을 펴고 있다. 지능을 생화학적으로 규정되는 특질로서 '추상화하는 것', 그것을 (IQ 검사의 확산을 통해) '숫자화'하는 것, 그리고 생물학적으로 결정된 '가치 목록'에 따라 '사람들을 서열화하는 데 이 숫자들을 사용하는 것'에 대한 비판이었다.

이 주장은 단지 IQ 검사를 반박하는 것보다 훨씬 큰 역할을 염두에 두고 개진되었다. 굴드는 윌슨의 책에서 너무 명백히 드러나는 생물학적 결정론과 학문적 환원주의를 반박하고자 했다. 서문에서 그는 이렇게 적었다.

> 『인간에 대한 오해』는 생물학적으로 잘못된 주장이 사회적인 상황에서 부도덕하게 쓰이는 것에 대한 우려를 다루는 책이 아니다. 인간 불평등에 대해 유전적 기초를 제공한다는 가짜 주장 전체에 대한 것도 아니다. (두 번째 부분은 명백히 『사회 생물학』을 타겟으로 삼고 있다.) 그보다, 『인간에 대한 오해』는 인간 집단에 순위를 매길 수 있다고 말하는 '수량적 주장'의 한 형태를 다룬다. 지능을 유의미하게 하나의 숫자로 추상화하여 모든 사람을 내재적이고 바뀌지 않는 지적 가치에 따라 순서 매길 수 있다는 주장 말이다. 다행히도 이 한정된 주제는 (나는 의도적으로 주제를 이렇게 한정하기로 했다) 본성이냐 양육이냐의 어려운 문제 전체와 관련해 가장 근본적이고 광범위한 사회적 영향을 미치는 매우 심각한 철학적 오류와 관련이 있다. … 지난 20년 이상 월간지에 기고를 하면서 알게 된 것이 하나 있다면, 특수한 것을 통해 일반적인 것을 다루는 것이 갖는 강력한 힘이다. [18]

윌슨처럼 굴드도 어떤 사람들에게는 혹평을 받았고(지능의 유전적 기초를 믿고 있던 한스 아인젠크Hans Eysenck는 '내가 읽어본 중 어느 책보다도 한 페이지당 사실 관계의 오류를 많이 발견했다'고 말했다), 어떤 사람들에게는 찬사를 받았다

(1982년에 전미비평가협회상을 받았다). 전선은 둘 다에게 그어졌다.[19]

이 전선은 어느 정도 아직도 계속되고 있다. 21세기에도 (적어도 미국에서) 우리는 진화 과학자들과 창조론자들의 싸움을 접한다. 하지만 생물학적 결정론자들과 결정론을 거부하는 진화 생물학자들 사이의 싸움은 범위가 훨씬 넓고 더 복잡하다. 1997년에 굴드는 그가 '다윈주의적 근본주의'라고 부른 것을 통렬히 비난했다. 다윈주의적 근본주의란 생명의 모든 것을 자연선택을 통해 설명하려는 경향을 말한다. 굴드는 인간을 단지 '성공적인 재생산을 위해 분투하는' 유전자들로만 보는 것은 '지나치게 다윈주의적인 개념으로, 다윈의 독창적 이론이 가진 급진적 의도를 우스꽝스럽게 뒤튼 것이며 논리적으로 오류가 있는 것'이라고 주장했다.[20]

굴드와 지지자들은 그 외에 다른 요인들도 작용한다고 믿었다. 신성한 개입을 말하는 것이 아니라, 다층적이고 중층적인 요인들, 너무나 복잡해서 단순히 유전자의 생존이라는 사실 하나만으로 환원되지 않는 요인들이 작용한다고 본 것이다. 그들은 인간 지능의 생물학적 진화도 분명히 그런 요인 중 하나일 테지만, 그 외에도 다른 요인들이 여전히 작용한다고 보았다. '우리는 유기체의 디자인이나 다양성과 관련해 막대한 복잡성의 세계에 살고 있다.' 암으로 사망하기 얼마 전인 2002년에 굴드는 이렇게 결론내렸다.

> 유기체의 어떤 특징들은 자연 선택의 알고리즘에 의해 진화하고, 어떤 특징들은 자연 선택이 아닌 중립성에 기반해서, 하지만 자연 선택만큼이나 알고리즘적인 작용으로 진화하며, 어떤 특징들은 역사의 우연이 일으키는 변덕에 의해 진화하고, 어떤 특징들은 다른 과정들의 부산물로서 진화한다. 왜 이렇게 복잡하고 다양한 세계가 좁게 설정된 하나의 원인에 항복해야 하는가? 더 중요하고 일반적인 것들, 그리고 더 특수한 것들을 모두

생각해보자. 그러나 이 모든 것은 과학적 이해에 종속되고 모든 것은 이해 가능한 방식으로 작동한다.[21]

• 원서: Richard Dawkins, *The Selfish Gene* (1976)

E. O. Wilson, *On Human Nature* (1978)

Stephen Jay Gould, *The Mismeasure of Man* (1981)

• 한국어판: 『이기적 유전자』 (리처드 도킨스 지음, 홍영남·이상임 옮김, 을유문화사, 2018)

『인간 본성에 대하여』 (에드워드 윌슨 지음, 이한음 옮김, 사이언스북스, 2011)

『인간에 대한 오해』 (스티븐 제이 굴드 지음, 김동광 옮김, 사회평론, 2003)

5

우주로 향하다

Reading The Cosmos

25

알베르트 아인슈타인

상대성

뉴턴 물리학의 한계가 제기되다

우리는 시공간 연속성의 개념을 이보다 더 확장시켜야 한다.

-알베르트 아인슈타인, 『상대성 이론 : 특수 상대성 이론과 일반 상대성 이론』

거의 200년 동안 우주는 뉴턴적이었다. 뉴턴이 제시한 원리들이 우주에 대한 모든 조사와 탐구를 지배했다. 우주에 존재하는 모든 것, 그러니까 태양계와 우리 은하, 그 너머에 있는 은하들과 별들, 그리고 우리의 지구와 지구 위에 있는 모든 것들에 대해서 말이다. 뉴턴적 우주는 모든 곳에서 항상 동일하게 작동하는 보편 법칙을 따르고 있었다.• 중력은 우주의 모든 구석구석에서 동일하게 작용한다. 시간은 모든 곳에서 같은 속도로 흐른다. 운동은 절대적이다. 적어도 이론상으로, 운동은 불변의 고정된 공간('절대 공간absolute space')에 있는 불변의 고정된 점을 기준으로 측정될 수 있다. 우주는 정적이고 무한하다. 우주는 팽창하지도 수축하지도 않는다. (팽창하거나 수축한다면 보편 법칙이 작동하는 방식을 바꿔버리게 될 것이다.) 우주는 영원히 계속된다.

• 뉴턴은 '자연 철학 연구의 규칙' 세 번째에서 '어떤 성질이 실험 가능한 모든 물체가 보편적으로 가진 성질로 입증된다면, 그것은 우주의 모든 물체가 보편적으로 가진 성질이라고 볼 수 있다'고 언급한 바 있다. 12장을 참고하라.

처음부터 간혹 반박이 있긴 했다. 이를테면 『프린키피아』 3판이 나오기 바로 전인 1721년에 수학자이자 철학자인 조지 버클리George Berkeley가 뉴턴이 말하는 '절대적' 공간과 시간의 존재에 대해 의구심을 제기했다. 버클리는 인간은 시간과 공간을 자신의 감각으로 측정할 수밖에 없으므로 모든 운동은 상대적이라고 주장했다. 따라서 운동은 측정자 자신의 위치와 인식에 대한 상대적 값으로 측정되어야 했다. 절대 운동과 절대 공간이 존재한다고 말하는 것은 과학이 측정할 수 있는 범위를 넘어서 논하는 것이며 이는 곧 철학의 영역으로 넘어가는 것이었다. 버클리는 저서 『운동에 관하여De motu』에서 이렇게 지적했다. '자연을 연구하는 사람은 전적으로 그의 경험과 관찰, 그의 운동 법칙, 그의 역학 원리, 그리고 그것들에서 나오는 결론들에만 머물러야 한다. 그 외 문제에 대해 이야기하려면 그에 해당하는 더 고차원의 과학에서 받아들여진 것들을 이야기해야 한다.' 다른 말로, 뉴턴은 공식에만 머물러야 하며 절대적 존재에 대한 질문은 철학이라는 '고차원 과학'의 몫으로 두어야 한다는 것이었다. 버클리는 운동을 '지각 가능한 무언가'로 간주하고 운동에 대해 '상대적인 측정에 만족하자'고 말했다.[1]

하지만 뉴턴의 물리학이 승리했다. 너무나 잘 작동했기 때문이다. 사실 뉴턴 자신이 예상했던 것보다도 잘 작동했다. 뉴턴의 중력 법칙과 운동 법칙들은 천체의 움직임을 놀랄 만큼 정확하게 예측할 수 있었다. 하지만 뉴턴은 태양계에서 작용하는 온갖 중력의 힘들이 너무 복잡하기 때문에(각 천체들이 서로 영향을 미치는데, 각자가 움직이므로 그 영향이 계속해서 달라진다) 그대로 두면 무한히 갈 수 없고 가끔 한 번씩 신이 개입해서 천체들을 섬세한 균형 상태로 되돌리는 '초기화'가 필요할 것이라고 보았다. 또한 그는 이렇게 복잡하기 짝이 없는 체계라면 적어도 최초에 출발시킬 때라도 신의 힘이 반드시 필요했을 것이라고 생각했다. 뉴턴은 1690년대 초에 이렇게 언급했다. '행성들이 태양 쪽으로 가게 하는 하강 운동은 중력이 일으킬 수 있지만, 각자의 궤도에서 공전을 하게 하는 수평 운동을 일으키는 데는 신의 팔이 필요했을 것입니다.' 또 다른 서신에서도 이렇게 언급했다. '중력이 행성들의 운동을 일으켰을 수는 있겠으나 신의 힘이 없었다면 그 운동을 태양 주위를 도는 운동으로 만들지는 못했을 것입니다.'[2]

그러나 『프린키피아』가 나오고 한 세기 후에 프랑스의 수학자이자 천문학자 피에르 시몽 라플라스Pierre Simon Laplace는 뉴턴 물리학이 태양계에서 작동하는 모든 운동을 설명할 수 있을 뿐 아니라 뉴턴 물리 법칙하에서 태양계가 안정적으로 지속될 수 있다는 것을 계산으로 입증하는 작업에 착수했다. 이 작업은 성공했고, 25년에 걸쳐 5권의 책으로 편찬되었다. 나중에 전해진 이야기에 따르면, 나폴레옹 황제(라플라스는 나폴레옹 황제 시절에 짧게 내무장관으로 일한 적이 있다)가 라플라스의 저작 『천체 역학Treatise on Celestial Mechanics』에 신이 언급되어 있지 않음을 비판하자 라플라스는 이렇게 대답했다고 한다. "폐하, 여기에서는 신을 가정할 필요가 없습니다."[3]

이 대화가 실제로 있었든 아니든 간에, 라플라스의 답변에는 진실이 담겨 있었다. 라플라스의 말은 무신론을 선언한 게 아니라 그저 사실을 말한 것일 뿐이었다. 이제 태양계는 주기적으로 시스템을 '리셋'할 신의 개입을 필요로 하지 않았다.

여기에 더해, 라플라스는 시작 시점에도 신의 개입은 필요하지 않았다고 주장했다. 『천체 역학』보다 덜 수학적이고 더 대중적인 저서 『우주 체계론System of the World』에서 라플라스는, 뉴턴의 중력 법칙에 따르면 기체 입자들이 회오리 속에서 서로를 끌어당기며 오늘날과 같은 크고 둥그런 덩어리가 될 때까지 뭉쳐서 태양과 행성이 만들어질 수 있었다고 설명했다. 철학자 임마누엘 칸트도 그즈음 비슷한 가설을 제기한 바 있었다. 너무 거대 이론이어서 증명은 불가능했지만, 뉴턴 법칙에 대한 라플라스의 신뢰와 맥을 같이 하는 가설이었다. 뉴턴 법칙으로 우주를 완전하게 설명할 수 있다고 본 것이다. 뉴턴 법칙 이외에 어떤 다른 원칙이나 설명도 더 필요하지 않았다.[4] 적어도 태양계를 멀리 벗어나서 신비로운 우주로 더 깊숙히 들어가기 전까지는.

•

자연 철학 연구의 세 번째 규칙에서 우주의 모든 물체에 적용되는 보편 원칙을 이야기하긴 했지만 뉴턴은 수학적으로 훌륭하게 맞아떨어지는 그의 역학을 우주의 먼 곳까지 적용하지는 않았다. 그에게 '우주'는 알려진 우주였다. 천체들은 모두 관찰하고, 추적하고, 위치를 짚을 수 있었다. 뉴턴은 이 우주가 무한하다고 생각했다. 유한한 우주라면 중력 때문에 점차 모든 것이 중심으로 끌려 들어올 것이기 때문이다. '(우주가 유한하다면) 우주 밖의 물질은 중력에 의해 안에 있는 물질 쪽으로 당겨질 것입니다. 그 결과, 전체 공간의 가운데로 끌려 들어와서 거대한 구형의 덩어리가 형성될 것입니다.' 반면 무한한 우주에서는 각 물질이 모든 방향으로 동일하게 당겨질 수 있으므로 균형 상태, 정적인 평형 상태stasis를 이룰 수 있다는 것이었다.[5] 만유인력은 천체(별, 행성, 성단 등)들이 무한한 공간에 대체로 균등하게 분포되어야 함을 암시했다. 그런데, 성능 좋은 망원경들이 나오면서 천체들이 촘촘히 붙어 있는 곳, 듬성듬성 비어 있는 곳, 성단을 이루고 있는 곳 등이 계속해서 발견됐다.

게다가 이 천체들은 정적이지도 않았다. 라플라스보다 50년 뒤에, 영국 천문학자 윌리엄 허긴스William Huggins는 별들이 지구로부터 멀어지거나 가까워지고 있음을 발견했다. 앞서 오스트리아 물리학자 크리스티안 도플러Christian Doppler는 소리를 내는 물체에서 나오는 음파의 진동수가 그 물체와 듣는 사람의 거리에 따라 달라진다는 것을 발견한 바 있었다. 얼마 후 프랑스의 아르망 피조Armand Fizeau는 '도플러 효과' 이론을 소리뿐 아니라 빛으로까지 확장했다. 허긴스는 바로 이 빛의 파장에 대한 도플러 효과를 이용해서 (그는 별빛의 파장 변화에 따른 색 변화를 관찰했다) 시리우스(천랑성) 등 어떤 별들은 지구로부터 멀어지고 있으며 어떤 별들은 지구 쪽으로 가까워지고 있음을 밝혀냈다. '분광기로 별빛을 보았을 때, 일반적으로 헤라클레스 자리 반대쪽 별들은 지구로부터 멀어지고 있으며 … 헤라클레스 자리 인근의 별들은 … 지구 쪽으로 접근해오고 있다.'[6]

뉴턴 체계로는 이런 움직임을 설명할 수 없었다. 허긴스가 예기치 못했던 측정치들을 발견하는 동안, 수학자 카를 프리드리히 가우스Carl Friedrich Gauss는 모든 측정치의 기반인 에우클레이데스 기하학을 뒤흔드는 도전을 하고 있었다. 에우클레이데스 기하학은 우주의 모든 것이 3차원(x축, y축, z축. 즉 좌우, 상하, 전후) 안에서 위치가 표시될 수 있다고 가정한다.● 3차원 공간 안에 살고 있는 우리는 직관적으로 에우클레이데스 기하학에 동조하게 된다. 하지만 가우스는 무한한 우주가 3차원 존재인 인간이 쉽게 이해할 수 있는 방식에 따라 존재하지는 않을 것이라고 생각했다. 그는 동료인 하인리히 슈마허에게 보낸 편지에서 '유한한 인간이 일상적인 관찰 방법을 통해서 무한

●············ 가우스의 도전에 대한 수학적 내용은 이 책의 범위를 넘어선다. 비전문가를 위한 책으로 다음을 추천한다. Eli Maor, *To Infinity and Beyond: A Cultural History of the Iinfinite* (Princeton University Press, 1991), pp.108~134.

한 것을 이해할 수 있다고 말할 수는 없다'고 언급했다.[7]

가우스는 평면 기하와 곡면 기하를 연구하며 이 문제에 대해 씨름했다. (구의 곡률이 (면이 3차원 공간상에서 어떻게 배치되어 있는지에 상관 없이) 곡면상의 한 점에서 계산될 수 있음이 나중에 증명됐다. 곡면이기 위해 그 점이 3차원 공간에 둘러싸여 있을 필요가 없는 것이다. 이는 에우클레이데스 기하학과는 매우 다르다.) 하지만 가우스는 새로운 기하학을 에우클레이데스 기하학의 완전한 대안이 될 만큼 수학적으로 일반화해내지는 못했다. 그는 지인에게 보낸 서신에서 '아마도 다음 생에서나 공간의 속성에 대해 지금은 얻을 수 없는 또 다른 통찰을 얻을 수 있을지 모르겠다'고 적었다.[8]

가우스는 몸은 약하지만 성실한 제자 베른하르트 리만Bernhard Riemann에게 이 과제를 넘겼다. 리만은 이 문제에 너무 몰두해서 신경 쇠약까지 왔지만, 몸을 추슬러서 1854년에 괴팅겐 대학에서 자신의 연구를 발표할 수 있었다. 여기에서 리만은 4차원이라는 개념을 제시했다. 4차원은 대수학적으로는 표현이 가능하지만 시각적으로 그려보기는 어렵기 때문에 은유로 설명해야 이해하기 쉽다. 이를 이론 물리학자 미치오 카쿠Michio Kaku가 아래와 같이 멋지게 설명해냈다.

> 리만은 2차원의 생명체가 종잇장 위에 살고 있다고 상상했다. 여기서 획기적인 점은 이 납작벌레들이 구겨진 종이 위에 산다는 것이었다. 그러면 납작벌레들은 자신의 세계를 어떻게 생각할까? 리만은 납작벌레들이 여전히 자신의 세계가 완벽하게 평평하다고 생각할 것이라는 점을 알게 됐다. 납작벌레들의 몸도 함께 구겨졌기 때문에 이들은 자신의 세계가 왜곡돼 있다는 것을 알아채지 못한다. 리만은, 그렇지만 이 벌레들이 구겨진 종이 위를 기어서 움직이려고 하면 어떤 보이지 않는 '힘'이 똑바로 가는 것을 방해한다는 느낌을 받을 것이라고 주장했다. 주름진 곳을 넘어서

갈 때마다 몸이 오른쪽이나 왼쪽으로 쏠리는 느낌을 받으리라는 것이다.[9]

그다음 리만은 2차원 종이를 우리가 살고 있는 3차원 공간으로 바꾸었다. (납작벌레의 2차원 세계가 3차원 방향으로 구부러졌듯이) 우리의 3차원 세계가 4차원 방향으로 구부러졌다고 본 것이다. 우리는 우주가 구겨져 있는 것을 알아차릴 수 없다. 하지만 똑바로 가려 할 때 무언가 이상하다고 느낀다. 보이지 않는 어떤 힘이 우리를 잡아당겨서 술 취한 사람처럼 갈지자 걸음을 하게 만드는 것이다.

이 네 번째 차원의 존재는 에우클레이데스 기하학도, 뉴턴 물리학도, 우주를 실제 모습대로 정확하게 묘사하지는 못하다는 점을 의미한다. 네 번째 차원은 중력, 자기력, 전기력이 물체의 외부에서 작용하는 신비로운 '힘'이라기보다는 네 번째 차원으로 공간이 휘어져서 생기는 기하학적인 효과임을 시사한다. 이는 세계를 보는 매우 새로운 방식이었고 즉각적으로 수학자들의 관심을 끌었다. 이 '힘'들이 어떻게 작용할지를 예측하는 데 필요한 계산이 뉴턴 물리학을 사용할 때보다 훨씬 쉽고 간단해질 것이기 때문이었다. 하지만 계산 결과를 산출해내는 것은 여전히 방대한 작업이었고 리만은 숫자들을 가지고 씨름하다가 1866년에 39세의 나이로 결핵에 걸려 숨졌다. 7년 뒤, 영국의 수학자 윌리엄 클리퍼드William Clifford가 리만이 괴팅겐 대학에서 발표했던, 공간을 구겨버린 논문의 내용을 영어로 번역했고 이것이 〈네이처〉에 실렸다. 클리퍼드는 운동이라는 것 자체도 4차원으로의 구부러짐 효과로 설명할 수 있을지 모른다고 언급했다. '우리가 흔히 물체의 운동이라고 부르는 현상도 사실은 이러한 공간 곡률의 변화일 수 있다.'[10]

이 개념에 대한 수학적 탐구는 물리학자나 천문학자가 실제 세계에 적용하거나 실제의 현상들을 설명하는 데 사용하기에는 너무 앞서 나가 있었다. 하지만 1900년 무렵이면 점점 많은 물리학자들이 뉴턴의 우주가 저물었다고 느끼고 있었다. 남은 일은, 비에우클레이데스적인 새로운 우주를 지배하는 법칙을 알아내는 것이었다.

•

1900년, 취리히 연방 공과 대학에서 막 학위를 받은 알베르트 아인슈타인은 갓 졸업한 사람들이 다 그렇듯이 일자리를 구하느라 어려움을 겪고 있었다. 학계의 연구직을 원했지만 자리가 없었다. 그래서 지인이 스위스 특허청 베른 사무소의 3등 심사관 자리에 면접을 볼 수 있게 도와주겠다고 했을 때 이를 받아들였다. 1902년에 그는 견습 과정인 3등 심사관으로 일을 하게 되었다.[11]

아인슈타인은 이 일에 잘 맞았다. 기질적으로도 그랬고(혼자 있는 것을 좋아하는 조용한 성격이었고, 이 일은 생각할 시간도 많이 가질 수 있었다) 전공과도 잘 맞았다(그의 업무는 전자기 관련 특허들을 심사하는 것이었는데 그는 전자기에 관심이 많았다). 1905년이면 2등 심사관으로 순조롭게 승진할 것으로 기대됐다. 한편 그 와중에 아인슈타인은 전기력, 자기력, 공간, 시간, 운동 등에 대한 논문도 5편이나 썼다. 액체의 입자 운동에 대한 논문도 있었고, 원자의 운동에 대한 논문도 있었으며, 빛의 구성에 대한 논문도 있었고, 에너지를 질량으로 변환하는 공식($E=mc^2$, c는 빛의 속도)을 제시한 논문도 있었다. 아인슈타인은 1905년 6월 30일에 완성한 논문이 특히 관심을 끌 만하다고 생각했다. 제목(「움직이는 물체의 전기 역학에 관하여On the Electrodynamics of Moving Bodies」)은 그리 혁명적으로 보이지 않았지만, 아인슈타인이 지인에게 보낸 편지에서 언급했듯이 이것은 '공간과 시간에 대한 이론을 수정하는' 것이었다.

이것이 나중에 '특수 상대성 이론'이라고 불리게 되는 이론의 첫 탐색이었다. 이 논문에서 아인슈타인은 명백히 상충되어 보이는 두 개의 원리를 융합하려 시도했다. 첫 번째 원리는 갈릴레이 이래로 알려져 있었던 상대성 원리principle of relativity였다. 상대성 원리는 계몽주의적 사고의 시금석이자 고전적인 베이컨적 가정으로, 관련된 모든 기준계에서 물리 법칙이 동일하게 작용한다는 것을 의미한다.

이 논문을 대중적으로 다시 풀어 쓴 글에서 아인슈타인은, 강둑을 따라 일정한 속도로 움직이는 기차를 예로 들었다. 이 기차는 자신의 위치를 강둑에 대해 일정하게 이동시킨다(병진한다). 하지만 동시에 회전을 하고 있지는 않으므로 이를 등속 병진이라고 부른다. (속도는 속력과 방향을 모두 포함하는 개념이다. 따라서 속력이 그대로여도 방향이 달라지면 가속 운동에 해당한다. 특수 상대성 이론은 속력과 방향이 모두 일정한 '등속' 운동을 다룬다—옮긴이) 그리고 까마귀 한 마리가 역시 강둑과 나란히, 일정한 속도로 하늘을 날고 있다. 이것도 또 하나의 등속 병진이다.

강둑에 서 있는 관찰자에게는 까마귀가 하나의 특정한 속력으로 일정하게 한 방향으로 날고 있는 것으로 보인다. 기차 지붕에 서 있는 관찰자에게도 까마귀가 하나의 특정한 속력(그러나 강둑 관찰자에게 보이는 것과는 다른, 더 느린 속력)으로 일정하게 한 방향으로 날고 있는 것으로 보인다. 강둑을 좌표 K, 기차 지붕을 좌표 K′라고 하면 다음과 같이 말할 수 있다.

> 좌표계 K에 대하여 K′가 회전 운동 없이 등속으로 움직이는 좌표계라면 K′에 대해 벌어지는 모든 자연 현상은 K에 대해 따랐던 것과 동일한 자연 법칙을 따른다.[12]

아인슈타인의 기차

두 관찰자 모두에게 까마귀는 같은 방향으로, 그리고 일정한 속력으로 이동하는 것으로 보인다. 까마귀가 움직이는 속력 자체는 두 관찰자에게 다르게 보이지만 말이다.

여기까지는 간단하다. 하지만 물리학의 또 다른 원리가 상대성 원리에 매우 근본적으로 모순된다. 아인슈타인은 '물리학에서 빛이 … 진공에서 … 초당 30만 킬로미터 속도로 직진한다는 법칙만큼 간단한 법칙은 없다'고 언급했다. 진공에서 빛의 속도가 일정하다는 광속 불변의 법칙(공기나 물이나 다른 매개체를 통과할 때는 속도가 느려진다)은 물리학자 앨버트 마이컬슨과 화학자 에드워드 몰리가 1880년대 초에 우연히 발견한 이래 반복적으로 실험을 통해 검증된 법칙이었다. 그래서 아인슈타인은 '이 법칙이 … 믿을 만한 합당한 근거가 있는 것이라고 보자'고 제안한다. 자, 그러면 여기에서 무엇이 문제인가?[13]

기찻길 위가 진공이고 빛이 까마귀와 같은 방향으로 그 위를 달린다고 가정해보자. 상대성 원리에 따르면 둑에 있는 관찰자와 기차 지붕에 있는 관찰자가 보기에 빛은 서로 다른 속력으로 이동해야 한다. (달리는 기차에 있는 사람에게 빛이 더 느리게 가는 것처럼 보여야 한다.) 그런데 이는 빛의 속력이 일정하지 않다는 말이 되므로 광속 불변의 법칙에 어긋난다.

그럼 어떻게 해야 하는가? 상대성 원리와 광속 불변의 법칙 둘 중의 하나를 버려야 한다. 아인슈타인이 지적했듯이 '상대성 원리에 배치되는 실험적 데이터는 없음에도 불구하고', 대부분의 물리학자는 상대성 원리를 버리는 편을 택했다. 하지만 시간과 공간에 대한 개념을 조금만 바꾼다면 둘 다 버리지 않아도 된다.[14]

두 관찰자는 모두 1초당 빛의 속도를 재고 있다. 아인슈타인은 여기에서 달라지는 것은 1초당 가는 속도가 아니라 1초 자체라고 보았다. 우주의 어디에서나 일정하다고 가정되던 시간이 사실 전혀 일정하지 않다는 것이다. 관찰자가 더 빠르게 움직이면 시간은 팽창해서 더 느리게 간다. 그렇다면, 두 관찰자 모두 1초당 빛의 속도를 재고 있더라도 움직이는 관찰자에게는 1초가 더 길다. 시간이 비에우클레이데스적 공간을 만드는 추가적인 차원, 즉 네 번째 차원인 것이다. 이로써 3차원의 에우클레이데스적 공간은 4차원의 시공간이 되었다.

특수 상대성 이론은 중력을 고려하지 않았다. (그래서 '특수' 혹은 '제한적'이라는 이름이 붙는다.) 하지만 이후 10년 동안 아인슈타인은 중력의 문제를 가지고 씨름하면서 중력의 끌어당김을 포함하는 상대성 이론을 만들고자 노력했다. (특수 상대성 이론은 등속 운동이 이뤄지는 관성계를 다루는데 이것을 가속계로 확장한 것이 일반 상대성 이론이다. 아인슈타인은 중력 질량과 관성 질량이 동일하다는 등가의 원리를 통해 중력이 곧 가속도임을 밝혔다. 즉 가속계로 확장했다는 말은 중력을 포함하는 이론으로 확장했다는 의미다—옮긴이)

1916년이 되면 아인슈타인은 리만이 옳았다는 결론을 내린 상태였다. 즉 중력은 힘이 아니라 결과(기하학적 효과)라는 것이었다. 질량이나 에너지의 존재는 (E=mc²라는 공식에 따라 질량이나 에너지 둘 중 하나만 알면 다른 것으로 치환할 수 있다) 시공간(1905년에 특수 상대성 이론으로 성립한 시공간)을 휘게 만든다. 그 휘어진 곡면을 따라 자유롭게 이동하는 물체는 떨어지는 것처럼 보이지만 사실은 시공간의 표면을 따라 '똑바로' 이동하고 있을 뿐이다. (리만의 납작벌레가 구겨진 종이가 아니라 고무공 위에 있다고 생각해보자. 납작벌레는 자신의 세계가 곡면임을 지각하지 못하고, 똑바로 간다고 생각하면서 곡면을 기어간다. 하지만 외부의 관찰자가 보면 납작벌레는 아래쪽을 향해 가고 있다.) 이 이론은 지구 근방에서 가장 육중한 물체인 태양의 영향을 측정하면 입증할 수 있었다. 상대성 이론은 오랜 미해결 문제인 수성의 근일점(태양에 가장 가까운 점) 문제를 해결했다. 수성의 근일점이 공전 방향으로 매년 조금씩 이동하는데, 뉴턴 물리학에서 말하는 행성 사이의 중력만으로 설명하기에는 이동의 크기가 너무 컸던 것이다. 아인슈타인의 새 이론은 이 오차를 설명해낼 수 있었다.

아인슈타인 이론을 검증할 수 있는 방법은 또 있었다. 이 방법은 기존 문제의 해결이 아니라 앞으로 올 현상의 예측과 관련이 있었다. 아인슈타인이 맞다면 별빛이 태양 옆을 지날 때 태양의 질량에 의해 '당겨져야' 한다. 별빛이 태양의 질량에 의해 구부러지는 것이 관찰되어야 하는 것이다.

이것을 확인하려면 일식이 있어야 했다. (평상시에는 밝은 태양 때문에 태양 옆에서 별빛이 휘는 현상을 관찰할 수 없지만 일식 때는 태양 빛이 사라지기 때문에 관측이 가능하다—옮긴이) 『일반 상대성 이론』은 1916년에 출간되었지만 별빛이 구부러질 것이라는 아인슈타인의 예측은 1919년에야 영국 천문학자인 아서 에딩턴Arthur Eddington이 일식 동안 별 사진을 찍어 관측함으로써 확증되었다. 에딩턴의 계산 결과, 별빛은 태양을 지날 때 정확히 아인슈타인이 예측한 만큼 구부러졌다.

『일반 상대성 이론』은 베이컨적 관찰에 한계가 있을 수 있음을 말해준다. 우리가 보는 것이 늘 실제로 그러한 것은 아닐 수도 있는 것이다. 우리의 감각은 우리를 오도하고 속일 수 있다. 물론 감각으로 파악한 관찰들을 무시하는 것은 좋지 않겠지만. 아인슈타인은 20년 뒤에 이렇게 언급했다. '과학은 단지 법칙들의 집합이 아니다. 과학은 자유롭게 발명한 개념과 아이디어들로 인간의 정신을 창조하는 것이다. 물리학 이론들은 실재에 대한 그림을 그리고, 그것을 감각적 인상의 넓은 세계와 연결지으려 노력한다. 따라서 우리가 만드는 사고 구조의 정당성은 우리의 이론이 그러한 연결을 만들고 있느냐, 그리고 어떤 방식으로 만들고 있느냐를 가지고서만 판단할 수 있다.'[15]

에딩턴의 관측은 아인슈타인에게서 일어났던 '정신의 창조', 즉 일반 상대성 이론을 실재의 세계와 연결시켰다. 리먼의 추상적인 기하학 이론은 실제의 감각적 관찰을 설명하기 위해 사용되었다. 물리학은 추상적인 수학을 따라잡았고 실재에 대해 우리가 그리는 그림을 바꾸었다.

• 원서: Albert Einstein, Relativity: *The Special and General Theory* (1916)

• 한국어판: 『상대성 이론: 특수 상대성 이론과 일반 상대성 이론』 (알베르트 아인슈타인 지음, 장헌영 옮김, 지식을만드는 지식, 2012)

『상대성의 특수 이론과 일반 이론』 (알베르트 아인슈타인 지음, 이주영 옮김, 필맥, 2012)

『상대성이란 무엇인가』 (알베르트 아인슈타인 지음, 고중숙 옮김, 김영사, 2011)

『상대성 이론 / 나의 인생관』 (알베르트 아인슈타인 지음, 최규남 옮김, 동서문화사, 2008)

『상대성 이론』 (알베르트 아인슈타인 지음, 김종호 옮김, 미래사, 1992)

26

막스 플랑크 • 에르빈 슈뢰딩거

'빌어먹을 양자 도약'

불연속적인 경로의 존재를 발견하다

양자는 … 물질의 새로운 상태를 예고하면서 … 우리의 물리적 개념을 완전히 바꾸는 … 근본적인 역할을 물리학에서 하게 될 것입니다.

-막스 플랑크, 「양자 이론의 기원과 발전」

양자 이론이 드러낸 위대한 계시는 연속성 외에는 어떤 것도 불합리해 보였던 자연계의 맥락에서 불연속성의 특징들이 발견되도록 한 것이다.

-에르빈 슈뢰딩거, 『생명이란 무엇인가?』

알베르트 아인슈타인은 새로운 개념을 만들어내는 능력이 뛰어났다. 눈에 보이지 않는 공간의 휘어짐을 생각해낼 수 있었고, 3차원의 현실과 매우 달라 보이는 시공간 연속성을 개념화할 수 있었으며, 시간이 정지에 가까울 만큼 느리게 가는 세계를 상상할 수 있었다.

그런 아인슈타인도 양자 도약은 감당하기 어려웠다. 평소 친분이 있던 막스 보른이 양자 역학으로 노벨상을 타고 얼마 뒤에 보낸 편지에서 아인슈타인은 이렇게 말했다. '나는 그것을 진지하게 믿을 수 없습니다. 이 이론은 '유령 같은 원거리 효과들' 없이는 물리학이 시간과 공간의 실재를 드러내야 한다는 원칙에 맞지 않습니다.'[1]

•

'유령 같은 원거리 효과들'은 20세기 초에 발달한 양자 물리학의 광범위한 영역 중 한 분야에 불과하다. 하지만 모든 양자 물리학은 같은 뿌리에서 나왔는데, 원자의 성질에 대한 화학자들과 물리학자들의 연구였다.

원자론을 최초로 제기한 사람은 고대 그리스 철학자인 레우키포스와 데모크리토스였다. 이들은 모든 물질은 눈에 보이지 않는 작은 입자로 구성되어 있다고 주장했다. 이 입자를 아토모스atomos라고 불렀는데 '더 이상 나눌 수 없는 것'이라는 뜻이다. 증명은 할 수 없었으므로 원자설은 많은 가설 중 하나로 남아 있었다. 17세기에는 로버트 보일이 실험을 통해 중세판 원자론이라 할 수 있는 소립자설을 제기하기도 했다(11장을 참고하라). 하지만 화학자 존 돌턴John Dalton이 확신을 가지고 원자설을 개진하게 된 것은 150년이 더 지나서였다. 달턴은 수많은 학자들(조지프 블랙, 헨리 캐번디시, 조지프 프리스틀리, 앙투안 라부아지에 등)이 수행한 기체 실험 결과들을 토대로, 원자는 나뉠 수 없고, 서로 다른 원자는 서로 다른 질량을 가지며, 한 가지 유형의 원자로만 이뤄진 물질은 '원소'이고, 상이한 유형의 원자들이 결합해서 화합물을 만든다고 주장했다.

달턴이 생각한 원자는 내부에 다른 구성 요소 없이 겉과 속이 모두 동질적인 단순 물질이었다. 하지만 19세기 말에 여러 물리학자들(케임브리지의 조지프 톰슨, 라이덴의 피터르 제이만, 본의 발터 카우프만, 쾨니히스베르크의 에밀 비헤르트 등)이 음극선cathode ray(진공 상태의 유리관에 전압을 걸었을 때 나오는 빛) 현상을 가장 잘 설명하려면 원자 안에 (음으로 대전된) 더 작은 입자가 있어야 한다는 이론을 세웠다. 아일랜드 물리학자 조지 스토니와 그의 조카 조지 피츠제럴드는 이 더 작은 입자에 전자라는 이름을 붙였다. 전자는 음의 전하를 나르는 가장 기본적인 전자적 단위를 의미한다.

교과서에서는 흔히 이것을 '전자의 발견'이라고 언급하지만 사실 전자를 '발견'한 것은 아니었다. 과학 철학자 테오도어 아라바치스Theodore Arabatzis가 언급했듯이, 벌레나 암석과 달리 원자는 '관찰 가능한' 것이 아니었고, 전자의 존재에 대한 논란의 여지 없는 증거는 여전히 존재하지 않았다. (원자에 대해서도 마찬가지였다.) 원자 이론은 관찰되는 현상들(이를테면, 태양 곁을 지날 때 별빛이 휘어지는 현상)을 기저의 원인에 대한 이론을 세워서 설명하려는 시도였다. 이런 이론들은 매우 가설적이었기 때문에, 그 이론으로 구성한 모델이 실제 관찰되는 현상을 얼마나 잘 예측하느냐에 따라 의미가 부여될 수는 있었지만 프랜시스 베이컨이 만족할 법한 방식으로 증명될 수는 없었다. 훗날 양자 이론을 개척한 이론 물리학자 막스 플랑크Max Planck도 20세기 초에는 전자의 존재에 대해 의구심을 갖고 있었고 여전히 '이 이론에 대해 완전한 확신'은 갖지 못하고 있었다.[2]

그런데 이후 10년 동안 원자 이론에 기반한 계산들이 놀랍도록 정확한 결과들을 산출하기 시작했다. 1905년에 아인슈타인은 한 논문(「열의 분자 운동으로 본, 정지된 액체 안에 있는 작은 입자들의 운동에 관하여On the Motion of Small Particles Suspended in Liquids at Rest, Required by the Molecular-Kinetic Theory of Heat」)에서 물에 떠 있는 입자들의 운동(1827년에 이 운동을 처음 관찰한 로버트 브라운Robert Brown을 따서 '브라운 운동Brownian motion'이라고 불린다)을 예측하는 수학 공식을 만들었다. 물에 떠 있는 입자들의 운동은 명백히 무작위적인 운동으로 보였지만, 가설적인 '원자'의 운동과 관련지어서 그 움직임을 예측하는 공식을 만들 수 있었던 것이다.•

아인슈타인의 계산은 물질 안에 들어 있는 원자 개수를 추정하는 것을 이론상으로 가능하게 했다. 하지만 아인슈타인의 수치들이 실험으로 검증된 것은 1908년이 되어서였다. 프랑스 물리학자 장 페랭이 두 개의 실험을 통해 검증했는데, 이 연구로 페랭은 노벨상과 아인슈타인의 감사 인사를 받았다. 아인슈타인은 이듬해 페랭에게 이렇게 감사의 말을 전했다. '당신이 이 주제를 연구했다는 것은 정말 행운입니다.' 페랭의 연구 이후 대부분의 물리학자들이 원자의 존재가 더 이상 가설이 아니라고 인정하게 됐다. 프랑스 물리학자 앙리 푸앵카레Henri Poincare는 이렇게 언급했다. '원자 가설은 최근에 충분한 확실성을 획득해서 이제 단순한 가설이 아니게 되었다. 수량을 셀 수 있으므로, 원자가 더 이상 유용한 허구가 아니라 근거를 가진 존재임을 합당하게 주장할 수 있게 되었다.'[3]

그다음에 풀어야 할 문제는 원자의 구조였다. 조지프 톰슨Joseph Thomson은 (증거는 전혀 없는 채로) 원자가 건포도 푸딩 같은 구조일 것이라고 생각했다. 전자(톰슨은 '미립자corpuscle'라고 불렀다)들이 푸딩 속의 건포도처럼 원자 공간 안에 균등하게 흩뿌려져 있을 것이라고 본 것이다. 문제는, 원자는 전기적으로 중성인데° 전자는 모두 음의 전하를 갖고 있다는 사실이었다. 톰슨이 이 문제로 고전했음이 그의 글에 잘 드러나 있다. '중성적인 원자 안에 미립자(전자)들이 자리를 잡을 때, 미립자들이 펴져 있는 공간에 그것들이 가진

●............ 아인슈타인의 계산은 분자의 운동에 대한 것이었지만 그의 결론은 원자 이론과 직접적으로 연관된 '아보가드로수Avogadro's Number'와 '볼츠만 상수Boltzmann's Constant'와 관련이 깊다. 아보가드로수는 주어진 물질에 들어 있는 원자의 수를 셀 수 있게 해주고 볼츠만 상수는 그러한 원자들이 나르는 열에너지의 양을 구할 수 있게 해준다. 상세한 설명은 다음을 참고하라. John S. Rigden, *Einstein 1905: The Standard of Greatness* (Harvard University Press, 2005), 57ff.

○............ 완전히 맞지는 않다. 모든 원자가 전기적으로 중성인 것은 아니다. 하지만 톰슨은 그렇다고 믿었기 때문에 다음의 결론을 낼 수 있었다.

음의 전하량과 정확히 동일한 만큼의 양의 전하량을 가진 듯이 작용하는 무언가가 있어서 미립자들의 음전하량을 상쇄하는 것 같다.'[4]

이 문제에 대해 장 페랭은 원자 안에 전자 말고 또 다른 종류의 입자가 있을 것이라고 추측했다.

> 각 원자는 안에 한편으로는 하나 혹은 여러 개의 양전하를 띤 물질을 갖고 있고(양전하를 띤 태양처럼 그것의 전하량은 입자(전자) 하나가 갖는 전하량보다 훨씬 클 것이다), 다른 한편으로는 음전하를 띤 수많은 입자들이 있어서 전기적 힘의 영향으로 행성처럼 양전하 물질 주위를 공전할 것이다. 음의 전하량 전체는 정확하게 양의 전하량 전체와 같아서 원자는 전기적으로 중성일 것이다.[5]

태양계는 매력적이고 강력한 은유였다. 톰슨이 말한 알 수 없는 '무언가'가 양전하를 띤 핵이고 그 주위를 전자들이 돌고 있다는 가설은 매우 합당해 보였다. 하지만 페랭은 이것이 여러 가능한 모델 중 하나에 불과하다는 것을 알고 있었다. 아직 실험과 검증이 이뤄지지 않은 가설이었다.

독일의 젊은 물리학자 한스 가이거Hans Geiger가 그 양전하를 띤 핵을 찾을 수 있는 방법을 알아냈다. 가이거는 두 명의 연구자(저명한 원로학자 어니스트 러더포드(이 책의 16장에서 방사성 연대 측정법을 이야기할 때 등장한 바 있다)와 젊은 물리학도 학생 어니스트 마스던Ernst Marsden)와 함께 붕괴 중인 원소에서 방출되는 입자를 셀 수 있는 장치를 개발했다. 이 '가이거 계수기Geiger counter'는 방출되는 방사선 입자의 양을 측정할 수 있었다. 그런데, 실험을 하던 중 (러더퍼드는 금 박편에 양으로 대전되어 있는 알파 입자를 쏘아서 금 박편을 지나간 알파 입자의 궤적을 추적하는 실험을 고안했다) 가이거와 마스덴은 희한한 현상을 발견했다. 입자가 박편을 그대로 통과해 가지 않고 방향을 바꾸는 경

러더퍼드의 원자

우가 있었던 것이다.

실험 결과를 검토한 러더퍼드는 '매우 놀랐다'. 금 박편 원자의 내부에 무언가가 있어서 충돌한 입자를 튕겨 나가게 만든 것 같았다. 톰슨의 건포도 푸딩 모델이 맞다면 발사된 알파 입자들은 총알이 푸딩을 그냥 통과하듯이 뚫고 지나가야 한다. (건포도 푸딩처럼 원자 전체에 골고루 양전하가 퍼져 있어서 원자 내부가 전기적 중성으로 균형을 이루고 있다면 알파 입자는 원자와 전기적 상호 작용 없이 그냥 금 박편을 통과해야 한다. 알파 입자 산란 실험에 대해서는 다음을 참고하라. 『신의 입자를 찾아서』(이종필, 마티, 2015), pp.73~76—옮긴이) 러더퍼드는 원자가 전자보다 무거운 무언가를 포함하고 있으며 그 무언가는 발사된 입자들의 방향 전환을 설명하기에 충분할 만큼 크기가 클 것이라고 생각했다. 1911년에 발표한 논문에서 러더퍼드는 '중심부에 음전하량과 동일한 만큼의 양전하를 띤 채로 뭉쳐 있는 구형의 무언가가 있다'고 주장했다. 이 '러더퍼드의 원자' 모델로 러더퍼드는 발사된 입자의 움직임을 잘 예측할 수 있었고, 이는 원자 안에 핵이 있으며 그 주위를 전자가 돌고 있다는 증거가 될 수 있었다.[6]

간결하고 직관적으로 이해가 가는 모델이었다. 더할 나위 없이 훌륭하게 플라톤적인 요소도 가지고 있었다. 우주의 가장 작은 입자가 거대한 천체의 움직임을 거울처럼 닮은 것이다. 한 세기가 지난 오늘날에도 러더퍼드의 원자 모형은 화학을 배우는 학생들이 가장 먼저 배우는 그림이다. 하지만 이것은 약간 틀린 모형으로 판명되었다.

●

10년 전, 물리학자 막스 플랑크는 '흑체 복사blackbody radiation'라고 불리는 현상을 놓고 연구를 하고 있었다. 흑체는 표면에 이르는 빛을 모조리 흡수하는 물체인데 그것을 가열하면 빛을 낸다. 흑체에서 나오는 빛의 움직임(빛의 파장, 에너지, 흑체의 온도 등)을 정확하게 예측하려면 에너지의 특성을 알아야 했다.[7]

알려져 있던 모든 물리 이론에 따르면 에너지는 파동이었다. 즉 에너지는 부드럽고 균일하게 방출되어 나와야 했다. 하지만 플랑크의 계산이 맞아떨어지려면 흑체에서 에너지가 부드러운 파동으로 나오는 것이 아니라 맥박 치듯이 덩어리로 나와야 했다. (플랑크는 이러한 가설적인 덩어리를 '양자quantum'라고 불렀는데, 수량을 뜻하는 라틴어 콴투스quantus에서 따온 것이다.) 에너지를 연속된 파동이 아니라 이산적인 입자로 취급하면 흑체 복사의 움직임과 성질을 완벽하게 설명하는 공식을 만들 수 있었다. (이 공식에 도입된 비례상수를 플랑크 상수Planck constant라고 부른다.)●

하지만 플랑크는 이 해법이 그리 만족스럽지 않았다. 양자 하나가 바위만

●············ 플랑크의 연구에 대한 전문적인 설명은 다음을 참고하라. Bruce Rosenblum and Fred Kuttner, *Quantum Enigma: Physics Encounters Consciousness*, 2nd Ed. (Oxford University Press, 2011), 55ff.

한 크기라면 우리는 부드럽게 앞으로 나아가는 방식이 아닌, 뜀뛰기(도약)를 하는 방식으로 나아가는 바위를 보게 될 터였다. 이런 식의 움직임은 물리학과 역학의 가장 기본적인 원리들과 상충하는 것 같았다. 30년 뒤, '양자 도약'의 공식을 연구하던 시절을 회고하면서 플랑크는 지인에게 보낸 편지에 이렇게 적었다. '내가 한 일은 그저 절망의 행동이었다고 말할 수 있습니다. … 고전 물리학은 이 문제에 해법을 주지 못하는 것이 명백해 보였습니다. 그래서 물리 법칙에 대해 전에 확신하고 있었던 모든 것을 희생할 준비가 되어 있었습니다.' 그래도 그는 더 만족스런 해결책을 찾기 위해 계속 노력했다. 그에게 양자는 '순전히 형식적인 가정'이었다. 마법사가 모자에서 토끼를 꺼내기 위해 장치를 만들듯이, 정확한 답을 꺼내기 위해 만든 수학적 장치였던 것이다. 수 세기 전의 과학자들처럼 플랑크도 '현상들을 구제하고' 있었을 뿐이다.[8]

4년 뒤 1905년, 아인슈타인은 그해에 펴낸 여러 편의 논문 중 하나에서 플랑크의 작업을 이용해 전에는 파악하기 어려웠던 빛의 성질 몇 가지를 설명했다. 나중에 아인슈타인은 이렇게 언급했다. '양자 이론의 중심 개념을 한 문장으로 표현해야 한다면 이렇게 말할 수 있다. 이제까지 연속이라고 여겨졌던 어떤 물리량이 실제로는 양자로 구성되어 있다고 가정해야 한다.' 1905년에 아인슈타인은 어쩌면 빛도 연속적인 파동이 아니라 불연속적인 덩어리로 구성되어 있을지 모른다는 이론을 제시했다.[9]

플랑크처럼 아인슈타인도 양자를 이론적인 고안물로 취급했다. 물리적 실재라기보다는 기술적인 장치로 본 것이다. 하지만 양자 이론이 설명해내는 현상이 점점 많아지면서 양자는 점점 더 실재처럼 보이기 시작했다.

1913년에 젊은 덴마크 물리학자 닐스 보어Niels Bohr가 원자 수준의 수수께끼 하나를 양자 이론의 도움으로 해결했다. 이 수수께끼는 러더퍼드 모형의 안정성에 대한 것이었다. 앞서 보았듯이 러더퍼드 모형에서 전자들은 마치 행성처럼 핵 주위를 공전한다. 이 모형에서는 만약 행성(전자)이 태양(원자핵)을 도는 원운동을 하다가 에너지를 잃게 되면 (원래 궤도에 계속 있지 못하고) 나선형을 그리며 점점 가운데로 가다가 결국 핵에 들러붙어서 궤도가 무너지게 된다. 그런데, 어떻게 해서 원자가 에너지를 방출할 때(가령 수소 원자가 광자라고 부르는 빛 입자를 방출할 때처럼)도 전자들의 궤도가 무너지지 않는 것인가?

이를 설명하기 위해 보어는 전자의 궤도가 연속적으로 존재하는 것이 아니라 양자화되어 있다고(즉 일정한 거리씩 궤도가 띄엄띄엄 존재한다고) 보았다. 따라서 전자는 궤도를 바꿀 때 나선을 그리며 부드럽게 나아가지 않고 떨어져 있는 궤도로 뜀뛰기를 해서 움직이게 된다. 가령 수소 원자가 광자를 방출하면 전자는 에너지를 잃는다. 하지만 그 전자는 회오리 모양을 따라 안쪽으로 옮겨가지 않고 낮은 에너지 준위의 궤도로 뜀뛰기를 해서 옮겨간다. 그 궤도에서 다시 전자는 안정적으로 공전을 한다. 높은 에너지 준위의 궤도와 낮은 에너지 준위의 궤도 사이의 차이는 계산으로 구할 수 있었고 이것은 원자가 방출하는 에너지의 양과 정확히 일치했다.[10]

아인슈타인은 보어의 계산 결과에 찬사를 보냈다. 그런데 이후 10년 동안 아인슈타인을 포함해 많은 물리학자들이 양자 역학이 시사하는 희한한 점들을 점점 많이 깨닫게 되었다. 예를 들면, 새로운 '보어-러더퍼드 모형'에서 전자는 연속적인 궤적을 따라 부드럽게 이동하지 않고 띄엄띄엄 떨어진 궤도로 '도약'한다. 그렇다면, 그 '도약'을 하는 동안에는 전자가 … 어디에도 존재하지 않는 셈이 된다.

이 도약의 문제는 기존의 물리적 문제를 양자 이론으로 해결하려 할 때 생겨나는 수많은 역설 중 하나일 뿐이었다. 양자 이론은 1922년 노벨상 수상자 플랑크가 말했듯이 '물리적 개념을 완전히 바꾸고' 물리학 세계를 막대하게 뒤흔들 잠재력을 갖고 있었다.[11]

•

1926년 10월, 오스트리아 물리학자 에르빈 슈뢰딩거Erwin Schrodinger는 보어의 고향인 코펜하겐을 방문해서 '물리학 세계를 막대하게 뒤흔드는' 양자 이론에 대해 이야기를 나눴다.

보어보다 두 살 아래인 슈뢰딩거는 경력의 정점에 있는 저명한 학자였다. 베를린 대학에서 막스 플랑크를 이어 물리학 이론을 가르칠 예정이었고, 막 자신의 양자 이론을 출판한 차였다. 그의 양자 이론은 물리적 현상을 묘사하는 데에 파동성을 버리지 말자는 주장을 담고 있었다. 슈뢰딩거는 양자 이론이 가진 문제 해결 능력을 높이 사긴 했지만 파동이 아닌 입자로만 해석하는 이론은 받아들이기 어려웠다. 파동성을 배제하면 전자는 어떤 분명한 경로, 즉 공간상에서 이동하는 궤적을 가질 수 없었다. 그러면 전자는 체셔 고양이(『이상한 나라의 앨리스』에서 나타났다 홀연히 사라지는 기묘한 고양이–옮긴이)처럼 다음 장소를 예측할 수 없이 나타났다 사라졌다 하게 될 터였다. 슈뢰딩거는 파동성을 고려하지 않으면 물리학은 현실과, 전기 역학의 법칙과, 그리고 무엇보다 우리의 경험과의 접점을 찾을 수 없게 된다고 보았다.

하지만 보어도 자신의 견해를 양보하지 않았다. 보어에게 (원자 수준에서 벌어지는) 양자 도약과 일상의 경험을 규율하는 물리학은 별개였다. 양자 도약은 직접적으로 경험되는 것은 아니었지만 그렇다고 덜 실재인 것은 아니었다. 당시 보어의 조교였던 독일의 젊은 물리학자 베르너 하이젠베르크Werner Heisenberg에 따르면, (보어와 논쟁을 하던) 슈뢰딩거는 낙담해서 이렇게 말했다고 한다. '만약 우리가 이 빌어먹을 양자 도약을 참아야만 한다면 나는 양자 이론과 조금이라도 관련을 가졌던 것이 유감스러울 것입니다.'[12]

슈뢰딩거는 양자 도약의 무작위성과 불확실성에 맞서기로 마음먹으면서 집으로 돌아왔다. 한편, 하이젠베르크는 코펜하겐에서 양자 도약을 더 잘 파악할 수 있는 방법을 연구하고 있었다. 하이젠베르크는 양자 도약이 이뤄진 이후의 도착 지점을 확실하게 계산하는 것은 불가능하다고 결론내렸다. '우리는 양자 입자가 다음 번에 정확히 어디에 나타날지 예측할 수 없다. 우리가 알 수 있는 것은 어느 지점에 나타날 확률뿐이고, 새 위치를 확실히 알 수 있게 되는 것은 입자가 실제로 관찰되었을 때다. 하지만 여기에도 문제가 있다. 입자를 측정할 수 있을 만큼 정밀한 도구는(이를테면 전자 현미경은 튀어나오는 전자 입자를 포착할 수 있다) 관찰이 이뤄지는 순간 새 위치에 등장한 입자를 다시 건드리게 되므로 입자의 경로가 또다시 바뀌게 된다. 요컨대, 어느 하나의 시점에 전자가 존재할 하나의 지점을 정확하게 측정하는 것은 불가능하다.'

이 결론을 수학적으로 표현한 것이 '하이젠베르크의 불확정성 원리Heisenberg Uncertainty Principle'다.[13]

하이젠베르크는 분자보다 큰 물체에 대해서는 불확정성이 극히 작다는 점을 잊지 않고 덧붙였다. 사실 극히 작은 것보다도 더 작아서, 분자보다 큰 물체에서는 본질적으로 불확정성이 존재하지 않는다. 불확정성은 원자 이하의 수준에서만 우리가 물질 세계를 이해하는 데 영향을 미친다. 수소 원자핵의 주위를 도는 전자는 예기치 않은 뜀뛰기를 할지 모르지만 언덕에서

아인슈타인의 고무관

풀을 뜯는 염소는 예기치 않게 사라져버리지 않는다.

하지만 이는 슈뢰딩거를 만족시키지 못했다. 그는 시간과 공간 속을 예측 가능하게 움직이는 실재가 있어야 한다는 생각을 고수했다. 그 해법으로 (보어와 하이젠베르크가 발전시킨 '행렬 역학'에 대해) 대안적인 양자 이론인 '파동 역학wave mechanics'을 제시했다. 파동 역학은 보어와 하이젠베르크의 양자 이론이 기반하고 있는 개념을 뒤집은 것이었다. 슈뢰딩거는 이렇게 생각해 보기로 했다. 만약 전자의 설명 불가능한 운동이 '파동이 사실은 입자여서'가 아니라 '입자가 사실은 파동이어서'라면 어떻겠는가? 전자가 입자가 아니라 파동의 어떤 특정한 국면을 드러내는 것이라면 어떻겠는가?

나중에 아인슈타인은 고무관을 비유로 들어 파동 역학을 설명했다.

> 매우 긴 고무관의 한쪽 끝을 쥐고 (혹은 매우 긴 용수철의 한쪽 끝을 쥐고) 리드미컬하게 위아래로 흔든다고 생각해보자. 그러면 … 특정한 속도로 퍼져 나가는 파동을 일으키게 된다. … 그다음에, 고무관의 양쪽 끝을 팽팽하게 고정시켜놓았다고 생각해보자. … 이제 한쪽 끝에서 파동을 일으키면 어떻게 되겠는가? 앞 사례에서처럼 파동은 여행을 시작할 것이다. 하지만 곧 다른 쪽 끝에서 반사 파동이 반영될 것이다. 이제 우리는 두 개의 파동을 갖게 된다. 하나는 한쪽 끝에서 일으킨 위아래 운동에 의해서, 다른 하나는 다른 쪽 끝에서의 반사에 의해서. 이 두 파동은 반대 방향으로 움직이면서 서로를 간섭한다. 두 파동의 간섭을 따라가면서 그 중첩의 결과로 발생하는 하나의 파동을 발견하는 것은 어렵지 않을 것이다. 이런 파동

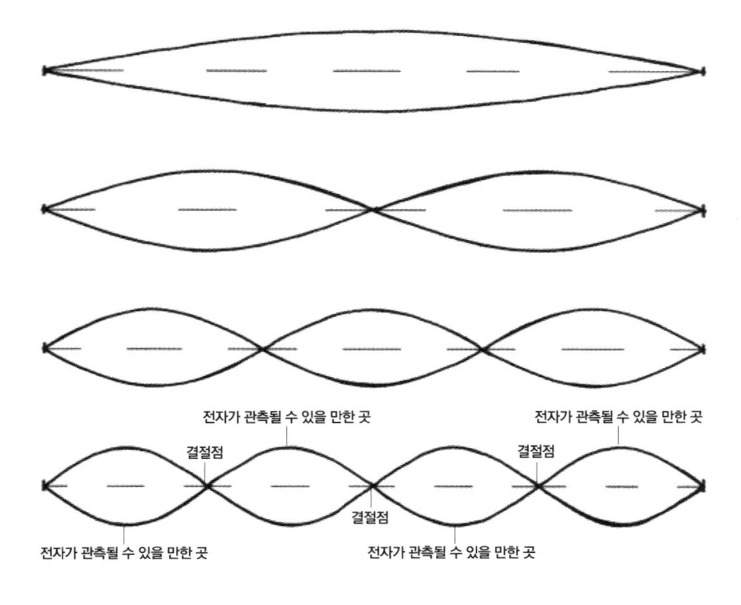

아인슈타인의 파동

을 정상파standing wave라고 부른다.[14]

정상파는 두 파동이 서로를 상쇄시키는 결절점을 갖는다. 슈뢰딩거는 전자가 분절적인 입자가 아니라 파동 형태로 움직이며, 다만 결절점과 가장 거리가 먼 곳에서만, 즉 파동이 높은 곳에서만 우리 눈에 (마치 분절적인 형태인 것처럼) 관찰될 뿐이라고 보았다.

수학적으로 슈뢰딩거의 파동 역학과 보어의 양자 도약(행렬 역학)은 거의 같은 결과물을 산출한다. 이 둘의 차이는 기본적으로 철학적인 것이다. 슈뢰딩거의 파동 역학도 어느 특정 시점의 전자의 위치를 보어의 양자 도약보다 더 확실하게 예측할 수 있지는 않다. 하지만 슈뢰딩거는, 비록 관찰 가능하지 않다는 점은 양자 도약이나 매한가지라 해도, 실제의 세계에서와 비슷하게 움직이는 작동 기제를 설명했다. 이 점에서 슈뢰딩거는 막스 플랑크 및 알베르트 아인슈타인과 같은 편에 있었다. 아인슈타인은 평생 '코펜하겐 해석Copenhagen interpretation'에 의구심을 보였고 식별 가능한 물리적 원인을 갖지 않는 '유령 같은 원거리 효과'를 미심쩍어했다. ('코펜하겐 해석'은 보어와 하이젠베르크가 양자 역학의 해석을 체계화한 것이다. 분자 이하 수준의 미시 세계와 일상의 세계를 나누어 생각하며, 미시 세계를 규정하는 '확률'을 그 자체로 '실재'로 본다. 즉 코펜하겐 해석은 미시 수준에서의 불확정성이 측정 기법이 아직 정밀하지 못해서 발생하는 것이 아니라 미시 세계의 본래적 특성이라고 보았다. 반면 아인슈타인은 확률로밖에 알 수 없는 불확정성은 그것 자체가 실재여서가 아니라 확실한 실재를 측정할 방법이 아직 없기 때문에 존재하는 것이라고 보았다. 다음을 참고하라. 『우주의 구조』(브라이언 그린 지음, 박병철 옮김, 승산 2014), p.730, 『신의 입자를 찾아서』(이종필 지음, 마티, 2015), pp.113~141—옮긴이)
아인슈타인은 슈뢰딩거의 1935년 논문 「양자 역학의 현 상태The Present Situation in Quantum Mechanics」를 읽고 동의를 표했다. 이 논문에서 슈뢰딩거는 '코펜하겐 해석'의 불합리성을 짚어내기 위해 다음과 같은 사고 실험을 제시했다.

> 고양이 한 마리가 쇠로 된 상자에 갇혀 있다고 생각해보자. 그리고 (고양이의 발이 닿지 않는 곳에) 다음과 같은 장치가 함께 들어 있다고 생각해보자. 가이거 계수기 안에 작은 방사성 물질 조각이 있다. 너무 작아서 한 시간에 원자 하나 정도가 붕괴할 것이다. 하지만 동일한 확률로 원자가 붕괴하지 않을 수도 있다. 만약 원자가 붕괴하면 계수기의 튜브가 풀리고 망치가 떨어지며 그 망치가 수소산이 든 플라스크를 깨뜨리게 된다고 해보자. 그리고 상자를 닫고 한 시간을 놓아둔다고 하자. 일반적으로는, 이 상황을 '그 동안에 원자가 하나도 붕괴되지 않았다면 고양이가 살아 있을 것'이라고 서술할 것이다. 그런데 파동 함수는 이를 두고 '상자 안에 살아 있

는 고양이와 죽은 고양이가 섞여 있거나 문대어져 있다(표현을 용서하시길)'
고 서술할 것이다.

원자 수준의 미시 영역에만 한정되어 있던 불확정성을 거시 규모의 불확정성으로 확장하면 이렇게 된다. 고양이는 (살아 있는 상태와 죽어 있는 상태가 섞여 있는 상태로 존재하다가) 직접 관측을 할 때만 어느 한쪽 상태로 결정난다는 것이다. 이는 '섞여 있는 모델'이 실재를 합당하게 나타낸다고 너무 쉽게 받아들이면 안 된다는 것을 의미한다. 실재 자체는 불명확함이나 모순을 담고 있지 않을 것이다. 초점이 안 맞아서 흐릿한 사진과 안개가 낀 광경을 찍은 사진은 다른 것이다. [15]

슈뢰딩거는 양자 이론이 '원자 이하' 수준에서만 적용된다고 편리하게 구분해버릴 수는 없다고 보았다. 원자 이하의 수준에서 양자 이론이 시사하는 바는 나머지 실재에 대해 시사하는 바와 같아야 한다는 것이다.
아인슈타인도 이에 동의했다. 이 논문을 읽고 아인슈타인은 슈뢰딩거에게 편지를 보냈다. '당신의 고양이는 우리의 의견이 완전히 일치하고 있음을 보여줍니다. … 살아 있으면서 동시에 죽어 있는 생물을 담은 상자는 실제 상태를 묘사하는 것이라고 받아들여질 수 없습니다.' [16]

•

30년 전에는 양자 이론이라는 것 자체가 없었다. 하지만 이제 탄탄하게 뒷받침되는 두 개의 양자 이론이 맹렬히 경쟁하고 있었다. 두 진영이 경쟁하는 맥락에서, 슈뢰딩거의 1944년 저서 『생명이란 무엇인가?』가 나왔다. 슈뢰딩거는 이 책에서 양자 물리학과 생물학의 교차점, 즉 우리 자신에 대한 연구와 우주에 대한 연구가 갖는 공통 기반을 다뤘다. 슈뢰딩거는 공전하는 전자의 움직임을 설명하기 위해 양자 역학을 사용하면서, 이러한 움직임이 화학적 결합에 미치는 영향, 그리고 화학적 결합이 세포의 행동, 유전, 진화에 미치는 영향을 설명했다.

줄리언 헉슬리나 에른스트 마이어의 작업처럼 『생명이란 무엇인가?』도 '종합'이며, 양자 이론이 '유령 같은 원거리 효과'가 아니라는 것을 보이기 위한 노력이다. 이 책의 성공은 이것을 읽고 감화를 받아 물리학에서 생물학으로 분야를 옮긴 학자가 얼마나 많은지 보면 알 수 있다. 슈뢰딩거의 전기 작가인 월터 무어Walter Moore는 이렇게 말했다. '이 책이 없었어도 분자 생물학은 발달했겠지만 훨씬 느리게 발달했을 것이다. 몇몇 슈퍼스타도 나오지 못했을 것이다. 과학의 역사에서, 반쯤 인기 있었던 이 작은 책자처럼 미래에 엄청난 분야를 발달시킨 촉매가 된 것은 찾아보기 어렵다.' [17]

'반쯤 인기 있었다'는 것은 정확한 묘사일 것이다. 『생명이란 무엇인가?』는 21세기 양자 이론으로서 획기적인 것은 아니었다. 순수한 양자 이론은 물리학자가 아니면 접근하기 어려웠다. 사실 물리학은 맨꼭대기에서 고공 플레이만 추구하는 학문이 될 위험이 있었다. 물리학 연구들은 수학을 언어로 삼기 때문에 극소수를 제외하면 파악할 수가 없었다.

하지만 슈뢰딩거는 양자 역학이 우리의 감각으로 접근할 수 있는 실재를 이야기해야 한다고 보았다. 머지않아 양자 역학은 고양이한테 영향을 미칠 수 있을 것이다.

• 원서: Max Planck, *The Origin and Development of the Quantum Theory* (1922)
Erwin Schrodinger, *What Is Life?* (1944)

• 한국어판: 『생명이란 무엇인가』 (에르빈 슈뢰딩거 지음, 서인석 옮김, 한울, 2021)
『과학과 방법 / 생명이란 무엇인가? / 사람몸의 지혜』(에르빈 슈뢰딩거 외 지음, 조진남 옮김, 동서문화사, 2012)
『생명이란 무엇인가 : 정신과 물질』 (에르빈 슈뢰딩거 지음, 전대호 옮김, 궁리, 2007)

27

에드윈 허블 • 프레드 호일 • 스티븐 와인버그

빅뱅의 승리

시초에 대한 질문으로 돌아가서 종말을 생각하다

그 성운들은 모두 우리가 있는 곳으로부터 빠르게,
그리고 거리가 멀수록 더 빠른 속도로 달아나고 있었다.

-에드윈 허블, 『성운의 왕국』

우주의 속성은 지속적인 창조를 필요로 한다는 가정을 믿을 수밖에 없다.
새로운 배경 물질이 계속해서 우주에 불려 들어와야 하는 것이다.

-프레드 호일, 『우주의 본질』

태초에 폭발이 있었다.

-스티븐 와인버그, 『최초의 3분』

양자 물리학자들이 점점 안으로 파고들어가는 동안 천문학자들은 점점 우주 멀리 시야를 확장하고 있었다.

여기에서도 아인슈타인의 이론이 연구의 기조를 잡는 데 일조했다. 일반 상대성 이론이 맞다면 세 가지 현상이 관찰되어야 했다. 첫째, 수성의 근일점이 시간이 지남에 따라 일정한 정도로 이동해야 한다. 이것은 아인슈타인 자신이 입증했다.• 둘째, 별빛이 태양을 지날 때 휘어져야 한다. 이것은 아

• 이후 몇 년 동안 아인슈타인의 계산을 두고 물리학자들 사이에 논쟁이 있었으나 궁극적으로 확증되었다.

서 에딩턴이 1919년에 측정해서 확인했다.

셋째, '적색 편이redshift'가 있어야 한다. 아인슈타인보다 40년 전에 영국의 천문학자 윌리엄 허긴스는 별빛의 파장 변화를 이용해서 별들이 움직인다는 것을 입증했다(별들은 지구로부터 멀어지기도 하고 가까워지기도 했다). 이는 시각화된 도플러 효과•라 할 만했다. 또 아인슈타인의 일반 상대성 이론이 맞다면 태양처럼 거대한 물체로부터 오는 빛에서는 매우 특정한 종류의 파장 변화가 감지되어야 했다. 이렇게 거대한 질량을 가진 물체는 시공간을 구부리기 때문에 빛 입자가 그 물체를 벗어나려면 힘을 더 들여야 한다. 평평한 곳에서 스케이트를 탈 때보다 구부러진 벽면을 기어올라갈 때 힘이 더 드는 것과 마찬가지다. 빛 입자가 더 많은 에너지를 소모하므로(실제로 더 먼 거리를 이동한다) 입자에서 방출되는 파장은 더 낮은 진동수(더 긴 파장) 쪽으로 이동하게 된다. 시각적으로 말하자면, 스펙트럼의 적색 쪽으로 이동하게 된다.

적색 편이를 포착하는 것은 쉬운 일이 아니었다. 아인슈타인도 그렇게 생각했다. '태양에서 오는 광선은 지상에 있는 원천들에서 나오는 광선에 비해 적색 쪽으로 치우쳐야 한다. (하지만) 중력의 작용을 기초로 추론한 이 효과를 포착해 실제로 존재하는지 알아내는 것은 어려운 일이다.' 1916년 이후 수십 년 동안 태양과 금성으로부터 오는 빛의 적색 편이를 입증하기 위해 많은 시도가 있었지만 과학자들은 데이터의 해석을 놓고 의견이 일치하지 않았다. 1919년에 영국의 천문학자 존 에버셰드John Evershed는 '증거 자체가 상충하는 속성을 가지고 있기 때문에 아인슈타인이 말한 태양 빛의 (적

• 25장을 참조하라.

색) 편이에 찬성할 것인지 반대할 것인지 결정하기가 어렵다'고 언급했다. 적색 편이는 압력, 기온 또는 (허긴스가 입증했듯이) 운동에 영향을 받을 수 있었다.[1]

적색 편이의 입증 문제와 애매한 관측 데이터들은 한동안 아인슈타인의 상대성 이론에 찬물을 끼얹었다. 하지만 적색 편이 관측은 천문학에서 일상적으로 행해지는 일이 되었다. 그리고 1930년대에 천문학자 에드윈 허블은 적색 편이를 관측하다가 뜻밖의 발견을 하게 됐다.

우주가 생각보다 훨씬, 훨씬, 훨씬 크다는 사실이었다. 그리고 우주는 아인슈타인의 생각과 달리 정적이거나 안정적인 상태가 아니었다(원래 아인슈타인은 우주가 팽창도 수축도 하지 않는다는 정적 우주론을 개진했다—옮긴이).

●

15년 전, 젊은 허블은 박사 학위를 위해 '성운(nebulae는 라틴어로 '안개'라는 뜻이다)'이라고 불리는 무정형의 천체 덩어리를 사진으로 찍어 연구하고 있었다. 성운은 수세기 동안 관찰되었지만 망원경 성능의 한계 때문에 그것이 정확히 무엇이며 어디에 있는지는 알기 어려웠다. 허블은 최첨단 24인치 반사 망원경으로 성운의 사진을 찍었다. 그것으로 위치는 다소 정확하게 짚을 수 있었지만 이 빛나는 구름의 속성이 무엇인지는 여전히 추측만 해볼 뿐이었다.

그의 추측은 대담했다. '여기 보이는 것은 은하들의 군집인 것 같다.'[2]

당시까지 과학자들이 알고 있는 은하는 딱 하나였다. 바로 '밀키웨이('우유의 원'이라는 뜻의 그리스어 kyklos galaktikos에서 나온 말이다)'라고 불리는 '우리 은하'다. 갈릴레이 이래로 우리 은하가 셀 수 없이 많은 별들로 이뤄져 있다는 것은 알려져 있었지만 우리 은하의 경계 너머에 무엇이 있는지, 우리 은하 외부에 무엇이 있기나 한지에 대해서는 알려진 것이 거의 없었다. 은하는 우주와 동의어였다.

어떤 천문학자들은 우리 은하 밖에 다른 은하들, 혹은 '섬우주island universes'들이 있을지도 모른다고 생각했고, 허블은 망원경 관측 결과를 보고 아마도 성운이 그런 외부 은하들이 아닐까 하고 생각했다. 하지만 사진은 이를 뒷받침할 만큼 분명하지 않았고 허블의 연구는 1차 대전으로 중단되었다. 박사 학위를 받은 지 얼마 안 돼서 허블은 미 육군으로 해외에 파병됐다.

허블은 전투 부대에 속하지 않았고, 전쟁이 끝난 뒤 천문학 연구로 돌아와 캘리포니아 주의 마운트 윌슨 관측소에 일자리를 얻었다. 세계에서 가장 큰 100인치 망원경을 자랑하는 곳이었다. 이 관측소에서 허블은 처음으로 성운의 안을 들여다볼 수 있었다.

1923년에 허블은 M31 성운 안에서 특정한 유형의 천체 하나를 발견했다. 규칙적으로 불빛이 밝아졌다 흐려졌다 하는 세페이드형 변광성이었다. 이때는 천문학자 헨리에타 리비트Henrietta Leavitt(20세기 초 천문학계에 매우 드물었던 여성 중 한 명)와 할로 섀플리(허블의 천적. 허블과 섀플리는 학계에서 라이벌이었고 서로를 매우 싫어했다)가 세페이드형 변광성들의 거리를 재는 방법을 개척해놓은 상태였다.● 리비트와 세플리가 만든 잣대를 이용해서 허블은 M31 성운에 있는 세페이드형 변광성까지의 거리가 지구에서 적어도 93만 광년이라는 것을 밝혀냈다.○ 우리 은하의 크기라고 알려져 있던 것보다 훨씬, 훨씬 먼 거리였다.

●………… 별까지의 거리를 계산하는 것은 쉬울 것 같지만 전혀 그렇지 않다. 천체의 거리를 재는 역량의 발달사는 흥미로운 역사지만 이 책의 범위를 벗어난다. 상세한 내용은 다음을 참고하라. Kitty Ferguson, *Measuring the Universe: Our Historic Quest to Chart the Horizons of Space and Time*, Walker, 1999.

이것이 의미하는 바는 명확했다. 우리 은하가 말도 안 되게 크든지, M31 성운이 우리 은하 밖에 있든지.[3]

허블은 이후 10년 동안 성운을 계속 관찰해서 『성운의 왕국』(1937)이라는 책을 펴냈다. 꼼꼼한 관찰과 기록을 토대로 허블은 다음과 같은 결론을 내렸다. M31뿐 아니라 무려 4만 4,000개의 은하('섬우주')가 있다는 것이었다. 천문학자 제이 파사코프Jay Pasachoff와 알렉스 필리펜코Alex Filippenko의 말을 빌리면, 이것은 코페르니쿠스적 전환이나 마찬가지였다. 코페르니쿠스는 지구가 많은 행성 중 하나일 뿐이라고 해서 우리를 놀라게 했다. 그리고 이제 허블은 우리 은하가 '우주의 수많은 은하 중 하나일 뿐'이라고 말하고 있었다. 우리 은하는 이제 영영 우주와 동일시될 수 없었다. 만물의 거대한 체계에서 우리는 훨씬 작아졌다.[4]

그런데 허블의 결론 중 정작 놀라운 것은 따로 있었다. 1937년에 허블은 이렇게 기록했다. '성운에서 우리에게 도달하는 빛은 그것이 움직이는 거리에 비례해 붉어진다. 이 현상은 모든 성운이 우리 태양계로부터 빠르게 멀어지고 있음을 의미한다.' (허블은 여전히 은하 대신 성운이라는 용어를 사용했다.) 여기에서 발견된 적색 편이가 꼭 아인슈타인의 일반 상대성 이론을 입증한다고 볼 수는 없었다. (반복 가능한 실험을 통해 아인슈타인의 이론이 입증된 것은 1959년 이후다.) 하지만 무언가 예기치 못했던 현상을 말해주고 있었다. 4만 4,000개의 은하가 모두 움직이고 있었던 것이다. 그리고 적색 편이 덕분에 허블은 그것을 측정할 수 있었다.[5]

허블은 정확한 관찰 결과들을 토대로 성운들이 멀어지는 것과 관련한 공식

○ 아인슈타인이 밝혔듯이 빛의 속도는 일정하다. 1광년은 빛이 1율리우스년(365.25일) 동안 이동하는 거리로 9,460,730,472,580.8킬로미터다.

을 이끌어냈다. 허블 상수 H_0를 거리 D로 곱하면 그 은하가 멀어지는 속도 V를 구할 수 있다.[6]

$$V=H_0 \times D$$

즉 은하가 멀리 있을수록 더 빠르게 움직인다.[6] 허블은 이렇게 설명했다. '이 설명은 적색 편이를 도플러 효과, 즉 속도 편이로 해석하며, 멀어지고 있는 움직임을 의미한다.' 하지만 이를 확증하기 위해서는 추가적인 연구가 필요하다고 신중하게 덧붙였다.

> 성운의 적색 편이는 … 매우 큰 규모에서는 우리의 경험에 매우 새로운 것이다. 이를 우리가 익숙히 알고 있는 속도 편이라고 해석하려면 실증적 확인이 필요하다. 적어도 이론상으로는 실험적 입증이 가능하다. 빠르게 후퇴하는 성운은 같은 거리에 있는 정지된 성운보다 희미하게 보일 것이기 때문이다. … 적색 편이는, 적어도 부분적으로라도, 실증 조사가 가능한 범위 안에 있다. [7]

이것은 양자 물리학자들이 연구하는 종류의 과학과는 달랐다. 적색 편이는 볼 수 있을 뿐 아니라 더 좋은 망원경이 있으면 더 잘 관찰할 수 있다. 그렇게 관찰한 결과, '섬우주'들은 명백하게 우주 저편으로 내달리고 있었다. 그렇다면 여기에서 이론적인 질문이 하나 제기된다. 성운은 왜 움직이는 것인가?

이 부분에서 허블은 더 신중했다. '공간에 대한 탐험은 불확실성을 이야기하는 것으로 끝맺게 된다. (지구로부터) 거리가 멀어지면 우리의 지식은 옅어지고, 그것도 매우 빠르게 옅어진다. 점차 우리는 아주 희미한 경계에 닿게 된다. 우리 망원경이 갖는 궁극적인 한계에서, 우리는 그림자를 측정하게 된다. 실체가 있지 않은 지표들을 측정하는 오류 속에서 지식을 구하게 된다.' 하지만 허블은 잠정적인 설명을 하나 제시하기는 했다. 은하들이 멀어지는 이유는 우주 자체가 팽창하기 때문이라는 것이었다.[8]

우주 팽창설을 허블이 가장 먼저 주장한 것은 아니었다. 1922년에 젊은 러시아 물리학자이자 수학자인 알렉산드르 프리드만Alexander Friedmann이 아인슈타인의 일반 상대성 이론을 우주 공간에 적용하면 (정적인 우주의 해가 얻어지지 않으며) 우주가 규칙적으로 팽창해야 한다고 주장했다.● 3년 뒤에 프리드만은 티푸스로 숨졌고 그의 연구는 미완성으로 남았다. 하지만 1927년에 벨기에 천문학자 조르주 르메트르Georges Lemaitre가 동일한 결론을 내렸다. 아인슈타인은 두 사람의 논문을 다 읽었지만 설득되지 않았다. 아인슈타인은 자신의 이론이 유한한 물질로 이뤄진 정적인 우주에 더 잘 맞아떨어지며 우주가 무한해 보이는 것은 시공간의 곡률이 일으킨 착각이라고 생각했다. 그는 르메트르에게 이렇게 편지를 썼다. '당신의 계산은 정확합니다. 하지만 당신의 물리학은 끔찍하군요.'[9]

그런데 이제 이 문제에 대해 최초로 눈에 보이는 증거가 나왔다. 아인슈타인은 마운트 윌슨 관측소에 가서 허블의 관측 결과를 살펴보고 100인치 망원경으로 직접 관찰도 해본 뒤, 견해를 바꿨다. 캘리포니아의 청중들 앞에서 그는 이렇게 말했다. "먼 성운의 적색 편이는 내가 생각했던 것을 망치로 두들긴 듯이 깨뜨렸습니다."[10]

1930년대 말이 되면 대부분의 천문학자와 물리학자가 아인슈타인의 바뀐 생각에 동의하게 된다. 우주는 정적이지 않고 팽창하고 있다는 것이다. 이

● 더 상세한 설명과 공식은 다음 책의 1, 2장을 참고하라. Helge Kragh, *Cosmology and Controversy: The Historical Development of Two Theories of the Universe* (Princeton University Press, 1996), 3ff.

이론은 우주의 과거에 대해서도 시사점이 있었다. 르메트르는 자신의 계산을 거꾸로 돌려서 논리적인 결론 하나에 도달했는데, 우주가 꾸준히 밖으로 팽창하고 있다면 거꾸로 과거 어느 시점에는 우주가 훨씬 작았다는 말이 된다. 이 과정의 시작에는 우주의 모든 물질이 한 점으로 응축되어 있는 '제로' 시점이 있어야 했다.

현재의 물리적 법칙으로는 이 지점을 설명할 방법이 없다. 이 점이 어떻게 행동할지, 혹은 그것이 무엇인지조차 이해할 방법이 없다. 그래서 르메트르는 수학자들의 용어를 빌려서 그 점을 '특이점singularity'이라고 불렀다. 이것은 우리가 세상을 지배하는 법칙이라고 알고 있는 모든 것이 무너지는 지점을 말한다.[11]

이런 설명은 사실 설명이 없는 것이나 마찬가지다. 르메트르는 더 이상 우주를 설명할 수 없는 지점에 닿자, '설명의 부재'를 그 자리에 끼워넣고 거기에 이름을 붙인 것이었다. 1931년에 르메트르는 설명의 빈틈을 메우려고 양자 이론을 빌려왔다. 〈네이처〉에 쓴 글에서 그는 이렇게 언급했다.

> 만약 세상이 하나의 양자에서 시작되었다면 그 시작점에서는 시공간의 개념이 완전히 의미를 상실하게 된다. 시간과 공간은 그 최초의 양자가 충분히 많은 수의 양자들로 분열된 이후에야 인지 가능한 의미를 갖는다. 이 생각이 옳다면, 우주의 시작은 시간과 공간의 시작보다 약간 앞서서 발생했을 것이다. [12]

이 설명은 모자 속 토끼처럼 도무지 알 수 없는 특이점 개념은 없앴지만, 르메트르가 말하는 양자인 '원시 원자primeval atom', 즉 어찌어찌해서 오늘날 우주에 존재하는 모든 물질을 담고 있었으며 밖으로 팽창하면서 시간과 공간을 생성해냈다는 최초의 양자 개념도 특이점보다 이해하기 쉬운 것은 아니었다. 르메트르는 약간 변명조로 '이 개념을 상세히 따라오기는 어렵다'고 덧붙였다. 이것도 그나마 줄여 말한 것이었다. 게다가 문제는 특이점만이 아니었다. 우주가 꾸준히 밖으로 팽창하고 있다면, 그리고 오랫동안 그랬다면, 우주의 중심은 점점 더 엷어져야 하지 않는가? 먼 미래의 관찰자는 모든 은하가 멀어져버려 관찰 가능한 영역 안에는 아무것도 없는 완전한 허공만을 보게 되지 않겠는가?

1948년에 요크셔 출생의 천문학자 프레드 호일은 '엷어지는 우주' 문제를 연구하면서 르메트르의 원시 원자설을 기각했다. 호일은 10억 년 후에도 관찰자는 우리가 지금 보는 것과 동일한 숫자의 은하를 보게 될 것이라고 주장했다. 왜냐하면,

> (우주가 팽창해) 물질들이 우리의 관찰 범위를 벗어나는 한 편으로, 그만큼을 상쇄할 수 있는 속도로 배경 물질이 새로이 응결되어 들어옴으로써 (우리의 관찰 범위 안에) 새 물질이 계속 생겨날 것이기 때문이다. 언뜻 생각하면 배경 물질이 다 소진되면 이 과정이 무한히 일어날 수는 없으리라고 여겨질 것이다. 하지만 그렇지 않다. 새로 응결되는 데 쓰일 만큼의 물질을 보충할 수 있도록 새로운 배경 물질이 계속 나타날 것이기 때문이다. … 우주의 속성은 지속적인 창조를 필요로 한다고 가정할 수밖에 없다. … 새로운 배경 물질이 계속해서 불려 들어와야 하는 것이다. [13]

호일은 자신의 '지속적인 창조' 모델이 르메트르의 이론보다 더 과학적이라고 주장했다. '우주의 모든 물질이 먼 과거의 특정한 시점에 한 번 '뻥 터져서(빅뱅Big Bang)'생성되었다는 것은 관찰의 필요조건들과 상충합니다.' 1949년에 호일은 많은 사람이 듣는 라디오 방송에서 이렇게 주장했다. '이 빅뱅 가설은 … 과학적 용어로 묘사가 불가능한, 불합리적인 과정입니다.'[14] 호일

(34세였고 케임브리지 대학에서 강사로 일을 한 지 4년이 되었을 때였다)은 수사법 구사에 능했다. 르메트르의 지지자들은 '원시 원자' 이론이 '대'폭발도 아니며(매우 작게 시작한다) 대'폭발'도 아니라고(폭발은 존재하지 않고 공간의 꾸준한 확장만이 존재한다) 지적했지만, 빅뱅이라는 용어는 빠르게 고착됐다.
1950년에 호일은 '지속적인 창조' 가설을 『우주의 본질』이라는 유려한 책으로 펴냈다. 빅뱅 이론에 대한 대안을 제시한 책이었다. 우주는 특이점이나 (여전히 정의되지 않은) 하나의 양자에서 발생한 것이 아니라, '안정적인 정상 상태'에 있다는 것이 그의 주장이었다. 우주는 시작도 끝도 없다. 적은 양의 물질이 지속적으로 흘러 들어온다(새로 생성되는 물질이 많을 필요도 없다. 5세제곱킬로미터 공간당 원자가 한두 개만 새로 생겨도 충분하다). 우주의 팽창과 새로운 물질의 창조는 영원히 계속된다.[15]
호일의 '정상 상태 이론'에도 문제는 있었다. 하지만 호일이 주장했듯이 르메트르의 이론이 가진 문제보다 더 치명적이지는 않았다. 모든 물질이 어느 한 시점에 나타났다는 것보다 물질이 계속적으로 창조된다는 것이 딱히 더 믿기 어려운 것은 아니었다.
『우주의 본질』은 대중과 학계 모두에서 큰 호응을 얻었다. '원시 원자' 이론을 지지한 물리학자와 천문학자가 더 많긴 했지만 압도적으로 우세하다고는 할 수 없었다. 두 이론 모두 어떤 현상들은 설명했지만 다른 현상들은 설명하지 못했다. 그리고 두 이론 모두 보이지 않는 모자에서 예기치 못한 토끼를 꺼냈다. 어찌어찌해서, 물질이 나타난 것이다.
하지만 '정상 상태 이론'에는 큰 장점이 하나 있었다. 이제까지 알려진 물리 법칙을 모두 포기해야 하는 과거의 어느 시점을 요구하지 않는다는 점이었다.

•

실증적 증거가 없는 상황에서, '원시 원자' 지지자나 '정상 상태' 지지자나 불가피하게 형이상학을 하는 것으로 귀결되었다. 기원과 최초 원리들을, 그것을 뒷받침할 설명이 없는 채로 이야기하는 것이다.

하지만 입증을 위한 노력은 계속됐다. 『우주의 본질』이 '정상 상태' 우주론을 일반 대중에게 알리기 2년 전, 러시아 물리학자 조지 가모프Gerorge Gamow(빅뱅 이론의 열렬한 지지자였다)는 짧지만 명료한 논문(공저)에서 관찰 가능한 우주 안에 있는 화학 원소의 분포는 우주가 초고밀도의 액체 상태였던 시초의 특이점으로부터 꾸준히 팽창했어야만 설명이 가능하다고 주장했다.• 얼마 뒤 가모프의 후배 공저자 중 한 명인 랠프 앨퍼Ralph Alpher가 이 결론을 더 확장해서, 특이점의 막대한 열은 초고밀도의 시작점이 팽창함에 따라 흩어져 사라졌지만, 일부가 여전히 남아서 우주에 복사되고 있을 것이라고 주장했다. 남아 있는 초단파 복사가 우주에 안정적인 배경 물질로 존재하며 이것이 현재도 추적 가능한 '원시 화구primeval fireball'(나중의 학자들이 이렇게 이름을 붙였다. 호일에게서 수사법을 배워온 듯하다)의 잔여물이라는 것이었다.[16] 이 우주 배경 물질은 다음과 같은 특정한 유형의 복사일 것으로 여겨졌다. 그것은 '플랑크 스펙트럼'에 있을 것이었다. 그것의 특징은 온도로만 규정될 것이었다. 복사선은 등방성(等方性)을 가질 것이며 어느 한 물체로부터 방사되는 것은 아닐 것이다. 정상 상태 이론은 이러한 유형의 복사를 설명할 수 없었다. 물론 그것이 존재할 때 이야기였다.

우주 배경 복사cosmic background radiation는 『우주의 본질』이 출간된 후 15년 동안

•……… 상세한 설명은 가모프가 1952년에 펴낸 『우주의 탄생The Creation of the Universe』을 참조하라. 2012년에 도버 출판사에서 전자책으로 다시 펴냈다.

이론으로만 남아 있었다. 그러던 중 1965년에 프린스턴 대학의 천체 물리학자 로버트 디키의 연구팀이 우주 배경 복사를 감지할 수 있을 만큼 민감한 수신기 제작을 시도했다. 그와 동시에 50킬로미터 떨어진 벨 연구소에서 두 명의 물리학자 아르노 펜지어스Arno Penzias와 로버트 윌슨Robert Wilson은 최첨단의 초단파 안테나에서 설명되지 않는 잡음이 계속 나오는 것을 발견했다. 우연히도 공통의 지인으로 연결되어서 프린스턴과 벨 연구소 과학자들은 공동으로 그 잡음을 분석했다. 가모프가 이야기한 우주 복사의 잔여물로 보이는 정확한 스펙트럼이었다. 가모프 이론이 암시하듯이 등방성을 가지고 있었다. 이것이 빅뱅 쪽으로 우주 이론을 기울게 한 첫 조약돌이었다.[17]
이후 몇 년 동안 우주 배경 복사가 여러 차례 측정되어 그것의 존재를 입증했고 온도가 확증됐으며 스펙트럼이 확인됐다. 정상 상태 이론은 금세 시들었다. 당시에 막 자신의 첫 번째 과학 학위를 마치려는 중이었던 저명한 물리학자이자 천문학자 우드러프 설리번Woodruff Sullivan은 이렇게 회상했다. '늘 놀랍게 느껴지는 것은, 1960년대의 천문학계가 보기에, 정상 상태 이론이 우연한 발견에 의해서 … 죽임을 당했다는 점이었다. 경쟁 이론이 예측한, 그다지 강조되지도 않았고 잘 알려지지도 않았던 예측이 성취되면서 정상 상태 이론은 사망했다.'[18]
프레드 호일은 계속 정상 상태 이론을 옹호했다. 우주 배경 복사는 특이점만큼이나 불편했으며 관찰 가능한 모든 물리 법칙을 폭력적으로 위배하는 것이었다. 그만 그렇게 생각하는 것이 아니었다. 메릴랜드 대학 물리학과 학장 데니스 시아마Dennis Sciama는 1967년에 우주 배경 복사의 존재를 이렇게 개탄했다. 그는 학생들에게 이렇게 말했다. "정상 상태 이론을 포기해야 하는 것이 매우 슬픕니다. 정상 상태 이론은 우주의 설계자가 설명할 수 없는 이유로 간과한 듯이 보이는 아름다움을 가지고 있습니다. 이제 우주는 망가진 작품으로 보입니다. 하지만 그 우주에서도 우리는 최선을 다해야 할 것이라고 생각합니다."[19]

1960년대 말이 되면 물리학자들과 천문학자들은 대체로 빅뱅 쪽으로 개종을 한다. (호일은 아니었다. 25년 뒤에도 그는 정상 상태 이론을 작동시키고자 애를 쓰고 있었다.) 빅뱅이 이겼다. '대'폭발도, 대'폭발'도 아니었지만, 빅뱅은 우주의 시초에 견고하게 자리를 잡고 자신의 법칙에 따르기를 거부하고 있었다. 일반 대중이 빅뱅을 알기까지는 한두 해가 더 걸렸다. 우주 배경 복사는 이해하기 쉽지 않다. 매우 특수한 장비가 있어야만 추적할 수 있고, 높은 수준의 수학 지식이 있어야만 이해할 수 있다. 정상 상태 이론은 호일이 그것을 잘 설명해냈기 때문에 대중적 설득력을 가진 면이 있었다. 초고밀도의 뜨거운 특이점에서 우주가 팽창했다는 이론도 그와 비슷한 대중적 전달자가 필요했다.

그가 1977년에 나타났다. 뉴욕 출신의 이론 물리학자로, 2년 뒤에 노벨상을 받게 되는 스티븐 와인버그였다. 와인버그는 우주 배경 복사에 대해 매우 전문적인 연구를 하는 한편, 『최초의 3분』이라는 대중서를 써서 학계의 논의를 성공적으로 대중의 언어로 풀어냈다. 호일처럼 와인버그도 은유에 강했고('만약 거인이 태양을 앞뒤로 흔든다면 지구의 우리는 그 효과를 8분 뒤에 알 수 있을 것이다. 파동이 태양에서 지구로 오는 데 걸리는 시간이 8분이기 때문이다'), 초창기 우주를 설명하는 과학을 흥미로운 이야기로 풀어낼 수 있었다. 이 책은 우주 팽창에 대한 배경 지식을 명료하게 설명했고, 정상 상태 이론을 포함해 다양한 이론들의 역사를 설명했으며, 우주 배경 복사의 필연성을 보여주었다.

이 책은 빅뱅 이론을 처음으로 대중에게 널리 알린 저술이었고, 이후 10년 동안 일반인 대상의 우주론과 이론 물리학 서적이 쏟아져 나오게 한 촉매였다. 와인버그가 우주 기원에 대한 대중의 관심을 촉발하고 뒤이어 수많은 책들이 나오면서(존 그리빈John Gribbin의 『빅뱅을 찾아서: 양자 물리학과 우주In Search of the Big Bang: Quantum Physics and Cosmology』, 하인즈 페이글Heinz Pagel의 『완벽한 대칭: 시간의 시작을 찾아서Perfect Symmetry: The Search for the Beginning of Time』, 제임스 트레필James Trefil의 『창조의 순간: 최초의 수천 분의 1초 이전부터 현재의 우주까지 빅뱅 물리학The Moment of Creation: Big Bang Physics from Before the First Milisecond to the Present Universe』 등), 스티븐 호킹의 『짧고 쉽게 쓴 시간의 역사』가 나올 수 있는 길이 닦였다. 호킹의 책은 앞의 모든 것을 다 덮을 만큼 히트를 쳤다. (물리학자 폴 데이비스는 호킹의 책을 처음 보았을 때 '앞으로 빅뱅에 대한 어떤 책도 이를 능가하지 못할 것'이라는 생각이 들었다고 회상했다.[20])

획기적이기는 했지만 『최초의 3분』 또한 모든 기원론이 갖는 결함을 갖고 있었다. 우주의 시작에 대해서는 (우주의 법칙에 대한) 믿음의 도약을 요구했고, 우주의 끝에 대해서는 불가피하게 추측으로 귀결됐다.

와인버그는 서문에서 이렇게 언급했다. '가장 시초, 최초의 100분의 1초는 당황스러울 정도로 모호하다.' 그 최초의 찰나적 시간을 다루고 있는 이후의 장에서도 모호하기는 마찬가지였다.

> 매우 가설적인 이론의 도움을 받아서 우리는 우주의 역사를 무한한 밀도의 순간으로 되돌려볼 수 있다. 하지만 만족스럽지 않다. 당연하게도 우리는 이 시점 이전, 우주가 팽창하면서 식기 이전에는 무엇이 있었는지가 알고 싶어진다. 우리는 시간의 '절대 제로'라는 개념에 좀 더 익숙해져야 할 것이다. 그 시점 이전에는 원칙적으로 어떤 인과 관계도 추적할 수 없

는 지점 말이다.[21]

베이컨적인 과학으로는 이것을 이해하기도 인정하기도 어렵다. 와인버그는 빅뱅의 몇몇 측면은 설명이 불가능하다고 인정했지만, 동시에 그 설명 불가능성을 인정하기 어려워했다. '당황스러울 정도로 모호하다'는 표현은 모호함 없이 모든 문제가 설명되어야 마땅하다는 생각을 깔고 있는 것이다. (베이컨도 그렇게 생각할 것이다.) 베이컨의 과학에는 불확실성을 위한 자리가 없다.

그래서 『최초의 3분』은 추측의 영역으로 넘어가면서도 매우 분명한 언급으로 마무리를 한다. 호일이 상정한 '지속적으로 창조되는 물질'이 없으므로, 우주는 궁극적으로 팽창을 멈추게 된다는 것이다. 단순히 멈추어서 어둡고 차가운 곳으로 사라져 없어지거나, 아니면 '우주적인 되튕김을 시작해서 다시 팽창하기 시작하거나 해야 한다. … 우리는 무한히 반복되는 팽창과 수축의 순환을 시작점 없이 무한한 과거까지 확장해 볼 수 있다.' 그리고 와인버그는 형이상학으로 넘어갔다.

> 이런 이론들은 어떤 것도 우리에게 위안을 주지 않는다. 우리는 우주와 우리가 특별한 관계를 가지고 있다고 믿고 싶은 마음에 저항하기 어렵다. 인간의 삶이 그저 '최초의 3분'에서부터 우연들이 이어진 결과로 나온 익살극에 불과하지는 않을 거라고 믿고 싶은 것이다. … 우주를 더 이해한 것처럼 보일수록 우주는 더 무의미해 보인다.[22]

'특이점'에서 '의미'로 넘어가는 것은 저항하기 어렵지만 비과학적이기도 하다. 위안과 절망 모두 전적으로 베이컨적이지 않다.

『최초의 3분』은 고대의 창조 신화(북유럽의 에다 신화 등)와 과학적인 우주론의 차이점을 이야기하는 것으로 시작하지만, 사실 이 두 이야기는 매우 닮았다. 와인버그가 말하는 기원론도 종말의 예견, 그리고 인류의 도덕과 목적에 대한 이야기를 담고 있다.

> 우리 연구의 성과에서 아무 위안도 얻지 못한다 해도, 적어도 연구 자체에서 위안을 얻을 수 있다. 우리는 신과 거인의 이야기에 만족하지 못하며, 생각을 일상사에만 한정하는 것에도 만족하지 못한다. 우리는 망원경이라든지 인공위성이라든지 가속기 같은 것을 만들고 책상에 앉아 자료에서 의미를 캐내느라 끝도 없이 시간을 보낸다. 우주를 이해하려는 노력은 인간의 삶을 익살극보다 조금 더 높은 수준으로 고양하고 조금이나마 그것에 비극적인 우아함을 부여하는 매우 드문 일 중 하나다.[23]

와인버그는 과학에 영예를 주고 그 영예를 영원히 추구하기 위해 물리학적 질문에서 삶의 목적에 대한 논의로 넘어갔다. 베이컨의 프로젝트는 한 바퀴를 돌아 제자리로 왔다. 경험으로 증명할 수 있는 것에 대한 탐구에서 시작되었던 프로젝트가 경험으로 결코 닿을 수 없는 진리를 가늠하기 위한 길이 되었다.

- 원서: Edwin Hubble, *The Realm of the Nebulae* (1937)
  Fred Hoyle, *The Nature of the Universe* (1950)
  Steven Weinberg, *The First Three Minutes: A Modern View of the Origin of the Universe* (1977)
- 한국어판: 『성운의 왕국』 (에드윈 허블 지음, 장헌영 옮김, 지식을만드는지식, 2014)
  『최초의 3분』 (스티븐 와인버그 지음, 신상진 옮김, 양문, 2005)
  『처음 3분간』 (스티븐 와인버그 지음, 김용채 옮김, 전파과학사, 1981)

28

제임스 글릭

나비 효과

복잡계, 지식의 한계를 상기시키다

카오스가 시작되는 곳에서 고전 과학은 끝난다.

-제임스 글릭, 『카오스』

우주 연구는 거의 방정식만을 이용해서 매우 소수의 사람들끼리 고공 플레이를 하는 영역이 되었다. 최신 이론들은 미적분을 잘 아는 독자라도 이해하기 어려웠고, 미적분을 모르는 독자는 전혀 이해할 수 없었다.

사람들이 접근하지 못하는 영역이 되다 보니, 학술 논문을 설득력 있는 서사로 바꾸어 알기 쉽게 대중화할 수 있는 학자들에게 큰 권위가 실렸다. 월터 앨버레즈는 지질학자로서 그런 사람이었고, 리처드 도킨스, E. O. 윌슨, 스티븐 제이 굴드는 생물학자 중에서 대중적인 글을 잘 쓴 사람들이었으며, 스티븐 와인버그와 에르빈 슈뢰딩거는 물리학자이자 대중 저술가로 이름을 날린 사람들이었다. 그런데 물리학, 그중에서도 '우주학cosmology(우주 전체와 그 작동에 대한 연구)'이라고 불리는 분야에서 발생한 20세기의 마지막 패러다임 전환은 영문학도에 의해 대중에게 알려졌다.

•

양자 역학과 특이점의 시대에도 뉴턴의 원리는 계속 살아남았다. 뭐니 뭐니 해도 뉴턴의 법칙은 일상에서 너무나 잘 작동했다. 과자를 놓치면 바닥에 떨어진다. 뉴턴의 법칙은 과자가 떨어질 위치를 정확히 알려줄 수 있다. 시속 115킬로미터로 달리는 기차에 타면 뉴턴의 법칙은 다른 각도에서 다가오는 트럭과 기차가 언제 부딪칠지 정확히 알려줄 수 있다. 워싱턴 D. C.에서 보잉 747기가 이륙하면 뉴턴의 법칙은 언제 파리에 도착할지 정확히 알려줄 수 있다. (관제탑이 협조를 해줘야 하지만.)

19세기 프랑스 수학자이자 천문학자인 피에르 시몽 라플라스•는 뉴턴의 법칙이 미래에 벌어질 어떤 일도 현재의 조건들로부터 예측할 수 있다고 보았다. 현재의 조건이 '미래를 완전하게 규정한다'고 보는 결정론을 주장하면서, 라플라스는 만약 모든 것을 알면서 단지 시간의 제약만 받고 있는 존재가 있다면 이 존재는 미래를 절대적으로 정확하게 예측할 수 있을 것이라고 결론 내렸다.

> 어느 한 시점에 자연에서 작용 중인 모든 힘과 자연을 구성하고 있는 모든 물체의 위치를 알고 있으며 이 방대한 정보들을 분석할 능력도 가진 지적 존재가 있다고 치자. 그러면 이 존재는 우주의 가장 큰 물체들과 가장 작은 원자들의 움직임까지 모든 것을 하나의 공식에 넣을 수 있을 것이다. 그런 존재에게는 어떤 것도 불확실하지 않을 것이며 미래는 과거처럼 눈앞에 정확히 펼쳐질 것이다.[1]

이 가설적인 지적 존재는 '라플라스의 악마Laplace's Demon'라고 불린다. (여기에서 '악마'는 사악한 영혼이라는 의미가 아니라 가설적 존재라는 의미다.) '라플라스

• 더 자세한 설명과 공식은 다음 책의 1, 2장을 참고하라. Helge Kragh, *Cosmology and Controversy: The Historical Development of Two Theories of the Universe* (Princeton University Press, 1996), 3ff.

의 악마'는 주어진 어느 시점에 우주에서 작동하는 모든 힘의 위치와 작용을 알 뿐 아니라, 그 정보들을 모아 계산을 함으로써 미래에 가게 될 경로까지 정확하게 예측할 수 있다. '라플라스의 악마'에게 시간은 무의미하다. 우주는 앞으로나 뒤로나 동일하게 작동한다. 이론적으로 '라플라스의 악마'는 미래뿐 아니라 과거도 정확하게 계산할 수 있다.

하지만 이것이 말처럼 간단한 일은 아닐 거라고 반론을 편 사람이 있었다. 수학자이자 물리학자인 앙리 푸앵카레(그도 프랑스인이다)였다. 1910년경 푸앵카레는 꽤 단순해 보이는 시스템을 가지고 연구를 하던 중 예기치 못한 결과에 봉착했다. 연관된 변수들이 단순한데도 결과를 늘 예측할 수 있지는 않았던 것이다. 푸앵카레는 초기 조건에서의 아주 작은 변화, 너무 작아서 쉽게 포착할 수 없었던 작은 변화가 원인일지 모른다고 생각했다. '초기의 작은 차이는 마지막에 매우 큰 차이로 이어질 수 있다. 앞에서의 작은 오차가 뒤에서 거대한 오차를 일으킬 것이다. 그러므로 예측은 불가능해진다.'[2] 하지만 이후 반 세기 동안 아무도 이 통찰을 발전시키지 않았다.

●

1960년대에 '라플라스의 악마'가 (초창기 형태였지만) 등장했다. 바로 컴퓨터였다. 컴퓨터는 자연에서 작용하는 요인들을 이해할 능력은 없었지만 사람에게는 도저히 불가능한 방식으로 무한한 데이터를 처리할 수 있는 잠재력이 있었다.

1961년, 미국의 수학자 에드워드 로렌츠Edward Lorenz는 날씨를 연구하고 있었다. 대부분의 수학자들은 지도화하기에 너무 변덕스럽고 마구잡이라며 기상 영역을 경시했지만, 로렌츠는 기상 패턴에 늘 흥미가 있었다. 그는 최신 컴퓨터 기술을 이용해서 바람의 거리와 속도, 기압, 기온 등의 변수를 입력해 날씨 패턴을 예측하는 프로그램을 짰다.

어느 날 저녁, 로렌츠는 변수를 입력했고 컴퓨터 프로그램은 충실하게 패턴을 예측했다. 로렌츠는 한 번 더 확인하기 위해 변수를 다시 입력했다. 하지만 시간을 절약하기 위해 늘 하듯이 소수점 여섯 자리까지 입력하지 않고 세 자리까지만 입력했다.

풍속이나 기온에서 소수점 네 번째 자리 이하의 수치는 0이라고 봐도 무방할 정도로 작은 값이기 때문에 결과에 큰 차이를 일으키지 않아야 했다. 그런데 놀랍게도 컴퓨터가 산출하는 기상 패턴이 처음 것과 달라지기 시작하더니 곧 완전히 달라졌다. 프로그램이 다 돌아갔을 때는 처음 돌렸을 때와 완전히 딴판인 기상 예측치가 나왔다. 1963년에 로렌츠는 이 결과를 「결정론적인 비주기성적 흐름Deterministic Nonperiodic Flow」이라는 논문으로 펴냈다. 논문에서 로렌츠는 기상 시스템이 초기 조건의 작은 변화에 너무나 민감해서 초기의 미세한 변화가 막대하게 다른 결과값을 실제로 산출할 수 있었을 것이라고 언급했다.[3]

미세한 조건 변화에 대한 민감도는 다양한 시나리오를 빠르게 돌려볼 수 있는 컴퓨터가 등장하기 전에는 계산이 거의 불가능했다. 하지만 이제 로렌츠의 논문을 보고 관심을 갖게 된 수학자들이 이러한 종류의 특정한 '비선형 방정식non-linear equation'을 푸는 데 컴퓨터를 사용하기 시작했다.• 1972년에 로렌츠는 1963년 논문의 후속격인 「예측 가능성: 브라질의 나비가 만드는 날개짓이 텍사스에서 토네이도를 일으키는가?Predictability: Does the Flap of a Butterfly's Wings in Brazil Set Off a Tornado in Texas?」를 발표했다. 초기 조건의 미세한 변화에 대한

• 비선형 방정식이 다 카오스 해를 갖는 것은 아니다. 비선형 방정식 중 일부만이 카오스 해를 갖는다.

비유로 '나비의 날갯짓'이라는 표현이 여기에서 처음으로 사용됐고, 이 논문은 '나비 효과'라는 말의 기원이 되었다.[4]

1975년에 수학자 톈옌 리Tien-Yien Li와 제임스 A. 요크James A. Yorke가 비선형 방정식의 예측 불가능한 결과값에 대한 논문을 내면서 이 예측 불가능성에 이름을 붙였다. '카오스.' 성경에서 이 단어를 본 영어권 독자들에게 매우 강렬한 인상을 주는 단어였다. (1975년이었는데도 여전히 그랬다.) 성경에서 카오스는 완전한 무정형, 완전한 혼란, 완전한 무질서를 뜻한다.[5]

수학에서 말하는 카오스의 의미는 좀 다르다. 수학에서 카오스는 '예측 불가능성'을 말하며, 그것도 궁극적이고 내재적인 예측 불가능성('아주 많은 정보를 갖고 있더라도 우리는 최종 결과값을 예측할 수 없다')이 아니라 조건부적이고 실용적인 의미에서의 예측 불가능성('이 시스템은 초기 조건의 미세 변화에 너무 민감해서 현재로서는 가능한 모든 결과를 예측할 수 있을 만큼 초기 조건들을 정확하게 분석할 수 없다')을 의미한다.

이듬해에 수학에 정통한 생물학자 로버트 메이Robert May가 펴낸 논문은 카오스 이론에 대해 강렬함은 덜하지만 더 현실적인 이름을 부여했다. 「매우 복잡한 다이내믹을 갖는 단순한 수학 모델Simlpe Mathematical Models with Very Complicated Dynamics」. 이 논문에서 메이는 기상 영역에서 연구됐던 '카오스적' 시스템을 좀 더 구체적인 영역인 곤충의 개체수에 적용했다. 그는 어떤 곤충 군집 안에서 명백하게 무작위적으로 보이는 개체수의 변동이 카오스에서 말하는 초기 조건들의 미세 변화로 설명될 수 있다고 주장했다.

메이의 논문 이후, 카오스 이론에 대한 연구와 카오스 이론을 물리학, 화학, 생화학, 생물학 등에 적용하는 연구가 가속화됐다. 하지만 카오스 이론은 여전히 청년기였다. 이때 작가 제임스 그릭(〈뉴욕 타임스〉 매거진의 칼

럼니스트이자 프리랜서 저술가이자 과학 기자)이 첫 저서의 주제로 카오스 이론을 선택했다.

그의 책 『카오스: 새로운 과학』은 (『티라노사우루스 렉스와 멸망의 운석 구덩이』, 『이중 나선』, 『인간에 대한 오해』 등도 그랬듯이) 말쑥한 제목과 유려한 문장과 생생한 비유로 쓰인 매력적인 책이다. 이 책은 『티라노사우루스 렉스와 멸망의 운석 구덩이』나 빅뱅 이론처럼 대중의 상상을 휘어잡았다. 『티라노사우루스 렉스와 멸망의 운석 구덩이』가 영화 〈딥 임팩트〉와 〈아마겟돈〉에 직접적인 영향을 주었다면(간접적으로 영향을 미친 영화는 매우 많다), '나비 효과'는 〈쥬라기 공원〉에서 제프 골드브럼이 연기한 과학자가 언급한 이후로 일상 용어가 되었다. '그것은 복잡계에서의 예측 가능성을 말하는 것입니다. … 베이징에서 나비가 날갯짓을 하면 (뉴욕) 센트럴파크는 맑은 날씨 대신 비 오는 날씨를 갖게 된다는 겁니다. 작은 변화들이 … 결코 반복되지 않고, 결과에 막대하게 영향을 미치게 됩니다. 이것은 예측 불가능성입니다.'

그렇지만 '카오스'라는 용어는 오해를 일으킬 소지가 있다. 특히 방정식을 모르는 채로 이 단어를 접하면 더욱 그렇다. 그릭은 그의 명료한 (그리고 당연하게도 베스트셀러가 된) 저서에서 '카오스가 시작되는 곳에서 고전 과학은 끝난다'고 말했지만, 깊이 들여다보면 카오스 이론은 거의 뉴턴적이다. 방대한 정보와 무한한 계산 능력이 있는 '라플라스의 악마'는 (이론상으로는) 나비의 날갯짓부터 최종 결과인 뉴욕의 비까지 추적할 수 있다.

결국 우리가 복잡계에서 결과를 예측하지 못하는 이유는 그것이 예측 불가능해서가 아니라 영향을 미치는 구성 요소들을 우리가 아직 충분히 깊이 알지 못해서다. 하지만 카오스 이론의 깊은 기저에는 어쩌면 앞으로는 이렇지 않을 수도 있으리라는 약속이 깔려 있다. 그 약속이 과학적으로 입증되지는 않았을지라도.

- 원서: James Gleick, *Chaos* (1987)
- 한국어판: 『카오스』 (제임스 글릭 지음, 박래선 옮김, 동아시아, 2013)
  『카오스』 (제임스 글릭 지음, 박배식 옮김, 누림, 2006)

주석

참고 문헌

위대한 과학책 36권 원전으로 읽기

이 책에서 다루고 있는 과학 발달사에 큰 영향을 미친 36권의 원전에 대한 도서 정보이다.
저자 수잔 와이즈 바우어가 직접 추천 판본을 선별했고, 간략한 서지정보와 도서 설명을 덧붙였다.

1. 『공기, 물, 장소에 관하여』 · 히포크라테스 (기원전 420년경)

프랜시스 애덤스Francis Adams가 19세기에 번역한 영문본은 영어권의 일반 독자를 대상으로 한 초창기 번역본 중 하나로, 지금 읽기에도 무리가 없으며 종이책과 전자책 모두 구할 수 있다. 『공기, 물, 장소에 관하여』, 『아포리즘』, 『히포크라테스 선서』 등이 수록돼 있고 『전집』이라는 제목으로 출간되었다. 판본으로는 다음과 같은 것들이 있다.

The Corpus, Kessinger Legacy Reprint (2004, ISBN 978-1419107290)

The Corpus, Library of Alexandria (전자책)

The Corpus, Kaplan Classics of Medicine (콘래드 피셔가 서문을 썼고, 전자책 있음. 애덤스의 번역본은 여러 웹사이트에서 온라인으로 볼 수 있다. 현대적인 번역은 다음을 참고하라.)

Hippocratic Writings, trans. John Chadwick and W. N. Mann (1983, ISBN 978-0140444513). G. E. R. 로이드가 서문을 썼고, 이 편이 읽기 쉽지만 두 번역본은 매우 비슷하다.

2. 『티마이오스』 · 플라톤 (기원전 360년경)

벤저민 조윗Benjamin Jowett의 19세기 번역본이 여전히 널리 출간되고 있다. 현대 독자들이 읽기에도 무리가 없다. 플라톤의 『대화』 판본 중에는 『티마이오스』를 수록하지 않은 것들도 있지만 다음 판본들에는 수록되어 있다.

The Dialogues of Plato in Four Volumes, vol. 2, Charles Scribner's Sons (전자책, 1892)

Dialogues of Plato: Translated into English with Analyses and Introduction, Cambridge University Press (2010, ISBN 978-1108012102)

더 최근 번역본으로는 피터 캘커비지의 번역본이 있다.

Peter Kalkavage, trans., *Plato's Timaeus*, Focus Publishing (2001, ISBN 978-1585100071)

물, 점액, 하제, 복부 등의 '물질'을 다루는 히포크라테스의 그리스어와 달리 플라톤의 그리스어는 하나의 단어로 번역되기 어려운 추상적인 의미를 담고 있는 경우가 많다. 진단과 처방이 아니라 존재의 문제를 다루고 있기 때문이다. 플라톤의 어휘는 모호하고 고어투인데다 플라톤은 언어유희를 좋아했다. 그 때문에 판본에 따라 번역이 매우 다르다. 이를테면 『티마이오스』 1부의 한 단락을 조윗은 다음과 같이 번역했다.

> 창조자는 왜 이 세상을 만들었을까요? 그 자신이 선하고 모든 것이 자신과 같기를 원했기 때문입니다. 그래서 그는 무질서 속에서도 질서를 찾아내 눈에 보이는 세계를 만들어내었습니다.

(Plato, The Dialogues of Plato, trans. Benjamin Jowett (Hearst's International Library, 1914), 4:463 를 참고하라.)

그런데 동일한 단락을 피터 캘커비지는 다음과 같이 번역했다.

창조자가 어떠한 이유로 존재하는 모든 것들과 우주를 짓게 되었는지 이야기해보도록 합시다. 그는 선합니다. 선한 존재의 내부에서는 어떤 불평이나 군더더기도 생겨날 수 없습니다. 따라서 불평이나 군더더기가 없는 그는 모든 것이 가능하면 자신을 닮기를 바랐습니다. 이것이야말로 존재와 우주의 원칙으로서 가장 숭고한 원칙이고, 사려 깊은 사람이라면 누구나 받아들여야 하는 것입니다. 그는 모든 것이 선하기를 원했고 그의 힘을 최대한 활용해서 어느 것도 허접하지 않게 만들려고 했습니다. 그래서 눈에 보이는 모든 것을 가져다가 (그런데 그것들이 평화롭게 유지되는 것이 아니라 질서 없이 거슬리게 움직였으므로) 무질서로부터 질서를 이끌었습니다. 질서가 무질서보다 모든 면에서 낫다고 생각했기 때문입니다.
(Plato, Plato's Timaeus: Translation, Glossary, Appendices, and Introductory Essay, trans. Peter Kalkavage (Focus, 2001), 60-61를 참고하라.)

캘커비지가 원문에 충실하게 직역했다면, 조윗의 번역은 플라톤이 의미하려 한 바에 대한 해석을 담고 있어서 비전문가가 이해하기 더 쉽다. 『티마이오스』가 다루는 철학적 문제의 모든 차원을 이해하고 싶다면 캘커비지의 번역을 권하고, 이후 몇천 년 동안 과학의 실행에 어떤 영향을 주었는지와 관련해 플라톤의 관념론을 개괄적으로 파악하고 싶다면 조윗의 번역의 권한다.

3. 『자연학』 · 아리스토텔레스 (기원전 330년경)

40년에 걸쳐 아리스토텔레스의 저작을 표준 영어로 번역한 옥스퍼드 번역 프로젝트의 일환으로 R. P. 하디와 R. K. 게예가 번역한 『자연학』이 재출간되었다. 무료 전자책으로도 볼 수 있다.
Aristotle, *Physics*, trans. R. P. Hardie and R. K. Gaye, Clarendon Press (1930. 전자책은 인터넷 클래식 아카이브Internet Classics Archive에서 볼 수 있다. 종이책은 디지리즈Digireads 출판사에서 재출간되었다. ISBN 978-1420927467)
더 수월하게 읽히는 최근 번역본으로는 로빈 워터필드의 번역본이 있다. 『자연학』 여덟 권을 다 보고 싶은 사람에게 권한다.
Aristotle, *Physics*, trans. Robin Waterfield, Oxford World's Classics, Oxford University Press (1999, ISBN 978-0192835864)

4. 『동물지』 · 아리스토텔레스 (기원전 330년경)

리처드 크레스웰의 19세기 번역은 지금 읽기에도 무리가 없다. 무료 전자책을 온라인으로 볼 수 있다.
Johann Gottlob Schneider, ed., *Aristotle's History of Animals in Ten Books*, trans. Richard Cresswell, Henry G. Bohn. (1862, 전자책)
종이책 중 가장 좋은 것은 3권으로 된 로브 클래시컬 라이브러리 번역본인데 가격이 훨씬 비싸다.
Aristotle and A.L. Peck, *Aristotle: History of Animals, Books I-III* (Loeb Classical Library no. 437),

Harvard University Press (1965, ISBN 978-0674994812)
Aristotle and A.L. Peck, *Aristotle: History of Animals, Books IV-VI* (Loeb Classical Library, no. 438), Harvard University Press (1970, ISBN 978-0674994829)
Aristotle, Allan Gotthelf, and D.M. Balme, *Aristotle: History of Animals, Books VII-X* (Loeb Classical Library no. 439), Harvard University Press (1991, ISBN 978-0674994836)

5. 『모래알을 세는 사람』 • 아르키메데스 (기원전 250년경)

토머스 히스의 19세기 번역본을 무료 전자책으로 볼 수 있다.
Archimedes, *The Works of Archimedes*, trans. T. L. Heath, Cambridge University Press (1897, 전자책)
도버 출판사에서 나온 페이퍼백에는 「모래알을 세는 사람」과 함께 히스의 서문과 「구와 원기둥에 관하여On the Sphere and Cylinder」, 「원의 측정Measurement of a Circle」을 포함한 아르키메데스의 논문 여덟 편이 실려 있다.
Archemedes, *The Works of Archimedes on Mathematics*, trans. Thomas L. Heath, Dover Publications (2013, ISBN 978-0486420844)
히스 번역본에는 아르키메데스가 사용한 그리스 숫자가 현대 아라비아 숫자와 지수 표기로 변환되어 있으며 때때로 그리스 숫자가 괄호에 병기되어 있다.

6. 『사물의 본성에 관하여』 • 루크레티우스 (기원전 60년경)

루크레티우스는 라틴어 운문으로 글을 썼다. 고대 세계에서는 운문이 과학적인 저술의 방식이었다. 비교적 현대적인 산문체 번역은 로널드 E. 레이섬의 번역본을 참고하라.
Lucretius, *On the Nature of the Universe*, trans. Ronald E. Latham, Penguin Classics, revised sub. edition (1994, ISBN 978-0140446104)
원문에 더 충실한 J. S. 왓슨의 옛 번역도 여전히 읽을 만하며 전자책으로 구할 수 있다.
Titus Lucretius Carus, *Lucretius On the Nature of Things*, trans. John Selby Watson, Henry G. Bohn (1851, 전자책)
원문과 비슷한 운문 형태의 번역본을 보려면 옥스퍼드 월드 클래식 번역본을 추천한다. 원문과 동일하게 운문의 행 구분이 되어 있다. 번역도 분명하고 간결하다.
Lucretius, *On the Nature of the Universe*, trans. Ronald Melville, Oxford World's Classics, Oxford University Press (2009, ISBN 978-0199555147)

7. 『알마게스트』 • 프톨레마이오스 (서기 150년경)

『알마게스트』의 현대 번역본은 두 개가 있다. R. 케이츠비 탈리아페로R.Catesby Taliaferro의 번역은 1952년에 브리태니커 백과사전에서 펴낸 『서구의 위대한 저술』 시리즈 제16권에 실려 있다. 현재는 절판되었지만 중고로 구할 수 있으며 대부분의 대학 도서관과 공공 도서관에도 소장되어 있다.

Robert Maynard Hutchins, ed., *Ptolemy, Copernicus, Kepler* (Great Books of the Western World, vol. 16), Encyclopedia Britannica (1952, ISBN 978-0852291634)

더 최근 번역본은 G. J. 투머의 번역본으로, 학술서지만 일반인도 읽을 수 있다. 가격은 비싸다. 프린스턴 대학 출판부가 펴냈으며 방대한 주석과 설명이 달려 있어서 『알마게스트』의 내용을 이해하기는 더 쉽지만 700페이지나 된다(그러므로 정말로 중세 천문학에 관심 있는 사람들에게 유용할 것이다).

Ptolemy, Ptolemy's Almagest, trans. G. J. Toomer, Princeton University Press (1998, ISBN 978-0691002606)

8. 『주해』 · 코페르니쿠스 (1514년)

『주해』는 제자 레티쿠스가 쓴 코페르니쿠스의 저술에 대한 요약(『코페르니쿠스의 회전에 관한 책의 첫 번째 설명』. 줄여서 『첫 번째 설명The Narratio prima』으로 불림) 및 코페르니쿠스가 천문학자 요하네스 베르너Johannes Werner의 계산을 반박한 편지(「베르너에 반론하는 편지The Letter agaisnt Werner」)와 함께 『코페르니쿠스의 세 논문Three Copernican Treatises』이라는 제목의 모음집에 수록되어 있다.

Edward Rosen, trans., *Three Copernican Treatises*, 2nd edition. Dover Publications (2004, ISBN 978—0486436050)

코페르니쿠스의 친구들처럼 수학은 빼고 결론만 읽고 싶다면 『주해』를 권한다. 『천체의 회전에 관하여』보다 훨씬 짧다. 기하학적 증명에 도전해보고 싶다면 『천체의 회전에 관하여』를 권한다.

『천체의 회전에 관하여』(1543년)는 20세기 초 찰스 글렌 월리스가 번역한 책이 지금도 페이퍼백으로 출간되고 있다.

Nicolaus Copernicus, *On the Revolutions of the Heavenly Spheres*, trans. Charles Glenn Wallis, Prometheus Books (1995, ISBN 978-1573920353)

동일한 번역의 또 다른 판본에는 스티븐 호킹이 쓴 서문과 주석이 달려 있다.

Nicolaus Corpernicus, *On the Revolutions of the Heavenly Spheres*, trans. Charles Glenn Wallis, ed. Stephen Hawking, Running Press (2002, ISBN 0-7624-2021-9)

9. 『신논리학』 · 프랜시스 베이컨 (1620년)

1권은 '아포리즘'으로 시작한다. 베이컨이 (네 가지 우상에 대한 논의 등) 당대의 자연 과학에서 사용되던 방법론을 반박하는 짧은 언명들이 담겨 있다. 2권에는 그가 제시하는 대안적 방법론이 서술되어 있다. 제임스 스페딩과 로버트 엘리스의 19세기 번역이 가장 널리 발간된다. 전자책으로도 볼 수 있다. 전자책 버전은 여러 가지가 있다. 다음은 그 중 하나다.

The Philosophical Works of Francis Bacon, trans. and ed. James Spedding and Robert Ellis, vol. 4, Longman (1861, 전자책, ISBN 없음)

서문, 개요, 주석 등이 포함된 더 최근의 번역본으로는 리사 자딘과 마이클 실버손의 번역본이 있다.
Francis Bacon, *The New Organon*, ed. Lisa Jardine and Michael Silverthorn, Cambridge University Press (2000, ISBN 978-0521564830, 전자책 있음)
자딘과 실버손의 번역본에는 유용한 주석이 담겨 있고 더 현대적인 영어로 되어 있지만 늘 더 명료한 것은 아니다. 예를 들면 스페딩과 엘리스의 번역본에서 1권, 아포리즘 12는 아래와 같다.

> 오늘날 사용되는 논리학은 진리를 찾아나가는 것을 돕기보다는 흔히 받아들여지는 통념에 기반한 오류들을 고착시키고 공고히 하는 데 힘쓰고 있다. 따라서 이로움을 주기보다는 해로움을 주는 경우가 많다.

자딘과 실버손의 번역은 다음과 같다.

> 현재의 논리학은 진리를 질문하기보다는 오류들(이 자체에도 통념에 근거하고 있다)을 구축하고 고착화하기에 더 좋다. 그러므로 유용하지 않고 몹시 해롭다.

10. 『심장의 운동에 관하여』 · 윌리엄 하비 (1628년)

1653년의 영어 번역본이 도버 출판사에서 재출간되었다. 『심장의 운동에 관하여』와 『혈액의 순환에 관하여De circulatione sanguinis』가 함께 수록되어 있다. 옛 영어로 쓰여 있지만 읽기에는 무리가 없다. 널리 읽히는 것은 로버트 윌리스가 19세기에 번역한 것으로, 무료 전자책으로 볼 수 있다. 제목은 『동물의 심장과 혈액의 운동에 관한 해부학적 논고An Anatomical Disquisition on the Motion of the Heart and Blood in Animals』로 되어 있다.
Robert Willis, trans., *The Works of William Harvey*, M.D., Sydenham Society (1847, 전자책, ISBN 없음)
윌리스의 번역은 프로메테우스 북스 출판사에서 『동물의 심장과 혈액의 운동에 관하여』라는 제목의 페이퍼백으로도 출간되었다.
William Harvey, *On the Motion of the Heart and Blood in Animals*, trans. Robert Willis, Prometheus Books (1993, ISBN 978-0879758547)

11. 『대화: 천동설과 지동설, 두 체계에 관하여』 · 갈릴레오 갈릴레이 (1632년)

가장 좋고 가장 읽기 쉬운 영어 번역본은 스틸만 드레이크Stillman Drake의 번역본이다. 원래는 1953년에 나왔지만 주석이 달린 개정판으로 모던 라이브러리 과학 시리즈로 다시 출간되었다.
Galileo Galilei, *Dialogue Cooncerning the Two Chief World Systems, Ptolemaic and Copernican*, trans. Modern Library (2001, ISBN 978-0375757662, 스틸먼 드레이크의 수정된 주석 추가)

12. 『회의적인 화학자』 · 로버트 보일 (1661년)

『회의적인 화학자』는 읽기 쉽지 않다. 로렌스 프린시프Lawrence Principe는 '장황하고 반복적이고 잘 연결이 되지 않으며 때때로 상충되기도 한다'고 언급했다. (참고 : Lawrence Principe, "In retrospect: The

Sceptical Chymist," Nature 469 (January 6, 2011): 30) 하지만 서문, 생리적 조건, 그리고 1부는 보일의 관심사와 실험 방법론에 대한 헌신을 개괄적으로 파악하기에 좋다.
Robert Boyle, *The Sceptical Chymist: The Classic 1661 Text*, Dover Publications (2003, ISBN 978-0486428253, 전자책 있음)

13. 『마이크로그라피아』 • 로버트 훅 (1665년)

『마이크로그라피아』는 여러 판본이 있지만 훅의 훌륭한 삽화를 원래의 크기대로 상세하게 수록하고 있는 것은 거의 없다. 삽화를 보는 가장 좋은 방법은 옥타보의 CD를 통해 보는 것이다. 이 CD들은 원본의 실제 페이지들을 선명하게 스캔해 PDF 형태로 수록하고 있다. 확대하거나 회전시켜 볼 수 있고, 컬러로도, 흑백으로도 볼 수 있다.
Robert Hooke, *Micrographia*, Octavo Digital Rare Books (CD-Rom, 1998, ISBN 1-891788-02-7)
하지만 옥타보 CD에서 글은 매우 알아보기 어렵고 현대 영어로 되어 있지 않다. 글을 읽으려면 (구텐베르크 프로젝트에서 제공하는) 무료 전자책을 보거나 종이책으로 출간된 것을 읽기를 권한다. 특히 서문에는 그가 이성의 역량과 감각적 지각 사이의 관계에 대해 설명한 내용이 실려 있다.
Robert Hooke, *Micrographia*, Project Gutenberg (2005, 전자책)
Robert Hooke, *Microcraphia*, Cosimo Classics (2007, ISBN 978-1602066632)

14. 「자연 철학 연구의 규칙」과 「일반 주석」 • 아이작 뉴턴 (1687년 · 1713년 · 1726년)

『프린키피아(자연 철학의 수학적 원리)』에 수록되어 있다. 『프린키피아』 전체를 읽고자 한다면 몇 가지 판본 중 선택할 수 있다. 가장 명료한 현대 번역본은 I. 버나드 코언과 앤 휘트먼의 번역본인데 950페이지나 된다. 앞의 절반은 논평, 설명, 그리고 이 어려운 책을 어떻게 읽을 것인가에 대한 지침이다.
Isaac Newton, *The Principia: Mathematical Principles of Natural Philosophy: A New Translation*, trans. I. Bernard Cohen and Anne Whitman, assisted by Julia Budenz, University of California Press (1999, ISBN 978-0520088177)
앤드류 모트가 1729년에 번역한 번역본도 여러 판본으로 나와 있다. 오래되었고 군데군데 부정확한 곳도 있지만 코언과 휘트먼의 번역본보다 문장이 더 읽기 어렵지는 않다.
Isaac Newton, *The Principia: Mathematical Principles of Natural Philosophy*, trans. Andrew Motte, Daniel Adee, publisher (1846, 전자책).
Isaac Newton, *The Principia: Mathematical Principles of Natural Philosophy*, trans. Andrew Motte, Snowball Publishing (2010, ISBN 978-1607962403,전자책 있음)
『프린키피아』의 주요 부분(「자연 철학 연구의 규칙」과 「일반 주석」의 일부분 포함) 발췌와 뉴턴의 다른 저술을 논평과 함께 모은 선집으로는 노튼 출판사에서 나온 것이 있다.
Bernard Cohen and Richard S. Westfall, eds., *Newton: Texts, Backgrounds, Commentaries*, W. W. Norton (1995, ISBN 978-0393959024)

15. 「박물지」 · 조르주-루이 레클레르크(뷔퐁 백작) (1749~1788년)

1권은 두 개의 장으로만 되어 있다. 1장 '지구의 역사와 이론'은 지구의 형성에 대한 뷔퐁의 모든 이론을 담고 있으며 매우 긴 2장 '지구론의 증명'은 상세한 주장과 실험 증거들을 제시한 19개의 소논문으로 되어 있다. 1장은 꼼꼼하게 읽을 가치가 있으며 2장은 훑어보면 충분할 것이다. 9권에는 1권의 내용에 대한 추가와 부록이 많이 담겨 있다. '뷔퐁의 자연의 시대 구분을 뒷받침하는 주장과 사실들: 거대 동물에 관하여, 빙하에 관하여, 북-동 통로에 관하여, 인간의 힘이 자연의 힘을 도운 시기에 관하여'라는 제목의 절만 읽으면 충분할 것이다. 윌리엄 스멜리의 번역이 영어본으로서는 유일하다. 쉽게 읽히지만 자연의 시대 구분에 대한 절은 역자가 재구성한 것임을 염두에 두어야 한다. 무료 전자책을 여러 버전으로 구할 수 있지만 가장 구하기 쉬운 것은 미시건 대학의 18세기 저술 컬렉션을 통하는 것이다. 이 책의 웹사이트에 링크되어 있다.

Georges-Louis Leclerc, Comte de Buffon, *Natural History: General and Particular*, trans. William Smellie, vol 1 (1780, 전자책, ISBN 없음)

Georges-Louis Leclerc, Comte de Buffon, *Natural History: General and Particular*, trans. William Smellie, vol. 9 (1785, 전자책, ISBN 없음)

16. 「지구론」 · 제임스 허턴 (1785년 · 1788년)

제임스 허턴의 문체는 그의 편이 아니다. 전기 작가이자 그의 팬인 플레이페어마저도 조심스럽게 다음과 같이 말했을 정도다. "(허턴의 논증은) 엄격하게 논리적으로 만들기 위해 너무 주의를 기울인 나머지 당혹스럽게 될 때가 있으며, (글의) 배열에 대한 저자 특유의 개념이 있어서 그에 따라 이뤄지는 전환은 종종 예기치 않고 갑작스럽다." 하지만 허턴이 주장한 '동일한 과정에 따른 오랜 역사'는 현대 지질학의 기초가 되었다. 책 전체를 다 읽을 필요는 없지만 허턴이 제시한 대륙 형성 이론과 '심원한 시간'에 대한 내용을 보려면 1장은 읽기를 권한다. 1785년과 1788년의 영어본을 온라인으로 볼 수 있지만 현대 영어가 아니고 스캔이 불명료한 부분들도 있다. 현대 영어로 된 디지털 문서 버전이 킨들용으로 나와 있다.

James Hutton, *Theory of the Earth*, Amazon Digital Services (출간일 없음, 전자책, ASIN B0071FII70)

케신저 출판사의 종이책도 구할 수 있다.

James Hutton, *Theory of the Earth*, Kessinger Publishing (2010, ISBN 978-1162713540)

17. 「기초 논의」 · 조르주 퀴비에 (1812년)

퀴비에 저서의 현대 영어본으로 가장 좋은 것은 마틴 J. S. 루드윅이 번역한 선집에 실린 것이다. 「기초 논의」뿐 아니라 1796년의 획기적인 논문과 1811년의 파리 분지에 대한 저술도 포함되어 있다. 「기초 논의」(이 부분이 별도로 출간될 때는 『지구의 혁명The Revolutions of the Globe』이라는 제목으로 출간되기도 한다)는 15장이다. 루드윅의 서문을 다 읽을 필요는 없다. 이 서문은 '기초 논의'만큼이나 긴데 덜 명료하다.

Martin. J.S. Rudwick, *Georges Cuvier, Fossil Bones, and Geological Catastrophes: New Translations & Interpretations of the Primary Texts*, University of Chicago Press (1998, ISBN 978-0226731070,

전자책 있음)
로버트 제임슨Robert Jameson의 1818년 번역본은 『지구론에 관한 에세이Essay on the Theory of the Earth』라는 제목으로 나와 있으며, 군데군데 고어투가 있지만 읽을 만하다. 많은 도서관이 소장하고 있고 무료 전자책으로도 볼 수 있다.
George Cuvier, *Essay on the Theory of the Earth*, trans. Robert Jameson, Kirk & Mercein (1818, 절판, 전자책 있음, IBSN 없음)

18. 『지질학 원리』 • 찰스 라이엘 (1830년)

『지질학 원리』 판본 대부분은 1830년부터 1832년 사이에 쓰여진 3권 전체를 담고 있다. 원래 라이엘은 두 권으로 책을 구성하려 했다. 하나는 전반적인 원리들(1권)을, 다른 하나는 구체적인 지질학적 증거들(지금은 3권)을 다룰 계획이었지만, 화석 기록에 대해 설명할 필요를 느끼게 되어서 새로운 권(2권)을 추가했다. 지질학에 대한 내용은 동일 과정설을 설명한 1권만 읽으면 충분할 것이다. 1830년의 원본은 여러 곳에서 온라인으로 볼 수 있고 PDF로 다운로드 받을 수도 있다. 펭귄 출판사는 양질의 페이퍼백을 제임스 A. 세코드의 편집으로 내놓고 있다. 3권 모두를 담고 있으며 유용한 서문도 포함되어 있다.
Sir Charles Lyell, *Principles of Geology, Being an Attempt to Explain the Former Changes of the Earth's Surface, by Reference to Causes Now in Operation*, vol. 1, John Murray (1930, 전자책, ISBN 없음)
Charles Lyell, *Principles of Geology*, ed. James A. Secord, Penguin Books(1997, ISBN 978-0140435238, 전자책 있음)

19. 『지구의 나이』 • 아서 홈스 (1913년)

『지구의 나이』 초판은 온라인에서 볼 수 있고(이 책의 웹사이트 참고) 포가튼 북스를 통해 PDF 파일로 내려받을 수도 있다. (읽기에 무리는 없으나 파일을 변환할 때 자간이 달라지고 제목이 기계적으로 변환돼 본문 내용 중에 삽입되는 경우가 있다.) 초판인 하퍼스 라이브러리판에는 홈스의 그림과 도표가 들어 있다. 대부분의 대학 도서관과 공공 도서관에 소장되어 있다. 중고 책을 살 때는 주의해야 한다. 전자 문서를 그대로 복제한 품질이 낮은 책자가 유통되는 경우가 많기 때문이다. 그보다는, 어니스트 벤과 넬슨 앤 선스가 재출간한 책을 권한다.
Authur Holmes, *The Age of the Earth*, Harper & Brothers (1913, 하드커버와 전자책 있음, ISBN 없음)

20. 『대륙과 해양의 기원』 • 알프레드 베게너 (1915년 · 1929년)

존 비럼의 1966년 번역본(1929년에 나온 독일어본 4판을 기준으로 한 것)이 도버 출판사에서 출간되고 있다. 페이퍼백과 전자책 모두 구입가능하다.
Alfred Wegener, *The Origin of Continents and Oceans*, trans. John Biram, Dover Publications (1966, ISBN 978-0486143897, 전자책 있음)

21. 『티라노사우루스 렉스와 멸망의 운석 구덩이』 • 월터 앨버레즈 (1997년)

앨버레즈의 글은 읽기 쉽고 통찰력 있다. 페이퍼백과 전자책 모두 구할 수 있다.
Walter Alverez, *T. rex and the Crater of Doom*, Princeton University Press (2008, ISBN 978-0691131030, 전자책 있음)

22. 『동물 철학』 • 장-바티스트 라마르크 (1809년)

라마르크는 명료하지만 반복적이다. 『동물 철학』은 필요한 정도보다 다섯 배는 길다. 1권의 서문, 기초 논의, 1~4장, 7장, 2권의 1, 2장을 읽으면 그의 주장을 대체로 파악할 수 있다. 1914년에 휴 엘리엇이 번역한 영문본이 여전히 표준이다. 전자책으로 구할 수 있으며 동일한 내용을 포가튼 북스 출판사의 종이책으로도 구할 수 있다.
Jean Baptiste Lamarck, *Zoological Philosophy: An Exposition with regard to the Natural History of Animals*, trans. Hugh Elliot, Macmillan (전자책, 1914; 포가튼 북스의 종이책, 2012; ISBN 없음)

23. 『종의 기원』 • 찰스 다윈 (1859년)

『종의 기원』은 여러 형태와 판본으로 나와 있다. 1859년의 초판이 가장 분명하고 간결하며 쉽게 읽힌다. 1859년판으로 유통되는 책은 대부분 3판(1861년)에 다윈이 추가한 '종의 기원에 대한 견해들이 어떻게 달라져 왔는지에 관하여'를 포함하고 있다. 여기에서 다윈은 라이엘, 라마르크 등에게서 받은 지적 영향을 밝히고 있다. 길지 않으며 읽을 만하다. 아래의 추천본은 여러 판본 중 하나일 뿐이며 다른 것들도 많다. 아래의 판본도 1859년판과 1861년에 추가한 에세이를 모두 담고 있다.
Charles Darwin, *The Origin of Species*, Wordsworth Editions (1998, ISBN 978-1853267802, 전자책 있음)

24. 『식물의 잡종에 관한 실험』 • 그레고어 멘델 (1865년)

멘델의 논문은 1901년에 왕립 원예 학회에서 영어로 번역되었다. 명료하고 간결한 번역으로, 여전히 표준으로 남아 있다. W. P. 베이트슨의 영어본은 1909년에 출간된 『멘델의 유전 법칙』에 수록돼 있으며 온라인으로도 볼 수 있다. 코시모 출판사에서도 재출간되었다. 모든 공식과 도표가 수록돼 있다.
Gergor Mendel, *Experiments in Plant Hybridisation, Cosimo Publications* (2008, ISBN 978-1605202570, 전자책 있음)

25. 『진화: 현대적 종합』 • 줄리언 헉슬리 (1942년)

2010년에 MIT 대학 출판부는 헉슬리가 쓴 서문, 2판과 3판의 서문과 함께 1942년판을 재출간했다.
Julian Huxley, *Evolution: The Modern Synthesis: The Definitive Edition*, MIT Press (2010, IBNS 978-0262513661)

26.『이중 나선』• 제임스 D. 왓슨 (1968년)

왓슨의 원본은 종이책과 전자책 모두 구할 수 있다. 더 확장된 개정판은 편집자 주석과 배경 설명, 개인적으로 주고 받은 편지 내용, 추가적인 그림 등이 포함되어 있으며 하드커버와 전자책으로 구할 수 있다.

James D. Watson, *The Double Helix: A Personal Account of the Discoery of the Structure of DNA*, Touchstone (2001, ISBN 978-0743216302, 전자책 있음)

James D. Watson, *The Annotated an Illustrated Double Helix*, ed. Alexander Gann and Jan Witkowski, Simon & Schuster (2012, ISBN 978-1476715490, 전자책 있음)

27.『이기적 유전자』• 리처드 도킨스 (1976년)

초판은 중고 서적으로 구할 수 있으며, 1, 2판의 서문과 새로운 서문, 업데이트된 참고 문헌를 담은 30주년 기념판(3판, 2006)도 나와 있다. 책 전체를 읽을 가치가 충분히 있지만, 생화학적 정보뿐 아니라 문화적 정보가 세대를 거쳐 전승되는 방식을 논의하는 9장은 특히 주목할 만하다. 도킨스는 '문화적 전승의 단위(곡조, 사상, 캐치 프레이즈, 복식, 그릇을 만드는 방식, 건물의 아치를 만드는 방식 등)'를 일컫기 위해 그리스어 미메메mimeme에서 따온 '밈meme'이라는 말을 만들면서 영어 어휘에 (이제는 일상화된) 새로운 단어를 추가했다.

Richard Dawkins, *The Selfish Gene*, Oxford University Press (1976, ISBN 978-0198575191)

Richard Dawkins, *The Selfish Gene*, Oxford University Press (30주년 기념판, 2006, ISBN 978-0199291151, 전자책 있음)

28.『인간 본성에 대하여』• E. O. 윌슨 (1978년)

초판의 하드커버본을 쉽게 구할 수 있다. 2004년 개정판은 초판에 대한 대중의 반응에 대해 자신의 입장을 쓴 윌슨의 서문이 수록되어 있다.

Edward O. Wilson, *On Human Nature*, Harvard University Press (1978년, ISBN 978-067463411)

Edward O. Wilson, *On Human Nature*, Harvard University Press (개정판(새 서문 포함), 2004, ISBN 978-0674016385, 전자책 있음).

29.『인간에 대한 오해』• 스티븐 제이 굴드 (1981년)

1981년판의 페이퍼백본을 중고 서점에서 구할 수 있다. W. W. 노튼 출판사가 내고 있는 개정판에는 자신의 주장에 대한 업데이트된 내용과 초판 이후로 생물학적 결정론자 진영과 벌였던 논쟁에 대한 내용이 담겨 있다.

Stephen Jay Gould, *The Mismeasure of Man*, W. W. Norton (1981, ISBN 978-0393300567)

Stephen Jay Gould, *The Mismeasure of Man*, W. W. Norton (개정판, 페이퍼백과 전자책, 1996, ISBN 978-0393314250, 전자책 있음)

30. 『일반 상대성 이론』 • 알베르트 아인슈타인 (1916년)

방정식들이 나오긴 하지만 명료하고 간결하게 기술되어 있고 수학자가 아니어도 읽을 수 있다. 여러 판본으로 구할 수 있지만 1920년에 나온 로버트 W. 로슨의 번역본이 가장 널리 읽힌다. 대부분의 판본은 아인슈타인이 요약한 특수 상대성 이론에 대한 내용도 담고 있다. 일반 상대성 이론이 특수 상대성 이론에 기초해서 세워졌으므로 둘 다 읽기를 권한다.

Albert Einsteinm, *Relativity: The Special and the General Theory*, trans. Robert W. Lawson, 로저 펜로스의 서문, 로버트 게로치의 논평, 데이비드 C. 캐시디의 배경 설명 수록, Pi Press (2005, ISBN 978-0131862616, 전자책 있음)

31. 「양자 이론의 기원과 발전」 • 막스 플랑크 (1922년)

노벨상 수상 연설을 적은 짧은 글로, 양자 이론의 초기 발달 과정을 파악하기에 매우 좋다. H. T. 클라크와 L. 실버스타인의 영어 번역을 온라인에서 쉽게 구할 수 있고 종이책으로도 볼 수 있다.

Max Planck, "The Origin and Developmetn of the Quantum Theory", trans. H. T. Clarke and L. Silberstein, Clarendon Press (전자책, 1922; 종이책은 포가튼 북스 출판사에서 펴낸 재출간본이 있다. 2013, ISBN 978-1440037849)

32. 『생명이란 무엇인가?』 • 에르빈 슈뢰딩거 (1944년)

가장 일반적인 판본은 케임브리지 대학 출판부에서 펴낸 것으로, 양심에 대한 짧은 글 '정신과 물질'도 같이 실려 있다.

Erwin Schrödinger, *What Is Life?: The Physical Aspect of the Living Cell; with, Mind & Matter*; & Autobiographical Sketches, Cambridge University Press (1992, ISBN 978-1107604667, 전자책 있음)

33. 『성운의 왕국』 • 에드윈 허블 (1937년)

허블의 글이 얼마나 어려운지는 1983년에 〈뉴 사이언티스트〉에 실린 서평에서 엿볼 수 있다. 이 서평은 허블의 책이 '일반 독자를 위해 쓰여진 진지하고 체계적인 설명'이라고 했으면서도 '어떤 사람들은 천문학 박사 학위 심사장에서 첫 질문이 『성운의 왕국』을 읽어 보았는가?가 되어야 할 것이라고 말하기도 한다'고 언급했다. 앞과 뒤는 같은 독자층이 아니다. 허블의 문체는 읽을 만한가 싶다가도 다시 너무 어려워지곤 한다. 하지만 뚝심 있는 독자가 파고들어가볼 만한 가치는 충분히 있다. 도전하고픈 사람들에게 권한다.

Edwin Hubble, *The Realm of the Nebulae* (Silliman Memorial Lectures Series), Yale University Press (2013, ISBN 978-0300187120)

34. 『우주의 본질』 • 프레드 호일 (1950년)

호일은 쉽고 명료한 글쓰기가 과학적 견해에 큰 권위를 실어줄 수 있음을 잘 보여 준다. 이 책은 절판되었지만 1960년 하퍼 출판사의 하드커버본을 중고 서점에서 구할 수 있다. 중요한 부분은 밀턴 뮤니츠가 편집한 모음집에서도 볼 수 있다.

Theories of the Universe: From Babylonian Myth to Modern Science, edited by Milton K Munitz (Free Press, 1965)

Fred Hoyle, *The Nature of the Universe*, HarperCollins (1960, ISBN 978-0060028206)

35. 『최초의 3분』 • 스티븐 와인버그 (1977년)

결코 절판되지 않는 고전이다. 1993년에 베이직 북스 출판사가 낸 2판에는 새 서문과 더 최근에 작성된 후기가 실려 있다.

Steven Weinberg, *The First Three Minutes: A Modern View of the Origin of the Universe*, Basic Books (1993, ISBN 978-0465024377, 전자책 있음)

36. 『카오스』 • 제임스 글릭 (1987년)

1987년에 나온 초판은 중고 서점에서 구할 수 있다. 2008년에 최신 정보를 포함해서 약간 수정한 개정판(2판)이 나왔다.

James Gleick, *Chaos: Making a New Science*, Viking (1987, ISBN 978-0670811786)

James Gleick, *Chaos: Making a New Science*, Penguin Books (2008, ISBN 978-0143113454, 전자책 있음)

주석

1장 • 최초의 과학 문헌

1. Albert Einstein and Leopold Infeld, *The Evolution of Physics: The Growth of Ideas from Early Concepts to Relativity and Quanta* (Cambridge University Press, 1938), 33.
2. Robert Parker, *On Greek Religion* (Cornell University Press, 2011), xi, 6.
3. Malcolm Williams, *Science and Social Science: An Introduction* (Taylor & Francis, 2002), 10.
4. Francesca Rochberg, *The Heavenly Writing: Divination, Horoscopy, and Astronomy in Mesopotanian Culture* (Cambridge University Press, 2004), 226.
5. Aristotle, *Metaphysics* 1.3: *Readings in Ancient Greek Philosophy: From Thales to Aristotle*, 4th ed., ed. S. Marc Cohen, Patricia Curd, and C. D. C. Reeve (Hackett, 2011), 2에 수록.
6. Plato, *Protagoras*, trans. Benjamin Jowett (Serenity, 2009), 25.
7. Plinio Prioresche, *A History of Medicine*, vol. 1, *Primitive and Ancient Medicine*, 2nd ed. (Horatius Press, 1996), 42.
8. Hippocrates, "On the Sacred Disease" : *The Corpus: Hippocratic Writings* (Kaplan, 2008), 99에 수록.
9. Lawrence I. Conrad et al., *The Western Medical Tradition: 800 B.C.~1800 A.D.* (Cambridge University Press, 1995), 23-25; Pausanius, *Pausanias's Description of Greece, trans.* J. G. Frazer (Macmillan, 1898), 3:250; Hippocrates, *On Airs, Waters, and Places.* 다음에 수록됨. *Corpus*, 117.

2장 • 인체를 넘어서

1. Lawrence I. Conrad et al., *The Western Medical Tradition: 800 B.C.~1800 A.D.* (Cambridge University Press, 1995), 23; Hippocrates, *On Ancient Medicine*, trans., Mark J. Schiefsky (Brill, 2005), 32.
2. Gerard Naddaf, *The Greek Concept of Nature* (SUNY Press, 1995), 1-2.
3. Aristotle, *Physics*, trans. Robin Waterfield, Oxford World's Classics (Oxford University Press, 1999), xi; Naddaf, *Greek Concept of Nature*, 7, 65-66; Aristotle, *The Metaphysics*, trans. William David Ross : *The Works of Aristotle* (Franklin Library, 1982), 3:175에 수록.
4. Simplicius, *Commentary on the Physics* 28.4-15:Jonathan Barnes, *Early Greek Philosophy*, rev. ed (Penguin, 2002), 202; Aristotle, *On Democratus*, frag. 203 ; Barnes, *Early Greek Philosophy*, 206-7에 인용.
5. Steven Weinberg, *Dreams of a Final Theory: The Scientist's Search for the Ultimate Laws of Nature* (Vintage, 1994), 7-8 : "The Triumph of the Big Bang", 27장을 참고.
6. C.C.W. Taylor, *The Atomists: Leucippus and Democritus, Fragments* (University of Toronto Press, 1999), 214-15.
7. Naddaf, *Greek Concept of Nature*, 9.
8. George Sarton, *A History of Science: Ancient Science through the Golden Age of Greece* (Harvard University Press, 1964), 421-24; Benjamin Jowett, *The Dialogues of Plato in Four Volumes* (Charles Scribner's Sons, 1892), 2:458-59.

3장 • 변화

1. George Sarton, *A History of Science: Ancient Science through the Golden Age of Greece* (Harvard University Press, 1964), 423.
2. Jennifer Vonk and Todd K. Shackelford, eds., *The Oxford Handbook of Comparative Evolutionary Psychology* (Oxford University Press, 2012), 42.

3. Sarton, *History of Science*, 539; Jonathan Barnes, ed., *The Cambridge Companion to Aristotle* (Cambridge University Press, 1995), 123-26.

4장 • 모래알

1. Malcolm Williams, *Science and Social Science: An Introduction* (Taylor & Francis, 2002), 11; Lewis Wolpert, *The Unnatural Nature of Science* (Harvard University Press, 1992), 35-36; Keith Devlin, *The Language of Mathematics: Making the Invisible Visible* (W.H. Freeman, 2000), 20.
2. Kenneth S. Guthrie and David R. Fideler, *The Pythagorean Sourcebook and Library: An Anthropology of Ancient Writings Which Relate to Pythagoras and Pythagorean Philosophy* (Phanes Press, 1987), 58.
3. Richard Mankiewicz, *The Story of Mathematics* (Princeton University Press, 2000), 24.
4. Guthrie and Fideler, *Pythagorean Sourcebook*, 60; Mankiewicz, *Story of Mathematics*, 24, 26; Devlin, *Language of Mathematics*, 21.
5. 에우클레이데스의 『원론』에 대한 주석 : Richard J. Trudeau, *The Non-Euclidean Revolution* (Birkhauser, 1987), 103에 인용.
6. Plato, *The Republic: The Complete and Unabridged Jowett Translation* (Vintage, 1991), 265, 279, 281.
7. Margaret J. Osler, *Reconfiguring the World: Nature, God, and Human Understanding from the Middle Ages to Early Modern Europe* (Johns Hopkins University Press, 2010), 13-14.
8. Plato, *Republic*, 280.
9. Guthrie and Fideler, *Pythagorean Sourcebook*, 178; Carl Huffman, *Archytas of Tarentum: Pythagorean, Philosopher and Mathematician King* (Cambridge University Press, 2005), 303-4; Aristotle, *Politics*, trans. Earnest Barker, Oxford World's Classics (Oxford University Press, 1988), 311.
10. Devlin, *Language of Mathematics*, 300.
11. Euclid, *The Thirteen Books of the Elements*, 2nd ed., trans. Thomas L. Heath (Cambridge University Press, 1908), 1.
12. Vitruvius Pollio, *Vitruvius: The Ten Books on Architecture*, trans. M.H. Morgan (Dover, 1960), 254; Mary Gaeger, *Archimedes and the Roman Imagination* (University of Michigan Press, 2008), 19.
13. Keith Kendig, *Sink or Float: Thought Problems in Math and Physics* (Mathematical Association of Virginia, 2008), 67.
14. Archimedes, "The Sand-Reckoner" : *The Works of Arthimedes*, trans. Thomas, L. Heath (Cambridge University Press, 1897), 221-22에 수록.
15. Alan W. Hirshfeld, *Parallax: The Race to Measure the Cosmos* (Birkhäuser, 2000), 12, 14-15.
16. George Coyne and Michael Heller, *A comprehensible Universe* (Springer, 2008), 22-24; Charges Seife, *Zero: The Biography of a Dangerous Idea* (Viking, 2000), 51-52.

5장 • 빈 공간

1. C. C. W. Taylor, *The Atomists: Leucippus and Democritus, Fragments* (University of Toronto Press, 1999), 60.
2. Epicurus, "Letter to Herodotus" : *Letters and Sayings of Epicurus*, trans. Odysseus Makridis (Barnes & Noble, 2005), 3-6에 수록.
3. Anthony Gottlieb, *The Dream of Reason: A History of Philosophy from the Greeks to the Renaissance* (W. W. Norton, 2000), 290, 303.
4. George Sarton, *A History of Science: Ancient Science through the Golden Age of Greece* (Harvard University Press, 1964), 495; Lucretius, *On the Nature of the Universe*, trans. Ronald Melville (Oxford

University Press, 1997), xvii.
5. Lucretius, *On the Nature of the Universe*, rev. sub. ed., trans. Ronald E. Latham (Penguin Classics, 1994), 13-14.
6. Tirus Lucretius Carus, *On the Nature of Things*, trans. John Selby Watson (Henry G. Bohn, 1851), 96.

6장 • 지구 중심적인 우주

1. K.P. Moesgarrd, "Astronomy": *Companion Encyclopedia of the History & Philosophy of the Mathematical Sciences*, ed. I. Grattan-Guinness (Routledge, 1994), 241-42; Margaret J. Osler, *Reconfiguring the World: Nature, God, and Human Understanding from the Middle Ages to Early Modern Europe* (Johns Hopkins University Press, 2010), 16에 수록.
2. Norriss S. Hetherington, *Cosmology: Historical, Literary, Philosophical, Religious, and Scientific Perspectives* (CRC Press, 1993), 74-76.
3. Osler, *Reconfiguring the World*, 15.
4. C. M. Linton, *From Eudoxus to Einstein: A History of Mathematical Astronomy* (Cambridge University Press, 2008), 48.
5. H. Floris Cohen, *How Modern Science Came into the World: Four Civilizations, One 17th-Century Breakthrough* (Amsterdam University Press, 2010), 53.
6. Moesgaard, "Astronomy," 243-45; Cohen, *How Modern Science Came*, 56.
7. David C. Lindberg, *The Beginnings of Western Science*, 2nd ed. (University of Chicago Press, 2007), 249.
8. Olaf Pedersen, *A Survey of the Almagest*, rev. ed. (Springer, 2011), 19; Linton, *From Eudoxus to Einstein*, 117; Albert van Helden, *Measuring the Universe: Cosmic Dimensions from Aristarchus to Halley* (University of Chicago Press, 1985), 171.
9. Lynn Throndike, *A History of Magic and Experimental Science* (Columbia University Press, 1941), 5:332.

7장 • 최후의 고대 천문학자

1. H. Floris Cohen, *How Modern Science Came into the World: Four Civilizations, One 17th Century Breakthrough* (Amsterdam University Press, 2010), 106.
2. *De revolutionibus*의 서문 : Thomas S. Kuhn, *The Copernican Revolution: Planetary Astronomy in the Development of Western Thought* (Harvard University Press, 1957), 137에 인용.
3. Jack Repcheck, *Copernicus' Secret: How the Scientific Revolution Began* (Simon & Schuster, 2007), 48.
4. Nicolaus Copernicus, *Three Copernican Treatises*, trans. Edward Rosen (Dover, 1959), 57.
5. 위의 책., 58-59.
6. Kuhn, *Copernican Revolution*, 140.
7. Cohen, *How Modern Science Came*, 106; C. M. Linton, *From Eudoxus to Einstein: A History of Mathematical Astronomy* (Cambridge University Press, 2008), 121, 126.
8. Maurice A. Finocchiaro, *Defending Copernicus and Galileo: Critical Reasoning in the Two Affairs* (Springer, 2010), xiv.
9. Linton, *From Eudoxus to Einstein*, 126-27에 인용.
10. Wim Verbaal, Yanick Maes, and Jan Papy, eds., *Latinitas perennis*, vol. 1, *The Continuity of Latin Literature* (Brill, 2007), 133; Nicolaus Copernicus, *On the Revolutions of the Heavenly Spheres*, trans. Charles Glenn Wallis (Prometheus Books, 1995), 6.
11. Copernicus, *On the Revolutions*, 18.

8장 • 새로운 제안

1. Tycho Brahe : Joshua Gilder and Anne-Lee Gilder, *Heavenly Intrigue: Johannes Kepler, Tycho Brahe, and the Murder behind One of History's Greatest Scientific Discoveries* (Random House, 2004), 81에 인용.
2. Catherine Drinker Bowen, *Francis Bacon: The Temper of a Man* (Little, Brown, 1963), 100-102.
3. Brian Vickers, ed., *Francis Bacon: The Major Works* (Oxford University Press, 2002), xviii.
4. Francis Bacon, *The Philosophical Works of Francis Bacon in Five Volumes*, ed. James Spedding (Longman, 1861), 4:65.
5. 위의 책, 81.
6. Jennifer Mensch, *Kant's Organicism: Epigenesis and the Development of Critical Philosophy* (University of Chicago, 2013), 147.
7. Bowen, *Francis Bacon*, 187.
8. Abraham Cowley and Thomas Sprat, *The Works of Mr. Abraham Cowley: Consisting of Those Which Were Formerly Printed, and Those Which He Design'd for the Press, Now Published Out of the Authors Original Copies* (London: Printed by J.M. for Henry Herringman, 1668), 39-40.
9. Macvey Napier, *Lord Bacon and Sir Walter Raleigh* (Macmillan, 1853), 18.

9장 • 입증

1. D'Arcy Power, *Masters of Medicine: William Harvey* (T. Fisher Unwin, 1897), 49, 58.
2. Effie Bendann, *Death Customs: An Analytical Study of Burial Rites* (Routledge, 2010), 48-49; James Longrigg, *Greek Rational Medicine: Philosophy and Medicine from Alcmaeon to the Alexandrians* (Routledge, 1993), 184-85.
3. Roy Porter, *The Cambridge llustrated History of Medicine* (Cambridge University Press, 1988), 75, 157; Lawrence I. Conrad et al., *The Western Medical Tradition: 800 B.C. - 1800 A.D.* (Cambridge University Press, 1995), 147.
4. Charles Singer and C. Rabin, *A Prelude to Modern Science* (Cambridge University Press, 1946), xxxiii; Conrad et al., *Western Medical Tradition*, 275-77; Charles Donald O'Malley, *Andreas Vesalius of Brussels, 1514-1564* (University of California Press, 1964), 117.
5. Andreas Vesalius, *On the Fabric of the Human Body. Book VI, The Heart and Associated Organs. Book VII, The Brain: A Translation of De humani corporis fabricra libri septem*, trans. William Frank Richardson and John Burd Carman (Norman, 2009), 83.
6. Power, *Masters of Medicine*, 55-56.
7. Robert C. Olby et al., eds., *Companion to the History of Modern Science* (Routledge, 1990), 569-70; Lois N. Magner, *A History of the Life Sciences*, 3rd ed. (Marcel Dekker, 2002), 83.
8. Magner, *History of the Life Sciences*, 91; Power, *Masters of Medicine*, 149.
9. John G. Simmons, *Doctors and Discoveries: Lives That Created Today's Medicine* (Houghton Mifflin, 2002), 48.
10. Catherine Drinker Bowen, *Francis Bacon: The Temper of a Man* (Little, Brown, 1963), 14.
11. Power, *Masters of Medicine*, 231.

10장 • 아리스토텔레스의 죽음

1. Griorgio de Santillana, *The Crime of Galileo* (University of Chicago Press, 1955), 3.
2. John Joseph Fahie, *Galileo: His Life and Work* (J. Murray, 1903), 27.

3. Stillman Drake, *Galileo at Work: His Scientific Biography* (Dover, 1978), 2, 473.
4. 위의 책, 21-22.
5. Galileo Galilei, *Dialogue concerning the Two Chief World Systems, Prolemaic and Copernican,* trans. Stillman Drake, ed. Stephen Jay Gould (Modern Library, 2001), 125.
6. David Leverington, *Babylon to Voyager and Beyond: A History of Planetary Astronomy* (Cambridge University Press, 2003), 70.
7. William Cecil Dampier and Margaret Dampier, eds. *Cambridge Readings in the Literature of Science; Being Extracts from the Writings of Men of Science to Illustrate the Development of Scientific Thought* (Cambridge University Press, 1928), 15.
8. Maurice A. Finocchiaro, *Defending Copernicus and Galileo: Critical Reasoning in the Two Affairs* (Springer, 2010), xv; Dampier and Dampier, *Cambridge Readings,* 26-27, 30; Leverington, *Babylon to Voyager,* 83.
9. David Deming, *Science and Technology in World History* (McFarland, 2010), 3:165.
10. Galilei, *Dialogue,* 130-31.
11. Galileo Galilei and Maurice A. Finocchiaro, *The Essential Galileo* (Hackett, 2008), 146.
12. 위의 책, 147.
13. Galilei, *Dialogue,* xvi, 5, 538.
14. Deming, *Science and Technology,* 177-78.

11장 • 도구의 도움

1. Thomas Birch, "The Life of the Honourable Robert Boyle" : Robert Boyle, *The Philosophical Works of the Honourable Robert Boyle in Six Volumes* (J. & F. Rivington, 1772), 1:xxiv에 수록.
2. Robert Boyle, "A Free Inquiry into the Vulgar Notion of Nature" : *The Philosophical Works of the Honourable Robert Boyle* (W. & J. Innys, 1725), 2:115에 수록.
3. 제목 없는 칼럼. *Journal of the Optical Society of America and Review of Scientific Intruments 6,* no. 6 (August 1922): 835-36; Matteo Valleriani, *Galileo Engeneer* (Springer, 2010), 56-57.
4. Marie oas Hall, *Robert Boyle and Seventeenth-Century Chemistry* (Cambridge University Press, 1958), 20.
5. Robert Boyle, *The Sceptical Chymist* (Dover, 2003), 15; Thomas L. Hankins and Robert J. Silverman, *Instruments and the Imagination* (Princeton University Press, 1995), 3.
6. Trevor H. Levere, *Transforming Matter: A History of Chemistry from Alchemy to the Buckyball* (Johns Hopkins University Press, 2001), 14.
7. Birch, "Life of the Honourable Robert Boyle," xxxiv.
8. Hall, *Robert Boyle,* 6; Charles Webster, ed., *The Intellectual Revolution of the Seventeenth Century* (Routledge, 2011), 236-37.
9. Edward Grant, *A Source Booik in Medieval Science* (Harvard University Press, 1974), 324, 326.
10. Boyle, *Philosophical Works* (1772), 1:11.
11. Boyle, *Philosophical Works* (1725), 2:510-32; Boyle, *Philosophical Works* (1772), 1:11-12.
12. James Riddick Partington, *A Short History of Chemistry,* 3rd ed. (Dover, 2011), 22-23.
13. Partington, *Short History of Chemistry,* 29, 36; Levere, *Transforming Matter,* 7-8.
14. Robert Boyle, *A Free Enquiry into the Vulgary Received Norion of Nature,* ed. Edward B. Davis and Michael Hunter (Cambridge University Press, 1996), 114-15.
15. Boyle, *Philosophical Works* (1725), 3:391.

16. Boyle, *Sceptical Chymist*, 17.
17. Michael Hunter, ed., *Robert Boyle Reconsidered* (Cambridge University Press, 2003), 61; Boyle, *Sceptical Chymist*, 3.
18. Hunter, *Robert Boyle Reconsidered*, 72.
19. Robert D. Purrinton, *The First Professional Scientist: Robert Hooke and the Royal Society of London* (Birkhäuser, 2009), 34.
20. Margaret 'Espinasse, *Robert Hooke* (University of California Press, 1962), 43-44.
21. Thomas Birch, *The History of the Royal Society of London* (A. Millar, 1757), 3:344-45.
22. David Freedberg, *The Eye of the Lynx: Galileo, His Friends and the Beginnings of Natural History* (University of Chicago Press, 2002), 180.
23. Robert Hooke, *Migrocraphia* (James Allestry, 1664), 서문.
24. Thomas Birch, *The History of the Royal Society London* (A. Milar, 1756), 1:215ff.
25. 위의 책, 262.
26. Hooke, *Micrographia*, Observation 9.
27. 위의 책, 서문.

12장 • 논증의 규칙

1. Thomas Birch, *The History of the Royal Society of London* (A. Miller, 1756), 2:501.
2. Thomas Birch, *The History of the Royal Society of London* (A. Miller, 1757), 3:1, 10.
3. 위의 책, 5, 14, 50.
4. 위의 책, 269; Charles Hutton, George Shaw, and Richard Pearson, *The Philosophical Transactions of the Royal Society of London* (C. & R. Baldwin, 1809), 2:341; Adrian Johns, "Reading and Experiment in the Early Royal Society" : *Reading, Society, and Politics in Early Modern England*, ed. Kevin Sharpe and Stephen Zwicker (Cambridge University Press, 2003), 260-61에 수록.
5. Peter Machamer, ed., *The Cambridge Companion to Galileo* (Cambridge University Press, 1998), 153-54.
6. I. Bernard Cohen, *Revolution in Science* (Harvard University Press, 1985), 163-70.
7. Ron Larson and Bruce Edwards, *Calculus* (Cengage Learning, 2013), 42.
8. James L. Axtell, "Locke, Newton and the Two Cultures" : *John Locke: Problems and Perspectives*, ed. John W. Yolton (Cambridge University Press, 1969), 166-68에 수록.
9. Barry Gower, *Scientific Method: A Historical and Philosphical Introduction* (Routledge, 1997), 69.
10. Isaac Newton, *The Principia: Mathematical Principles of Natural Philosophy*, trans. I. Bernard Cohen and Anne Whitman (University of California Press, 1999), 942.
11. 위의 책, 943.

13장 • 지질학의 기원

1. James Oliver Thomson, *History of Ancient Geography* (Biblio & Tannen, 1965), 124ff, 342-43; Duane W. Roller, ed. and trans., *Eratosthenes' Geography* (Princeton University Press, 2010), 161, 263-64.
2. Gian Battista Vai and W.G.E. Caldwell, eds., *The Origins of Geology in Italy* (Geological Society of America, 2006), 158; Gary D. Rosenberg, *The Revolution in Geology from the Renaissance to the Enlightenment* (Geological Society of America, 2010), 143-44.

3. Charles R. Van Hise, "The Problems of Geology," *Journal of Geology* 12, no. 7 (1904): 589-91.
4. G. Brent Dalrymple, *The Age of the Earth* (Stanford University Press, 1991), 21; James Ussher, *Annals of the World* (E. Tayler, 1658), 17.
5. William H. Stiebing, *Ancient Astronauts, Cosmic Collisions and Other Popular Theories* (Prometheus Books, 1984), 5.
6. Rosenberg, *Revolution in Geology*, 144-45.
7. Isaac Newton, *Mathematical Principles of Natural Philosophy*, trans. Andrew Motte (Daniel Adee, 1848), 486.
8. Dalrymple, *Age of the Earth*, 28-29.
9. Benoît de Maillet, *Telliamed, or, The World Explain'd* (W. Pechin, 1797), 194-95; Dalrymple, *Age of the Earth*, 25-29.
10. John R. Gribbin, *The Scientists: A History of Science Told through the Lives of Its Greatest Inventors* (Random House, 2003), 221-23.
11. Georges-Louis Leclerc, Comte de Buffon, *Natural History, General and Particular*, 2nd ed., trans. William Smellie (W. Strahan and T. Cadell, 1785), 1:1.
12. William Whiston, *A New Theory of the Earth, from Its Original, to the Consummation of All Things*, 5th ed. (John Whiston, 1737), 373; David Spadafora, *The Idea of Progress in Eighteenth-Century Britain* (Yale University Press, 1990), 112-13.
13. Buffon, *Natural History*, 1:33-34.
14. Dalrymple, *Age of the Earth*, 29-30.
15. Jacques Roger, *Buffon: A Life in Natural History*, trans. Sarah Lucille Bonnefoi (Cornell University Press, 2001), 2-4.
16. Buffon, *Natural History*, 1:258.
17. Henry Gee, *In Search of Deep Time: Beyond the Fossil Record to a New History of Life* (Cornell University Press, 2011), 2-4.

14장 • 새로운 과학의 법칙

1. Dennis R. Dean, *James Hutton and the History of Geology* (Cornell University Press, 1992), 1-3; John Playfair, *The Works of John Playfair, Esq.* (Archibald Constable, 1822). 4:43-44.
2. Playfair, *Works*, 46.
3. Gian Battista Vai and W.G.E. Caldwell, eds., *The Origins of Geology in Italy* (Geological Society of America, 2006), 59-61; Martin J.S. Rudwick, *Bursting the Limits of Time: The Reconstruction of Geohistory in the Age of Revolution* (University of Chicago Press, 2005), 135.
4. Playfair, *Works*, 12.
5. 위의 책, 49-50.
6. Dean, *James Hutton*, 17, 24-25.
7. Charles R. Van Hise, "The Problems of Geology," *Journal of Geology* 12, no. 7 (1904): 614-15.
8. James Hutton, "Theory of the Earth," *Transactiosn of the Royal Society of Edinburgh* 1 (1788): 301.
9. 위의 책, 304.
10. Playfair, *Works*, 63-64.
11. Dean, *James Hutton*, 18, 154.

12. 위의 책, 18; J.E. O'Rourke, "A Comparison of Jaems Hutton's Principles of Knowledge and Theory of the Earth," *Isis* 69, no. 1 (March 1978): 19.
13. Jack Repcheck, *The Man Who Found Time: Jaems Hutton and the Discovery of Earth's Antiquity* (Perseus, 2003), 160-61.
14. Martin J.S. Rudwick, *The Meaning of Fossils: Episodes in the History of Palaeontology*, 2nd ed. (University of Chicago Press, 1985), 104; Claudine Cohen, *The Fate of the Mammoth: Fossils, Myth, and History*, trans. William Rodarmor (University of Chicago Press, 2002), 106-8; John Reader, *Missing Links: In Search of Human Origins* (Oxford University Press, 2011), 45.
15. Martin J.S. Rudwick, *Georges Cuvier, Fossil Bones, and Geological Catastrophes: New Translations & Interpretations of the Primary Texts* (University of Chicago Press, 1997), 21; C.L.E. Lewis and S.J. Knell, *The Making of the Geological Society of London* (Geological Society Publishing House, 2009), 77-78.
16. Rudwick, *Georges Curvier*, 23-24.
17. 위의 책, 84-85; Reader, *Missing Links*, 49.
18. Rudwick, *Georges Cuvier*, 168.
19. 위의 책, 190; Trevor Palmer, *Perious Planet Earth: Catastrophes and Catastrophism through the Ages* (Cambridge University Press, 2003), 30.
20. Rudwick, *Georges Cuvier*, 248.

15장 • 길고 점진적인 역사

1. William Buckland, *Vindiciae geologicae: or, The Connexion of Geology with Religion Explained* (Oxford University Press, 1820), 24.
2. Charles Lyell, *Life, Letters, and Journals of Sir Charles Lyell, Bart.*, ed. Katharine M. Lyell (John Murray, 1881), 1:63; J.M.I. Klaver, *Geology and Religious Sentiment: The Effect of Geological Discoveries on English Society and Literature between 1829-1859* (Brill, 1997), 19.
3. Charles Lyell, *Principles of Geology*, ed. James A. Secord (Penguin, 1997), 3, 6; Klaver, *Geology and Religious Sentiment*, 21-22.
4. Lyell, *Life, Letters, and Journals*, 186-87; Klaver, *Geology and Religious Sentiment*, 22, 26.
5. Lyell, *Life, Letters, and Journals*, 234-35.
6. 위의 책, 262.
7. Michael Ruse, *The Darwinian Revolution: Science Red in Tooth and Claw*, 2nd ed. (University of Chicago Press, 1999), 17ff; Lyell, *Principles of Geology*, 240-42.
8. Alfred Russel Wallace, *The Wonderful Century: The Age of New Ideas in Science and Invention* (Swan Sonnenschein, 1903), 349.
9. Walter Alvarez, *T. rex and the Crater of Doom* (Princeton University Press, 2008), 51.

16장 • 답해지지 않은 문제

1. Charles Lyell, *Life, Letters, and Journals of Sir Charles Lyell, Bart.*, ed. Katharine M. Lyell (John Murray, 1881), 1:269, 270.
2. 제목 없는 칼럼. *Exeter Flying Post*, October 3, 1844.
3. G. Brent Dalrymple, *The Age of the Earth* (Stanford University Press, 1991), 32-33.
4. 위의 책, 69-71; LaVerne Tolley Gurley and Wiliam J. Callaway, *Introduction to Radiologic Technology*,

7th ed. (Mosby, 2011), 58-62; Kristin Iverson, *Full Body Burden* (Crown, 2012), 173.
5. Earnest Rutherford, *Radioactive Transformations* (Yale University Press, 1906), 190-91, 194.
6. Don L. Eicher and Arcie Lee McALester, *The History of the Earth* (Prentice-Hall, 1980), xvi; Cherry Lewis, *The Dating Game: One Man's Search for the Age of the Earth* (Cambridge University Press, 2000), 27.
7. Arthur Holmes, *The Age of the Earth* (London: Harper Brothers, 1913), 17.
8. Lawrence Badash, "The Age-of-the-Earth Debate," *Scientific American* 261, no. 2 (August 1989): 96.
9. Holmes, *Age of the Earth*, 21, 22.
10. 위의 책, 11, 164, 166.
11. Earnest Rutheford, James Chadwick, and Charles Drummond Ellis, *Radiations from Radioactive Substances* (Cambridge University Press, 1930), 536.
12. Holmes, *Age of the Earth*, 173.

17장 • 거대 이론의 귀환

1. Naomi Oreskes, *The Rejection of Continental Drift: Theory and Method in American Earth Science* (Oxford University Press, 1999), 10, 16-17.
2. Edmund A. Mathez and James D. Wesbter, *The Earth Machine: The Science of a Dynamic Planet* (Columbia University Press, 2004), 87.
3. Oreskes, *Rejection of Continental Drift*, 27, 33.
4. Alfred Wegener, "The Origin of Continents and Oceans," *Living Age*, 8th series, vol. 26 (April/May/June 1922): 657-58; Mathez and Webster, *Earth Machine*, 87.
5. Oreskes, *Rejection of Continental Drift*, 157; H.E. Le Grand, *Drifting Continents and Shifting Theories* (Cambridge University Press, 1988), 65.
6. Alfred Wegener, *The Origin of Continentals and Oceans*, trans. John Biram (Dover, 1966), viii.
7. Wegener, "Origin of Continents and Oceans," 658.
8. Wegener, *Origin of Continents and Oceans*, 217.
9. David M. Lawrence, *Upheaval from the Abyss: Ocean Floor Mapping and the Earth Science Revolution* (Rutgers University Press, 2002), 17-18.
10. Mathez and Webster, *Earth Machine*, 90-91.

18장 • 돌아온 파국

1. Victor R. Baker, "The Spokane Flood Debates: Historical Background and Philosophical Perspective" : *History of Geomorphology and Quaternary Geology*, ed. R.H. Grapes, D.R. Oldroyd, and A. Grigelis (Geological Society of London, 2008), 33, 36-37에 수록.
2. John Eliot Allen, Marjorie Burns, and Scott Burns, *Cataclysms on the Columbia: The Great Missoula Floods*, 2nd rev. ed. (Ooligan Press, 2009), 56.
3. Baker, "Spokane Flood Debates," 47.
4. Allen, Burns, and Burns, *Cataclysms on the Columbia*, 71-72.
5. Timothy Ferris, "It Came from Outer Space," *New York Times*, May 25, 1997, http://www.nytimes.com/books/97/05/25/reviews/970525.25ferist.html; Walter Alvarez, *T. rex and the Crater of Doom* (Princeton University Press, 2008), 45-53.
6. Janine Bourriau, *Understanding Catastrophe: Its Impact on Life on Earth* (Cambridge University Press,

1992), 29.
7. Alvarez, *T. rex*, 42.
8. Luis W. Alvarez et al., "Extraterrestrial Cause for the Cretaceous-Tertiary Extinction," *Science* 208, no. 4448 (June 6, 1980): 1095.
9. Alvarez, *T. rex*, 81-82.
10. 위의 책, 12-14.
11. 위의 책, ix.
12. Bourriau, *Understanding Catastrophe*, 5.

19장 • 생물학

1. John Cassell, *Cassell's History of England* (Cassell, Petter, Galpin, 1884), 5:9; Georges Cuvier, "Biographical Memoir of M. de Lamarck," *Edinburgh New Philosophical Journal* 20 (October 1835-April 1836): 8.
2. Martin J. S. Rudwick, *Bursting the Limits of Time: The Reconstruction of Geohistory in the Age of Revolution* (University of Chicago Press, 2005), 390.
3. M.J.S. Hodge, "Lamarck's Science of Living Bodies," *British Journal for the History of Science* 5, no. 4 (December 1971): 325.
4. André Klarsfeld and Frédéric Revah, *The Biology of Death: Origins of Mortality*, trans. Lydia Brady (Cornell University Press, 2004), 7.
5. J.B. Lamarck, *Zoological Philosophy: An Exposition with Regard to the Natural History of Animals*, trans. Hugh Elliot (Macmillan, 1914), 51, 202.
6. 위의 책, 2.
7. 위의 책, 12, 41, 46.
8. 위의 책, 38-39, 60, 175-76; Ernst Mayr, "Lamarck Revisited," *Journal of the History of Biology* 5, no. 1 (Spring 1972): 60-61.
9. Robert J. Richards, *Darwin and the Emergence of Evolutionary Theories of Mind and Behavior* (University of Chicago Press, 1987), 63.
10. A.S. Packard, *Lamarck, the Founder of Evolution: His Life and Work* (Longmans, Green, 1901), 56-58, 70.

20장 • 자연 선택

1. J.B. Lamarck, *Zoological Philosophy: An Exposition with Regard to the Natural History of Animals*, trans. Hugh Elliot (Macmillan, 1914), 35, 176.
2. Richard A. Richards, *The Speicies Problem: A Philosophical Analysis* (Cambridge University Press, 2010), 31; Aristotle, *The History of Animals*, trans. Richard Cresswell (Henry G. Bohn, 1862), 1.1, sec. 6-8.
3. Monroe W. Strickberger, *Evolution*, 3rd, ed. (Jones & Bartlett, 2000), 9.
4. 위의 책
5. Ernst Mayr, *The Growth of Biological Thought: Diversity, Evolution, and Inheritance* (Harvard University Press, 1982), 257-58.
6. 위의 책, 394-96; Charles Darwin, *Charles Darwin: His Life Told in an Autobiographical Chapter, and in a Selected Series of His Published Letters*, ed. Francis Darwin (John Murray, 1908), 20.
7. Charles Darwin, *Charles Darwin's Beagle Diary*, ed. R.D. Keynes (Cambridge University Press, 2001), 16.

8. Charles Darwin, *The Origin of Species* (Wordsworth Classics, 1998), 36; Mayr, *Growth of Biological Thought*, 265-66.
9. Frank N. Egerton III, "Darwin's Early Reading of Lamarck," *Isis* 67, no. 3 (September 1976): 453.
10. C.R. Darwin, *Notebook B: [Transmutation of Species (1837-1838)] CULDAR121* (transcribed by Kees Rookmaaker), Darwin Online, http://darwin-online.org/uk. 2014년 5월 기준.
11. Darwin, His Life Told, 52:Darwin, *Origin of Species,* 186; Charles Darwin, *On Evolution: The Developent of the Theory of Natural Selection*, ed. Thoams F. Glick and David Kohn (Hackett, 1996), 83.
12. T.R. Malthus, *Population: The First Essay* (University of Michigan Press, 1959), 4, 6.
13. Darwin, *His Life Told*, 82.
14. Alfred Russel Wallace, *Infinite Tropics: An Alfred Russel Wallace Anthology*, ed. Andrew Berry (Verso, 2002), 51.
15. Darwin, *His Life Told*, 82; Mayr, *Growth of Biological Thought*, 423.
16. Mayr, *Growth of Biological Thought*, 423-24.
17. Darwin, *His Life Told*, 42, 46.
18. 제목 없는 칼럼. *Annual Register of World Events: A Review of the Year* 113 (1872): 368.

21장 • 유전

1. Charles Darwin, *The Origin of Species* (Wordsworth Classics, 1998), 13.
2. Charles Darwin, *The Variation of Animals and Plants under Domestication* (D. Appleton, 1897), 2:371; P. Kyle Stanford, *Exceeding Our Grasp: Science, History, and the Problem of Unconceived Alterntives* (Oxford University Press, 2006), 65.
3. Michael R. Rose, *Darwin's Spectre: Evolutionary Biology in the Modern World* (Princeton University Press, 1998), 33; Peter Atkins, *Galileo's Finger: The Ten Great Ideas of Science* (Oxford University Press, 2004), 45-46.
4. Gregor Mendel, *Experiments in Plant Hybridisation* (Cosimo Classics, 2008), 15, 21ff, 47.
5. Atkins, *Galileo's Finger*, 48-49; Alain F. Corcos and Floyd V. Monaghan, *Gregor Mendel's Experiments on Plant Hybrids: A Guided Study* (Rutgers University Press, 1993), 28-30.
6. J.A. Moore, *Heredity and Development*, 2nd ed. (Oxford University Press, 1972), 29, 45; Atkins, *Galileo's Finger*, 52-55.
7. Rose, *Darwin's Spectre*, 41.
8. Moore, *Heredity and Development*, 74.

22장 • 종합

1. David Paul Crook, *Darwinism, War History: The Debate over the Biology of War from the "Origin of Species," to the First World War* (Cambridge University Press, 1994), 1, 15; Raymond Pearl, "Biology and War," *Journal of the Washington Academy of Sciences* 8, no. 11 (June 4, 1918): 355.
2. Slexis de Tocqueville, *Democracy in America* (D. Appleton, 1899), 1:326., 328; Edwin Scott Gaustad and Mark A. Noll, eds., *A Documentary History of Religion in America since 1877*, 3rd ed. (Wm. B. Eerdmans, 2003), 350.
3. Jan Sapp, *Genesis: The Evolution of Biology* (Oxford University Press, 2003), 63; Ernst Mayr and Wiliam B. Provine, *The Evolutionary Synthesis: Perspectives on the Unification of Biology* (Harvard University

Press, 1998), 3, 8-9.
4. Mayr and Provine, *Evolutionary Synthesis*, 8, 282, 315, 316.
5. T.H. Huxley and Leonard Huxley, *Life and Letters of Thomas Henry Huxley* (D. Appleton, 1900), 1:391.
6. Krishna R. Dronamraju, *If I Am to Be Remembered: The Life and Work of Julian Huxley with Selected Correspondence* (World Scientific, 1993), 5, 9-12, 15.
7. 위의 책, 42.
8. Vassiliki Betty Smocovitis, *Unifying Biology: The Evolutionary Synthesis and Evolutionary Biology* (Princeton University Press, 1996), 140.
9. Calendar entry ("Association for the Study of Systematics in Relation to General Biology"), *Nature*, July 24, 1937, 164.
10. John Krige and Dominique Pestre, eds., *Science in the Twentieth Century* (Routledge, 2013), 422.
11. Julian Huxley, *Evolution: The Modern Synthesis*, definitive ed. (MIT Press, 2010), 22, 26-28.
12. 위의 책, 3, 6-7.

23장 • 생명의 비밀

1. James D. Watson, *The Double Helix: A Personal Account of the Discovery of the Structure of DNA* (Scribner, 1993), 197; Daniel D. Chiras, *Human Biology* (Jones & Bartlett, 2013), 357; John C. Kotz, Paul M. Treichel, and John Townsend, *Chemistry and Chemical Reactivity* (Cengage Learning, 2009), 392; Peter Atkins, *Galileo' Finger: The Ten Great Ideas of Science* (Oxford University Press, 2004), 62.
2. Robert Hooke, *Micrographia* (James Allestry, 1664), Observation 18; Robert C. Olby et al., eds., *Companion to the History of Modern Science* (Routledge, 1990), 358-59.
3. Olby et al., *Companion to the History*, 359; Theodor Schwann, *Microscopical Researches into the Accordance in the Structure and Growth of Animals and Plants*, trans. Henry Smith (Sydenham Society, 1847), 242.
4. J. Crag Venter, *Life at the Speed of Light: From the Double Helix to the Dawn of Digital Life* (Viking, 2013), 13; G. P. Talwar and L. M. Srivastava, eds., *Textbook of Biochemistry and Humanm Biology*, 3rd ed. (Prentice-Hall of India, 2003), xxiv.
5. Joseph Needham, ed., *The Chemistry of Life: Eight Lecture on the History of Biochemistry*, (Cambridge University Press, 1970), 17-18.
6. Paul O. P. Ts'o, ed., *Basic Principles in Nucleic Acid Chemistry* (Academic Press, 1974), 1:2; Rudolf Hausmann, *To Grasp the Essence of Life: A History of Molecular Biology* (Kluwer Academic, 2002), 42.
7. Ts'o, *Basic Principles*, 8.
8. David Bainbridge, *The X in Sex: How the X Chromosome Controls Our Lives* (Harvard Univesity Press, 2003), 5.
9. Eric C. R. Reeve, ed., *Encyclopedia of Genetics* (Routledge, 2014), 7.
10. Israel Rosenfield, Edward Ziff, and Borin Van Loon, *DNA: A Grahic Guide to the Molecule That Shook the World* (Columbia University Press, 2011), 3.
11. Isidore Epstein, ed., *Hebrew-English Edition of the Babylonian Talmud: Yebamoth* (Soncino Press, 1984), 48.
12. Hermann Joseph Muller, *The Modern Concept of Nature* (SUNY Press, 1973), 36, 132; Hausmann, *To Grasp the Essence of Life*, 56.

13. William Purves et al., *Life: The Science of Biology*, 7th ed. (Sinauer Associates, 2004), 107, 114, 234; Reeve, *Encyclopedia of Genetics*, 10; Hausmann, *To Grasp the Essence of Life*, 48.
14. Hausmann, *To Grasp the Essence of Life*, 103-4.
15. 위의 책, 63-66.
16. Watson, *Double Helix*, 33-35.
17. 위의 책, 14-15.
18. 위의 책, 20, 50.
19. 위의 책 174, 220.
20. Colin Tudge, *Engineer in the Garden* (Random House, 1993), 전자책, chap. 2. "How Does DNA Work?"
21. Francis Crick, *What Mad Pursuit: A Personal View of Scientific Discovery* (Basic Books, 2008), 108-9.

24장 • 생물학과 운명

1. Albert Rosenfeld, "The New Man: What Will He Be Like?" *Life* 59, no. 14 (October 1, 1965): 100.
2. Michael Ruse and Joseph Travis, eds., *Evolution: The First Four Billion Years* (Harvard University Press, 2009), 579-81; Paul S. Agutter and Denys N. Wheatley, *Thinking about Life: The History and Philosophy of Biology and Other Sciences* (Springer, 2008), 194.
3. John H. Gillespie, *Population Genetics: A Concise Guide*, 2nd, ed. (Johns Hopkins University Press, 2010), xi.
4. Pierre-Henri Gouyon, Jean-Pierre Henry, and Jacques Arnold, *Gene Avatars: The Neo-Darwininan Theory of Evolution* (Kluwer 2002), 98.
5. Connie Barlow, ed., *From Gaia to Selfish Genes: Selected Writings in the Life Sciences* (MIT Press, 1992), 156.
6. Gouyon, Henry, and Arnold, *Gene Avatars*, 159-60; Barlow, *From Gaia to Selfish Genes*, 156-57.
7. Steven A. Frank, "The Price Equation, Fisher's Fundamental Theorem, Kin Selection, and Causal Analysis," *Evolution* 51, no. 6 (August 1997): 1713; Kalyanmoy Deb, ed., *Genetic and Evolutionary Computation* (Springer, 2004), 915; Karthik Panchanatha, "George Price, the Price Equation, and Cultural Group Selection," *Evolution and Human Behavior* 32, no. 5 (September 2011): 369, 371.
8. Richard Dawkins, *The Selfish Gene* (Oxford University Press, 1976), 1; Barlow, *From Gaia to Selfish Genes*, 195.
9. Matt Ridley, *The Red Queen: Sex and the Evolution of Human Nature* (Harper Perennial, 2003), 9; Alan Grafen and Mark Ridley, eds., *Richard Dawkins: How a Scientist Changed the Way We Think* (Oxford University Press, 2007), 7.
10. Edward O. Wilson, *Letters to a Young Scientist* (Liveright, 2013), 83-85,
11. Barlow, *From Gaia to Selfish Genes*, 158.
12. Edward O. Wilson, *The Social Conquest of Earth* (W.W. Norton, 2012), 169; Barlow, *From Gaia to Selfish Genes*, 149-50.
13. Edward O. Wilson, *Sociobiology: The New Synthesis* (Harvard University Press, 1975), 3.
14. 위의 책, 6.
15. Elizabeth Allen et al., "Against 'Sociobiology,'" *New York Review of Books* 22, no. 18 (November 13, 1975), http://www.nybooks.com/articles/archives/1975/nov/13/against-sociobilogy.
16. Edward O. Wilson, *On Human Nature* (Harvard University Rress, 2004), xvii.
17. 위의 책, 2, 137, 188, 201.

18. Stephen Jay Gould, *The Mismeasure of Man*, rev. and exp. ed. (W.W. Norton, 1996), 20-21.
19. Hans J. Eysenck, *Intelligence: A New Look* (Transaction, 2000), 10.
20. Stephen Jay Gould, *The Richness of Life: The Essential Stephen Jay Gould*, ed. Steven Rose (W.W. Norton, 2007), 446.
21. 위의 책, 465-66.

25장 • 상대성

1. Eric Voegelin, *History of Political Ideas*, vol. 6, *Revolution and the New Science* (University of Missouri Pres, 1998), 194-95; Nick Hugget, ed., *Space from Zeno to Einstein: Classic Readings with a Contemporary Commentary* (Bradford Books, 1999), 182; George Berkeley, *De motu: Sive de motus principio & natura et de causa communicationis motuum*, trans. A.A. Luce (Jacobi Tonson, 1721), sec. 66.
2. Isaac Newton, *Newton: Philosophcal Writings*, ed. Andrew Janiak (University of Cambridge Press, 2004), 100-101.
3. Ioan James, *Remarkable Physicists: From Galileo to Yukawa* (Cambirdge Univesity Press, 2004), 69; Chargles Coulston Gillispie, *Pierre-Simon Laplace, 1749-827:A Life in Exact Science* (Princeton University Press, 2000), 273.
4. Edward Harrison, *Cosmology: The Science of the Universe*, 2nd ed. (Cambridge University Press, 2000), 70.
5. Newton, *Philosophical Writings*, 94; Harrison, *Cosmology*, 60-61.
6. Harrison, *Cosmology*, 76; William Huggins, *The Scientific Papers of Sir Wiliam Huggins* (W. Westley and Son, 1909), 221.
7. Eli Maor, *To Infinity and Beyond: A Cultural History of the Infinite* (Princeton University Press, 1991), 131.
8. Ian Stewart, *In Pursuit of the Unknown: 17 Equations That Changed the World* (Basic Books, 2012), 16-17; Jeremy Gray, *Plato's Ghost: The Modernist Transformation of Mathematics* (Princeton University Press, 2008), 48.
9. Michio Kaku, *Hyperspace: A Scientific Odyssey through Parallel Universes, Time Wars, and the 10th Dimension* (Oxford University Press, 1994), 36.
10. 위의 책, 338.
11. Peter Galison, Micmhael Gordin, and David Kaiser, eds., *Science and Society: The History of Modern Physical Science in the Twentieth Centeury* (Routledge, 2001), 216.
12. Albert Einstein, *Relativity: The Special and General Theory*, trans. Robert W. Lawson (Pi Press, 2005), 19.
13. 위의 책, 25, 28.
14. Galison, Gordin, and Kaiser, *Science and Society*, 223; Jay M. Pasachoff and Alex Filippenko, *The Cosmos: Astronomy in the New Millennium*, 4th ed. (Cambridge University Press, 2014), 239-40, 271-72,
15. Pasachoff and Filippenko, Cosmos, 240, 274; Albert Einstein and Leopold Infeld, *The Evolution of Physics: The Growth of Ideas from Early Concepts to Relativity and Quanta* (Cambridge Univesrity Press, 1938), 310; Maor, *To Infinity and Beyond*, 133.

26장 • '빌어먹을 양자 도약'

1. Albert Einstein : Franco Selleri, *Quantum Paradoxes and Physical Reality: Fundamental Theories of*

Physics (Kluwer Academic, 1990), 363에 인용.

2. Theodore Arabatzis, *Representing Electrons: A Biographical Approach to Theoretical Entities* (University of Chicago Press, 2006), 56, 61-62; Max Planck, *The Origin and Development of the Quantum Theory*, trans. H.T. Clarke and L. Silberstein (Clarendon Press, 1922), 5.
3. John S. Rigden, *Einstein 1905:The Standard of Greatness* (Harvard University Press, 2005), 68-69.
4. Bernard Fernandez, *Unravelling the Mystery of the Atomic Nucleus: A Sixty-Year Journey, 1896-1956*, trans. Georges Ripka (Springer, 2013), 57-58.
5. 위의 책, 58.
6. 위의 책, 73; Ernest Rutherford, *The Collected Papers of Lord Rutherford of Nelson* (Interscience, 1963), 2:212.
7. Vern Ostdiek and Donald Bord, *Inquiry into Physics* (Cengage Learning, 2007), 316-17.
8. Bruce Rosenblum and Fred Kuttner, *Quantum Enigma: Physics Encounters Consciousness*, 2nd ed. (Oxford University Press, 2011), 59-60; M.S. Londgair, *Theoretical Concepts in Physics: An Alternative View of Theoretical Reasoning in Physics*, 2nd ed. (Cambridge University Press, 2003), 339.
9. Albert Einstein and Leopold Infled, *The Evolution of Physics: The Growth of Ideas from Early Concepts to Relativity and Quanta* (Cambridge University Press, 1938), 251.
10. Longair, *Theoretical Concepts in Physics*, 381-83; Einstein and Infeld, *Evolution of Physics*, 267.
11. Planck, *Origin and Development*, 12.
12. Walter J. Moore, *A Life of Erwin Schrödinger* (University of Cambridge Press, 1994), 163; John Gribbin, *Erwin Schrödinger and the Quantum Revolution* (John Wiley & Sons, 2013), 110.
13. T. J. Rice, *Joyce, Chaos, and Complexity* (University of Illinois Press, 1997), 152-53.
14. Einstein and Infeld, *Evolution of Physics*, 273-74.
15. Erwin Schrödinger, "The Present Situation in Quantum Mechanics," trans. John D. Trimmer, *Proceedings of the American Philosphical Society*, November 29, 1935, 328.
16. Gribbin, *Erwin Schrödinger*, 133.
17. Watler J. Moore, *Schrödinger: Life and Thought* (Cambridge University Press, 1992), 404.

27장 • 빅뱅의 승리

1. Robert Bless, *Discovering the Cosmos* (University Science Books, 1996), 527; Jeffrey Crelinsten, *Einstein's Jury: The Race to Test Relativity* (Princeton University Press, 2006), 48, 177-78; John Earman, Michel Janssen, and J. D. Norton, eds., *The Atraction of Gravitation: New Studies in the History of General Relativity* (Center for Einstein Studies, 1993), 161-63.
2. Robert William Smith, *The Expanding Universe: Astronomy's "Great Debate", 1900-1931* (Cambridge University Press, 1982), 112-13; Jay M. Pasachoff and Alex Filippenko, *The Cosmos: Astronomy in the New Millennium*, 4th ed. (Cambridge University Press, 2004), 414; David Levy, ed., *The Scientific American Book of the Cosmos* (St. Martin's Press, 2000), 60.
3. Levy, *Scientific American Book*, 100; Giora Shaviv, *The Synthesis of the Elements: The Astrophysical Quest for Nucleosynthesis and What It Can Tell Us about the Universe* (Springer 2012), 211-13.
4. Pasachoff and Filippeniko, *Cosmos*, 416; William McCrea, "Astronomical Achievements Out of This Galaxy," *New Scientist* 98, no. 1354 (April 21, 1983): 174.
5. Edwin Hubble, *The Realm of the Nebulae* (Yale University Press, 1982), 21; Michio Kaku, *Einstein's Cosmos: How Albert Einstein's Vision Transformed Our Understanding of Space and Time* (W.W. Norton,

2004), 209.

6. Kenneth R. Lang, *Astrophysical Formulae*, vol. 2, *Space, Time, Matter and Cosmology*, 3rd, ed. (Springer, 2006), 107.
7. Hubble, *Realm of the Nebulae*, 122.
8. 위의 책, 201-2.
9. Kaku, *Einstein's Cosmos*, 123-35; Helge Kragh, *Cosmology and Controversy: The Historical Development of Two Theories of the Universe* (Princeton University Press, 1996), 29-31; David Topper, *How Einstein Created Realativity Out of Physics and Astronomy* (Springer, 2012), 168.
10. Kragh, *Cosmology and Controversy*, 34; Topper, *How Einstein Created Relativity*, 174.
11. Robert M. Wald, *General Relativity* (University of Chicago Press, 1984), 213.
12. Harlow Shapley, ed., *Source Book in Astronomy, 1900-1950* (Harvard University Press, 1960), 363.
13. Milton K. Munitz, ed., *Theories of the Universe: From Babylonian Myth to Modern Science* (Free Press, 1957), 425. 해당 인용은 호일이 자신의 1948년 논문을 대중화한 1950년 저작에서 따온 것이다.
14. Simon Mitton, *Fred Hoyle: A Life in Science* (Cambridge University Press, 2011), 128-29.
15. Topper, *How Einstein Created Relativity*, 180.
16. Mitton, *Fred Hoyle*, 116; Ralph A. Alpher and Robert Herman, "Big-Bang Cosmology and Cosmic Blackbody Radiation" : *Modern Cosmology in Retrospect*, ed. B. Bertotti et al. (Cambridge University Press, 1990), 147에 수록.
17. Charles Seife, *Alpha and Omega: The Search for the Beginning and End of the Universe* (penguin, 2004), 47; N. Mandolesi and N. Vittorio, eds., *The Cosmic Microwave Background: 25 Years Later* (Kluwer aAcademic, 1990), 20-24.
18. Bertotti etal., *Modern Cosmology in Retrospect*, 344.
19. Frank Durham and Robert D. Purrington, *Frame of the Universe* (Columbia University Press, 1983), 208.
20. Elizabeth Leane, *Reading Popular Physics: Disciplinary Skirmishes and Textual Strategies* (Ashgate, 2007), 35.
21. Steven Weinberg, *The First Three Minutes: A Modern View of the Origin of the Universe*, 2nd ed. (Basic Books, 1993), 8, 149.
22. 위의 책, 153.
23. Leane, *Reading Popular Physics*, 18; Weinberg, *First Three Minutes*, 154-55.

28장 • 나비 효과

1. Pierre-Simon Laplace : Leonard Smith, Chaos: *A Very Short Introduction* (Oxford University Press, 2007), 2에 인용.
2. H.R. Shaw, *Craters, Cosmos, and Chronicles: A New Theory of Earth* (Stanford University Press, 1995), 387; William E. Doll et al., eds., *Chaos, Complexity, Curriculum and Culture: A Conversation* (Peter Lang, 2008), 135-37, 154.
3. Doll et al., *Chaos, Complexity*, 154-55.
4. Danette Paul, "Spreading Chaos: The Role of Popularizations in the Diffusion of Scientific Ideas," *Written Communication* 21, no. 1 (January 2004): 37-38; Doll et al., *Chaos, Complexity*, 155.
5. Doll et al., *Chaos, Complexity*, 155.

참고 문헌

Agutter, Paul S., and Denys N. Wheatley. *Thinking about Life: The History and Philosophy of Biology and Other Sciences.* Dordrecht, Netherlands: Springer, 2008.

Allen, Elizabeth, Barbara Beckwith, Jon Beckwith, Steven Chorover, David Culver, Margaret Duncan, Steven Gould, et al. "Against 'Sociobiology.'" *New York Review of Books* 22, no. 18 (November 13, 1975), http://www.nybooks.com/articles/archives/1975/nov/13/against-sociobiology.

Allen, John Eliot, Margorie Burns, and Scott Burns. *Cataclysims on the Columbia: The Great Missoula Floods*, 2nd rev. ed. Portland, OR: Ooligan Press, 2009.

Alpher, Ralph A., and Robet Herman, "Early Work on "Big-Bang" Cosmology and Cosmic Blackbody Radiation." 다음에 수록됨. *In Modern Cosmology in Retrospect*. Edited by B. Bertotti, R, Balbinot, S. Bergia, and A. Messina. Cambridge: Cambridge University Press, 1990.

Alvarez, Luis W., Walter Alvarez, Frank Asaro, and Helen V. Michel. "Extraterrestrial Cause for the Cretaceous-Tertiary Extinction." *Science* 208, no. 4448 (June 6, 1980): 1095-1108.

Alvarez, Walter. *T. rex and the Crater of Doom*. Princeton, NJ: Princeton University Press, 2008.

Annual Register of World Events: A Review of the Year 113 (1872).

Arabatzis, Theodore. *Representign Electrons: A Biographical Approach to Theoretical Entities.* Chicago: University of Chicago Press, 2006.

Archimedes. "The Sand-Reckoner." 다음에 수록됨. *The Works of Archimedes*. Translated by Thomas. L. Heath. Cambridge: Cambridge University Press, 1897.

Aristotle. *The History of Animals*. Translated by Richard Cresswell. London: Henry G. Bohn, 1862.

--------. *The Metaphysics.* Translated by William David Ross. 다음에 수록됨. *The Works of Aristotle*, vol. 3. Franklin Center, PA: Franklin Library, 1982.

--------. *Politics.* Translated by Ernest Barker. Oxford World's Classics. Oxford: Oxford University Press, 1988.

Atkins, Peter, *Galileo's Finger: The Ten Great Ideas of Science*. Oxford: Oxford University Press, 2004.

Axtell, James L. "Locke, Newton and the Two Cultures." 다음에 수록됨. *John Locke: Problems and Perspectives*. Edited by John W. Yolton. Cambridge: Cambridge University Press, 1969.

Bacon, Francis. "*The Philosophical Works of Francis Bacon in Five Volumes*, vol. 4. Edited by James Spedding. London: Longman, 1861.

Badash, Lawrence. "*The Age-of-the-Earth Debate." Scientific American* 261, no. 2 (August 1989).

Bainbridge, David. *The X in Sex: How the X Chromosome Controls Our Lives*. Cambridge, MA: Harvard University Press, 2003.

Baker, Victor R. "The Spokane Flood Debates: Historical Background and Philosophical Perspective."

다음에 수록됨. *History of Geomorphology and Quaternary Geology*. Edited by R.H. Grapes, D.R. Oldroyd, and A. Grigelis. London: Geological Society of London: 2008.

Barlow, Connie, ed. *From Gaia to Selfish Genes: Selected Writings in the Life Sciences*. Cambridge, MA: MIT Press, 1992.

Barnes, Jonathan, ed. *The Cambridge Companion to Aristotle*. Cambridge: Cambridge University Press, 1995.

———. *Early Greek Philosophy*, rev. ed. New York: Penguin, 2002.

Bauer, Susan Wise. *The History of the Renaissance World*. New York: W.W. Norton, 2013.

Bendann, Effie. *Death Customs: AN Analytical Study of Burial Rites*. New York: Routledge, 2010.

Berkeley, George. *De motu: Sive de motus principio & natura et de causa communicationis motuum*. Translated by A.A. Luce. London: Jacob Tonson, 1721.

Birch, Thomas. *The History of the Royal Society of Longon*, vol. 1. London: A. Millar, 1756.

———. *The History of the Royal Society of London*, vol. 3. London: A. Millar, 1757.

Bless, Robert. *Discovering the Cosmos*. Sausalito, CA: University Science Books, 1996.

Bourriau, Janine. *Understanding Catastrophe: Its Impact on Life on Earth*. Cambridge: Cambridge University Press, 1992.

Bowen, Catherine Drinker. *Francis Bacon: The Temper of a Man*. Boston: Little, Brown, 1963.

Boyle, Robert. *A Free Enquiry into the Vulgarly Received Notion of Nature*. Edited by Edward B. Davis and Michael Hunter. Cambridge: Cambridge University Press, 1996.

———. *The Philosophical Works of the Honourable Robert Boyle*, vols. 2 and 3. London: W. & J. Innys, 1725.

———. *The Philosophical Works of the Honourable Robert Boyle in Six Volumes*, vol. 1. London: J. & F. Rivington, 1772.

———. *The Sceptical Chymist*. New York: Dover, 2003.

Buckland, William. *Vindicae geologicae: or. The connexion of Geology with Religion Explained*. Oxford: Oxford University Press, 1820.

Buffon, Georges-Louis Leclerc, Comte de. *Natural History, General and Particular*, 2nd ed., vol. 1. Translated by William Smellie. London: W. Strahan and T. Cadell, 1785.

Cassell, John. *Cassell's History of England*, vol. 5. London: Cassell, Petter, Galpin, 1884.

Chiras, Daniel D. *Human Biology*. Sudbury, MA: Jones & Bartlett, 2013.

Cohen, Claudine. *The Fate of the Mannoth: Fossils, Myth, and History*. Translated by Wiliam Rodarmor. Chicago: University of Chicago Press, 2002.

Cohen, H. Floris. *How Modern Science Came into the World: Four Civilizations, One 17th-Century Breakthrough*. Amsterdam: Amsterdam University Press, 2010.

Cohen, I. Bernard. *Revolution in Science*. Cambridge, MA: Harvard University Press, 1985.

Cohen, S. Marc, Patricia Curd, and C.D.C. Reeve, eds. *Readings in Ancient Greek Philosophy: From Thales to Aristotle*, 4th ed. Indianapolis, IN: Hackett, 2011.

Conrad, Lawrence I., Michael Neve, Vivian Nutton, Roy Porter, and Andrew Wear. *The Western Medical Tradition: 800 B.C. – 1800 A.D.* Cambridge: Cambridge University Press, 1995.

Copernicus, Nicolaus. *On the Revolutions of the Heavenly Spheres*. Translated by Charles Glenn Wallis. Amherst, NY: Prometheus Books, 1995.

———. *Three Copernican Treatises*. Translated by Edward Rosen. New York: Dover, 1959.

Corcos, Alain F., amd Floyd V. Monaghan. *Gregor Mendel's Experiments on Plant Hybrids: A Guided Study*. New Brunswick, NJ: Rutgers University Press, 1993.

Coyne, George, and Michael Heller. *A Comprehensible Universe*. Dordrecht, Netherlands: Springer, 2008.

Crelinsten, Jeffrey. *Einstein's Jury: The Race to Test Relativity*. Princeton, NJ: Princeton University Press, 2006.

Crick, Francis. *What Mad Pursuit: A Personal View of Scientific Discovery*. New York: Basic Books, 2008.

Crook, David Paul. *Darwinism, War and History: The Debate Over the Biology of War from the "Origin of Species" to the First World War*. Cambridge: Cambridge University Press, 1994.

Cuvier, Georges. "Biographical Memoir of M. de Lamarck." *Edinburgh New Philosophical Journal 20* (October 1835 – April 1836): 1-21.

Darlymple, G. Brent. *The Age of the Earth*. Stanford, CA: Stanford University Press, 1991.

Dampier, Wiliam ecil. And Margaret Dampier, eds. *Cambridge Readings in the Literature of Science; Being Extracts from the Writings of Men of Science to Ilustrate the Development of Scientific Thought.* Cambridge: Cambridge University Press, 1928.

Darwin, Charles. *Charles Darwin: His Life Told in an Autobiographical Chapter, and in a Selected Series of His Published Letters*. Edited by Francis Darwin. London: John Murray, 1908.

———. *Charles Darwin's Beagle Diary*. Edited by R. D. Keynes. Cambridge: Cambridge University Press, 2001.

---------. Notebook B: [*Tranmutation of Speices (1837-1830)] CUL-DAR121*. Transcribed by Kees Rookmaaker. Darwin Online, Http:..darwin-online.org.uk. 2014년 5월 기준.

———. *On Evolution: The Development of the Theory of Natural Selection*. Edited by Thomas F. Click and David Kohn. Indianapolis, IN: Hackett, 1996.

———. *The Origin of Species*, chap. 2. Hertfordshire, England: Wordsworth Classics, 1998.

———. *The Variation of Animals and Plants under Domestication*, vol. 2. London: D. Appleton, 1897.

Dawkins, Richard. *The Selfish Gene*. Oxford: Oxford University Press, 1976.

Dean, Dennis R. *James Hutton and the History of Geology*. Ithaca, NY: Cornell University Press, 1992.

Deb, Kalyanmoy, ed. *Genetic and Evolutionary Computaiton*. Dordrecht, Netherlands: Springer, 2004.

Deming, David. *Science and Technology in World History*, vol. 3. Jefferson, NC: McFarland, 2010.

Devlin, Keith. *The Language of Mathematics: Making the Invisible Visible*. New York: W.H. Freeman, 2000.

Doll, William E., M. Jayne Fleener, Donna Trueit, and John St. Julien, eds. *Chaos, Complexity, Curriculum, and Culture: A Conversation*. New York: Peter Lang, 2005.

Drake, Stillman. *Galileo at Work: His Scientic Biography*. New York: Dover, 1978.

Dronamraju, Krishna R. *If I Am to Be Remembered: THE Life and Work of Julian Huxley with Selected Corresondence*. River Edge, NJ: World Scientific, 1993.

Durham, Frank, and Robert D. Purrington. *Frame of the Universe*. New York: Comlumbia University Press, 1983.

Earman, John. Michel Janssen, and J.D. Norton, eds. *The Attraction of Gravitation: New Studies in the History of General Relativity. Boston*: Center for Einstein Studies, 1993.

Egerton, Frank N., III. "Darwin's Early Reading of Lamarck," *Isis* 67, no. 3 (September 1976): 452-56.

Eicher, Don L., and Arcie Lee McAlester. *The History of the Earth*. Englewood Cliffs, NJ: Prentice-Hall, 1980.

Einstein, Albert. *Relativity: The Special and General Theory*. Translated by Robert W. Lawson. New York: Pi Press, 2005.

Einstein, Albert, and Leopold Infeld. *The Evolution of Physics: The Growth of Ideas from Early Concepts to Relativity and Quanta*. Cambridge: Cambridge University Press, 1938.

Epicurus. *Letters and Sayings of Epicurus*. Translated by Odysseus Makridis. New York: Barnes & Noble, 2005.

Epstein, Isidore, ed. *Hebrew-English Edition of the Babylonian Talmud: Yebamoth*. London: Soncino Press, 1984.

'Espinasse, Margaret. *Robert Hooke*. Berkeley: University of California Press, 1962.

Euclid. *The Thirteen Books of the Elements*, 2nd ed. Translated by Thomas L. Heath. Cambridge: Cambridge University Press, 1908.

Eysenck, Hans. J. *Intelligence: A New Look*. New Brunswick, NJ: Transaction, 2000.

Fahie, John Joseph. *Galileo: His Life and Work*. London: J. Murray, 1903.

Ferguson, Kitty. *Measuring the Universe: Our Historic Quest to Chart the Horizons of Space and Time*. New York: Walker, 1999.

Ferris, Timothy, "it Came from Outer Space." *New York Times*, May 25, 1997. Http://www.nytimes.

com/books/97/05/25/reviews/970525ferrist.html.

Finocchiaro, Maurice A. *Defending Copernicus and Galileo: Critical Reasoning in the Two Affairs*. Dordrecht, Netherlands: Springer, 2010.

Frank, Steven A. "The Price Equation, Fisher's Fundamental Theorem, Kin Selection, and Causal Analysis." *Evolution* 51, no. 6 (August 1997): 1712-29.

Freedberg, David. *THE Eye of the Lynx: Galileo, His Friends, and the Beginnings of Natural History*. Chicago: University of Chicago Press, 2002.

Galilei, Galileo. *Dialogue concerning the Two Chief World Systems, Ptolemaic and Copernican*. Translated by Stillman Drake. Edited by Stephen Jay Gould. New York: Modern Library, 2001.

Galilei, Galileo, and Maurice A. Finocchiaro. *The Esential Galileo*. Indianapolis, IN: Hackett, 2008.

Galison, Peter, Michael Gordin, and David Kaiser, eds. *Science and Society: The History of Modern Physical Science in the Twentieth Century*. New York: Routledge, 2001.

Gaustad, Edwin Scott, and Mark A. Noll, eds. *A Documentary History of religion in America since 1877*, 3rd ed. Grand Rapids, MI: Wm. B. Eerdmans, 2003.

Gee, Henry. *In Search of Deep Time: Beyond the Fossil Record to a New History of Life*. Ithaca, NY: Cornell University Press, 2001.

Gilder, Joshua, and Anne-Lee Gilder. *Heavenly Intrigue: Johannes Kepler, Tycho Brahe, and the Murder Behind One of History's Greatest Scientific Discoveries*. New York: Random House, 2004.

Gillespie, John H. *Population Genetics: A Consice Guide*, 2nd ed. Baltimore: Johns Hopkins University Press, 2010.

Gillispie, Charles Coulston. *Pierre-Simon Laplace, 1749-1827: A Life in Exact Science*. Princeton, NJ: Princeton Unvierstiy Press, 2000.

Gottlieb, Anthony. *The Dream of Reason: A History of Philosophy froom the Greeks to the Renaissance*. New York: W.W. Norton, 2000.

Gould, Stephen Jay. *The Mismeasure of Man*, rev. and exp. ed. New York: W. W. Norton, 1996.

———. *The Richness of Life: The Essential Stephen Lay Gould*. Edited by Steven Rose. New York: W.W. Norton, 2007.

Gouyon, Pierre-Henri, Jean-Pierre Henry, and Jacque Arnold. *Gene Avatars: The Neo-Darwinian Theory of Evolution*. Dordrecht, Netherlands: Kluwer, 2002.

Gower, Barry. *Scientific Method: A Historical and Philosophical Introduction*. New York: Routeldge, 1997.

Grafen, Alan, and Mark Ridley, eds. *Richard Dawkins: How a Scientist Changed the Way We Think*. Oxford: Oxford University Press, 2007.

Grant, Edward. *A Source Book in Medieval Sience*. Cambridge, MA: Harvard University Press, 1974.

Grattan-Guinness, I., ed. *Companion Encyclopedia of the History & Philosophy of the Mathematical Sciences*. New York: Routledge, 1994.

Gray, Jeremy. *Plato' Ghost: The Modernist Transformation of Mathematics*. Princeton, NJ: Princeton University Press, 2008.

Gribbin, John. *Erwin Schrödinger and the Quantum Revolution*. New York: John Wiley & Sons, 2013.

———. *The Scienteists: A History of Science Told through the Lives of Its Greatest Inventors*. New York: Random House, 2003.

Guicciardini, Niccolo. *Issac Newton on Mathematical Certainty and Method*. Cambridge, MA: MIT Press, 2009.

Gurley, LaVerne Tolley, and Wiliam J. Callaway. *Introduction to Radiologic Technology*, 7th ed. St. Louis: Mosby, 2011.

Guthrie, Kenneth S., and David R.,m Fideler. *The Pythagorean Sourcebook and Library: An Anthology of Ancient Writings Which Relate to Pythagoras and Pythagorean Philosophy*. Newburyport, MA: Phanes Press, 1987.

Hall, Marie Boas. *Robert Boyle and Seventeenth-Centeury Chemistry*. Cambridge: Cambridge University Press, 1958.

Hankins, Thomas L., and Robert J. Silverman. *Instruments and the Imagination*. Princeton, NJ: Princeton University Press, 1995.

Harrison, Edward. *Cosmology: The Science of the Universe*, 2nd ed. Cambridge: Cambridge University Press, 2000.

Hausmann, Rudolf. *To Grasp the Essence of Life: A History of Molecular Biology*. Dordrecht, Netherlands: Kluwer Academic, 2002.

Herherington, Norriss S. *Cosmology: Historical, Literary, Philosophical, Religious, and Scientific Perspectives*. New York: CRC Press, 1993.

Hippocrates. *The Corpus: Hippocratic Writings*. Translated by Conrad Fischer. New York: Kaplan, 2008.

———. *On Ancient Medicine*. Translated by Mark. J. Schiefsky. Leiden, Netherlands: Brill, 2005.

Hirshfeld, Alan W. *Parallax: The Rce to Measure the Cosmos*. Boston: Birkhäuser, 2000.

Hodge, M.J.S. "Lamarck's Science of Living Bodies." *British Journal for the History of Science* 5, no. 4 (December 1971): 323-52.

Hooke, Robert. *Micrographia*. London: James Allestry, 1664.

Hubble, Edwin. *The Realm of the Nebulae*. New Haven, CT: Yale University Press, 1982.

Huffman, Carl. *Archytas of Torentum: Pythatorean, Philosopher and Mathematician King*. Cambridge: Cambridge University Press, 2005.

Hogget, Nick. Ed. *Space from Zeno to Einstein: Classic Readings with a Contemporary Commentary.* Boston: Bradford Books, 1999.

Huggins, William. *The Scientifc Papers of Sir William Huggins*. London: W. Wesley and Son, 1909.

Hunter, Michael. *Establishing the New Science: The Experience of the Early Royal Society*. Suffolk, England: Boydell Press, 1989.

———. ed. *Robert Boyle Reconsidered. Cambriedge*: cambridge University Press, 2003.

Hutton, Charles, George Shaw, and Richard Pearson. *The Philosophical Transactions of the Royal Society of London*, vol. 2. London: C. & R. Baldwin, 1809.

Hotton, James. "Theory of the Earth." *Transactions of the Royal Society of Edinburgh* 1 (1788): 209-304.

Huxley, Julian. *Evolution: The Modern Synthesis*, definitive ed. Cambridge, MA: MIT Press, 2010.

Huxley, T.H., and Leonard Huxley. *Life and Letters of Thomas Henry Huxley*, vol. 1. London: D. Appleton, 1900.

Iverson, Kristin. *Full Body Burden*. New York: Crown, 2012.

Jaeger, Mary. *Archimedes and the Roman Imagination*. Ann Arbor: University of Michigan Press, 2008.

James, Ioan. *Remarkable Physicists: From Galileo to Yukawa. Cambridge*: Cambridge University Press, 2004.

Johns, Adrian. "Reading and Experiment in the Early Royal Society" *Reading, Society, and Politics in Early Modern England*. Edited by Kevin Sharpe and Stephen Zwicker. Cambridge: Cambridge University Press, 2003.

Journal of the Optical Society of America and Review of Scientific Instruments 6, no. 6 (August 1922).

Jowett, Benjamin. *The Dialogues of Plato in Four Volumes*, vol. 2. New York: Charles Scribner's Sons, 1892.

———. *The Dialogues of Plato in Four Volumes*, vol. 4 New York: Hearst's International Library Co., 1914.

Kaku, Michio. *Einstein's Cosmos: How Albert Einstein's Vision Transformed Our Understanding of Space and Time*. New York: W.W. Norton, 2004.

———. *Hyperspace: A Scientific Odysseay Through Parallel Universes, Time Wars, and the 10th Dimension*. Oxford: Oxford University Press, 1994.

Kendig, Keith. *Sink or Float: Thought Problems in Math and Physics*. Washington, DC: Mathematical Association of Virginia, 2008.

Kirkpatrick, Larry, and Gregory Francis. *Physics: A World View*. Belmont, CA: Thomson, 2007.

Klarsfeld, Andrés, and Frédéric Revah. *The Biology of Death: Origins of Mortality*. Translated by Lydia

Brady. Ithaca, NY: Cornell University Press, 2004.

Klaver, J.M.I. *Geology and Religious Sentiment: The Effect of Geological Discoveries on English Society and Literature between 1829-1859.* Leiden, Netherlands: Brill, 1997.

Kotz, John C., Paul M. Treichel, and John Townsend. *Chemistry and Chemical Reactivity.* Independence, KY: Cengage Learning, 2009.

Kragh, Helge. *Cosmology and Controversy: The Historical Development of Two Theories of the Universe.* Princeton, NJ: Princeton University Press, 1996.

Krige, John, and Dominique Pestre, eds. *Science in the Twentieth Century.* New York: Routledge, 2013.

Kuhn, Thomas S. *The Coperinican Revolution: Planetary Astronomy in the Development of Western Thought.* Cambridge, MA: Harvard University Press, 1957.

Lamarck, J.B. *Zoological Philosophy: An Exposition with Regard to the Natural History of Animals.* Translated by Hugh Elliot. London: Macmillan, 1914.

Lang, Kenneth R. *Astrophysical Formulae.* Vol. 2, *Space, Time, Matter and Cosmology*, 3rd ed. Dordrecht, Netherlands: Springer, 2006.

Larson, Ron, and Bruce Edwards. *Calculus.* Independence, KY: Cengage Learning, 2013.

Lawrence, David M. *Upheaval from the Abyss: Ocean Floor Mapping and the Earth Science Revolution.* New Brunswick, NJ: Rutgers University Press, 2002.

Leane, Elizabeth. *Reading Popular Physics: Disciplinary Skirmishes and Textual Strategies.* Surrey, England: Ashgate, 2007.

Le Grand, H.E. *Drifting Continents and Shifting Theories.* Cambridge: Cambridge University Press, 1988.

Levere, Trevor H. *Transforming Matter: A History of Chemistry from Alchemy to the Buckyball.* Baltimore: Johns Hopkins University Press, 2001.

Leverington, David. *Babylon to Voyager and Beyond: A History of Planetary Astronomy.* Cambridge: Cambridge University Press, 2003.

Levy, David, ed. *The Scientific American Book of the Cosmos.* New York: St. Martin's Press, 2000.

Lewis, C.L.E. and S.J. Knell. *The Making of the Geological Society of Longon.* London: Geological Society Publishing House, 2009.

Lewis, Cherry. *The Dating Game: One Man's Search for the Age of the Earth.* Cambridge: Cambridge University Press, 2000.

Lindberg, David C. *The Beginnings of Western Science*, 2nd ed. Chicago: University of Chicago Press, 2007.

Linton, C.M. *From Eudoxus to Einstein: A History of mathematical Astronomy.* Cambridge: Cambridge University Press, 2008.

Longair, M.S. *Theoretical Concepts in Physics: AN Alternative Veiw of Theoretical Reasoning in Physics,* 2nd ed. Cambridge: Cambridge University Press, 2003.

Longriss, James. *Greek Rational Medicine: Philosophy and Medicine from Alcmaeon to the Alexandrians*. New York: Routledge, 1993.

Lucretius. on the Nature of the Universe, rev. sub. ed. Translated by Ronald E. Latham. New York: Penguin Classics, 1994.

———. *On the Nature of the Universe*. Translated by Ronald Melville. Oxford: Oxford University Press, 1997.

Lucretius Carus, Titus. *Lucretius on the Nature of Things.* Translated by John Selby Watson. London: Henry G. Bohn, 1851.

Lyell, Charles. *Life, Letters, and Journals of Sir Charles Lyell, Bart*., vol. 1. Edited by Katherine M. Lyell. London: John Murray, 1881.

Machamer, Peter, ed. *The Cambridge Companion to Galileo.* Cambridge: Cambridge University Press, 1998.

Magner, Lous N. *A History of the Life Sciences*, 3rd ed. New York: Marcel Dekker, 2002.

Maillet, Benoît de. *Telliamed, or, The World Explain'd*. Baltimore: W. Pechin, 1797.

Malthus, T.R. *Population: The First Essay*. Ann Arbor: University of Michigan Press, 1959.

Mandolesi, N., and N. Vittorio, eds. *The Cosmic Microwave background: 25 Years Later*. Dordrecht, Netherlands: Kluwer Academic, 1990.

Mankeiwicz, Richard. *The Story of Mathematics*. Princeton, NJ: Princeton University Press, 2000.

Maor, Eli. *To Infinity and Beyond A Cultural History of the Infinite*. Princeton, NJ: Princeton University Press, 1991.

Mathez, Edmund A., and James D. Webster. *The Earth Machine: The Science of a Dynamic Planet.* New York: Columbia University Press, 2004.

Mayr, Ernst. *The Growth of Biological Thought: Diversity, Evolution, and Inheritance*. Cambridge, MA: Harvard University Press, 1982.

———. "Lamarck Revisited." *Journal of the History of Biology* 5, no. 1 (Spring 1972): 55-94.

Mayr, Ernst, and William B. Provine. *The Evolutioanry Synthesis: Perspectives on the Unification of Biology*. Cambridge, MA: Harvard University Press, 1998.

McCrea, Wiliam. "Astronomical Achievements Out of This Galaxy." *New Scientist* 98, no. 1354 (April 21, 1983): 174.

McElhinny, Michael W., and Phillip L. McFadden. *Paleomagnetism: Continents and Oceans*. New York: Academic Press, 2000.

Mendel, Gregor. *Experiments in Plant Hybridisation*. New York: Cosimo Classics, 2008.

Mensch, Jennifer. *Kant's Organicism: Epigenesis and the Developmetn of Critical Philosophy*. Chicago: University of Chicago Press, 2013.

Mitton, Simon. *Fred Hoyle: A Life in Science*. Cambridge: Cambridge University Press, 2011.

Moore, J.A. *Heredity and Development*, 2nd ed. Oxford: Oxford University Press, 1972.

Moore, Walter J. *A Life of Erwin Schrödinger*. Cambridge: University of Cambridge Press, 1994.

———. *Schrödinger: Life and Thought*. Cambridge: University of Cambridge Press, 1992.

Muller, Hermann Joseph. *The Modern Concept of Nature*. Albany, NY: SUNY Press, 1973.

Munitz, Milton K., ed. *Theories of the Universe: From Babylonian Myth to Modern Science*. New York: Free Press, 1957.

Naddaf, Gerard. *The Greek Concept of Nature*. Albany, NY: SUNY Press, 1995.

Napier, Macvey. *Lord Bacon and Sir Walter Raleigh*. New York: Macmillan, 1853.

Needham, Joseph, ed. *The Chemistry of Life: Eight Lectures on the History of Biochemistry*. Cambridge: Cambridge University Press, 1970.

Newton, Isaac. *Mathematical Principles of Natural Philosophy*. Translated by Andrew Motte. London: Diniel Adee, 1848.

———. *Newton: Philosophical Writings*. Edited by Nadrew Janiak. Cambridge: University of Cambridge Press, 2004.

———. *The Principia: Mathematical Principles of Natural Philosophy*. Translated by I. Bernard Cohen and Anne Whiteman. Berkeley: University of California Press, 1999.

Olby, Robert C., G. N. Cantor, J.R.R. Christie, and M.J.S. Hodge, eds. *Companion to the History of Modern Science*. New York: Routledge, 1990.

O'Malley, Charles Donald. *Andreas Vesalius of Brussels*, 1514-1564. Berkeley: University of California Press, 1964.

Oreskes, Naomi. *The Rejection of Continental Drift: Theory and Method in American Earth Science*. Oxford: Oxford University Press, 1999.

O'Rouke, J.E. "A Comparison of James Hutton's Principles of Knowledge and Theory of the Earth." *Isis* 69, no. 1 (March 1978): 4-20.

Osler, Margaret J. *Reconfiguring the World: Nature, God, and Human Understanding from the Middle Ages to Early Modern Europe*. Baltimore: Johns Hopkins University Press, 2010.

Ostdiek, Vern, and Donald Bord. *Inquiry into Physics*. Independence, KY: Cengage Learning, 2007.

Packard, A.S. *Lamarck, the Founder of Evolution: His Life and Work*. London: Longmans, Green 1901.

Palmer, Trevor. *Perilious Planet Earth: Catastrophes and Catastrophism through the Ages*. Cambridge: Cambridge University Press 2003.

Panchanathan, Karthink. "George Price, the Price Equation, and Cultural Group Selection." *Evolution and Human Behavior* 32, no. 5 (September 2011): 368-71.

Parker, Robert. *On Greek Religion*. Ithaca, NY: Cornell University Press, 2011.

Partington, James Riddick. *A Short History of Chemistry*, 3rd ed. New York: Dover, 2011.

Pasachoff, Jay M., and Alex Filippenko. *The Cosmos: Astronomy in the New Millennium*, 4th ed. Cambridge: Cambridge University Press, 2014.

Paul, Danette. "Spreading Chaos: The Role of Popularizations in the Diffusion of Scientific Ideas." *Written Communication* 21, no. 1 (January 2004): 32-68.

Pausanius. *Pausanias's Description of Greece*, vol. 3. Translated by J.G. Frazer. London: Macmillan, 1898.

Pearl, Raymond. "Biology and War." *Journal of the Washington Academy of Sciences* 8, no. 11 (June 4, 1918): 341-60.

Placher, William C. *A History of Christian Theology: An Introduction*. Louisville, KY: John Knox Press, 1983.

Planck, Max. *The Origin and Development of the Quantum Theory.* Translated by H.T. Clarke and L. Silberstein. Oxford: Clarendon Press, 1922.

Plato, *Plato's Timaeus: Translation, Glossary, Appendices, and Introductory Essay*. Translated by Peter Kalkavage. Newburyport, MA: Focus, 2001.

———. *Protagoras*. Translated by Benjamin Jowett. Rockville, MD: Serenity, 2009.

———. *The Republic: The Complete and Unabridged Jowett Translation*. New York: Vintage, 1991.

Playfair, John. *The Works of John Playfair, Esq.*, vol. 4. London: Archibald Constable, 1822.

Porter, Roy. *The Cambridge Ilustrated History of Medicine.* Cambridge: Cambridge University Press, 1988.

Power, D'Arcy. *Masters of Medicine: William Harvey.* London: T. Fisher Unwin, 1897.

Principe, Lawrence. "In Retrospect: The Sceptical Chymist." *Nature* 469 (January 6, 2011): 30-31.

Prioreschi, Plinio. *A History of Medicine*. Vol. 1, *Primitive and Ancient Medicine*, 2nd ed. Omaha, NE: Horatius Press, 1996.

Purrington, Robert D. *The First Professional Scientist: Robert Hooke and the Royal Society of London.* Basel, Switzerland: Birkhäuser, 2009.

Purves, William, David Sadava, Gordon H. Orians, and H. Craig Heller. *Life: The Science of Biology*, 7th ed. Sunderland, MA: Sinauer Associates, 2004.

Reader, John. *Missing Links: In Search of Human Origins*. Oxford: Oxford University Press, 2011.

Reeve, Eric C.R., ed. *Encyclopedia of Genetics.* New York: Routledge, 2014.

Repcheck, Jack. *Copernicus' Secret: How the Scientific Revolution Began*. New York: Simon & Schuster, 2007.

———. *The Man Who Found Time: James Hutton and the Discovery of Earth's Antiquity*. Cambridge, MA: Perseus, 2003.

Rice, T.J. *Joyce, Chaos, and Complexity*. Urbana: University of Illinois Press, 1997.

Richards, Richard A. *The Species Problem: A Philosophical Analysis*. Cambridge: Cambridge University Press, 2010.

Richards, Robert J. *Darwin and the Emergence of Evolutionary Theories of Mind and Behavior*. Chicago: University of Chicago Press, 1987.

Ridley, Matt. *The Red Queen: Sex and the Evolution of Human Nature*. New York: Harper Perennial, 2003.

Rigden, John S. *Einstein 1905: The Standard of Greatness*. Cambridge, MA: Harvard University Press, 2005.

Rochberg, Francesca. *The Heavenly Writing: Divination, Horoscopy, and Astronomy in Mesopotaniam Culture*. Cambridge: Cambridge University Press, 2004.

Roger, Jacques. *Buffon: A Life in Natural History*. Transltated by Sarah Lucille Bonnefoi. Ithaca, NY: Cornell University Press, 1997.

Roller, Duane W., ed. and trans. *Eratosthenes' Geography*. Princeton, NJ: Princeton University Press, 2010.

Rose, Michael R. *Darwin's Spectre: Evolutionary Biology in the Modern World*. Princeton, NJ: Princeton University Press, 1998.

Resenberg, Gary D., ed. *The Revolution in Geology from the Reneaissance to the Enlightenment*. Boulder, CO: Geological Society of America, 2010.

Rosenblum, Bruce, and Fred Kuttner. *Quantum Enigma: Physics Encounters Consciousness*, 2nd ed. Oxford: Oxford University Press, 2011.

Rosenfeld, Albert. "The New Man: What Will He Be Like?" *Life* 59, no. 14 (October 1, 1965): 94-111.

Roseneifld, Israel, Edward Ziff, and Borin Van Loon. DNA: *A Graohic Guide to the Molecule That Shook the World*. New York: Comlubia University Press, 2011.

Rudwick, Martin J.S. *Bursting the Limits of Time: The Reconstruction of Geohistory in the Age of Revolution*. Chicago: University of Chicago Press, 2005.

———. *Georges Cuvier, Fossil Bones, and Geological Catastrophes: New Translations & Interpretations of the Primary Texts*. Chicago: Unicersity of Chicago Press, 1997.

———. *The Meaning of Fossils: Episodes in the History of Palaeontology*, 2nd ed. Chicago: University of Chicago Press, 1985.

Ruse, Michael. *The Darwinian Revolution: Science Red in Tooth and Claw*, 2nd ed. Chicago: University of Chicago Press, 1999.

Ruse, Michael, and Joseph Travis, eds. *Evolution: The First Four Billion Years.* Cambridge, MA: Harvard University Press, 2009.

Rutherford, Ernest. *The Collected Papers of Lord Rutherford of Nelson*, vol. 2. New York: Interscience, 1963.

———. *Radioactive Transformations.* New Haven, CT: Yale University Press, 1906.

Rutherford, Ernest, Jaems Chadwick, and Charles Drummond Ellis. *Radiations from Radioactive Substances.* Cambridge: Cambridge Unviersity Press, 1930.

Santillana, Giorgio de. *The Crime of Galileo.* Chicago: University of Chicago Press, 1955.

Sapp, Jan. *Genesis: The Evolution of Biology.* Oxford: Oxford University Press, 2003.

Sarton, Geroge. *A History of Science: Ancient Science through the Golden Age of Greece.* Cambridge, MA: Harvard University Press, 1964.

Schrödinger, Erwin. "The Present Situation in Quantum Mechanics." Translated by John D. Trimmer. *Proceedings of the American Philosophical Society*, November 29, 1935, 323-38.

Schwann, Theodor. *Microscopical Researches into the Accordance in the Structure and Growth of Animals and Plants.* Translated by Henry Smith. London: Sydenham Society, 1847.

Seife, Charles. *Alpha and Omega: The Search for the Biginning and End of the Universe.* New York: Penguin, 2004.

———. Zero: *THE Biography of a Dangerous Idea.* New York: Viking 2000.

Selleri, Franco. *Quantum Paradoxes and Physical Reality: Fundamental Theories of Physics.* Dordrecht, Netherlands: Kluwer Academic, 1990.

Shapley, Harlow, ed. *Source Book in Astronomy, 1900-1950.* Cambridge, MA: Harvard Unviersity Press, 1960.

Shaviv, Giora. *The Synthesis of the Elements: The Aastrophysical Quest for Nucleosynthesis and What It Can Tell Us about the Universe.* Dordrecht, Netherlands: Springer, 2012.

Shaw, H.R. *Craters, Cosmos, and Chronicles: A New Theory of Earth.* Stanford, CA: Stanford University Press, 1995.

Simmons, John G. *Doctors and Discoveries: Lives That Created Today's Medicine.* Boston: Houghton Mifflin, 2002.

Singer, Charles, and C. Rabin. *A Prelude to Modern Science.* Cambridge: Cambridge University Press, 1946.

Smith, Leonard. *Chaos: A Very Short Introduction.* Oxford: Oxford University Press, 2007.

Smith, Robert Wiliam. *The Expandign Universe: Astronomy's "Great Debate." 1900-1931.* Cambridge: Cambridge University Press, 1982.

Smocovitis, Vassiliki Betty. *Unifying Biology: The Evolutionary Synthesis and Evolutionary Biology.*

Princeton, NJ: Princeton University Press, 1996.

Spadafora, David. *The Idea of Progress in Eighteenth-Century Britain*. New Haven, CT: Yale University Press, 1990.

Stanford, P. Kyle. *Exceeding Our Grasp: Science, History and the Problem of Unconcieved Alternatives*. Oxford: Oxford Unviersity Press, 2006.

Stewart, Ian. *In Pursuit of the Unknown: 17 Equations That Changed the World*. New York: Basic Books, 2012.

Stiebing, William H. *Ancient Astronauts, Cosmic Collisions and Other Popular Theories*. Buffalo, NY: Prometheus Books, 1984.

Strickberger, Monroe W. *Evolution*, 3rd ed. Sudbury, MA: Jones & Bartlett, 2000.

Talwar, G.P. , and L.M. Srivastava, eds. *Textbook of Biochemistry and Human Biology*, 3rd ed. Delhi: Prentice-Hall of India, 2003.

Taylor, C.C.W. *The Atomists, Leucippus and Democritus: Fragments*. Toronto: University of Toronto Press, 1999.

Thomson, James Oliver. *History of Ancietn Geography*. New York: Biblo & Tannen, 1965.

Thorndike, Lynn. *A History of Magic and Experimental Science*, vol. 5. New York: Columbia University Press, 1941.

Tocqueville, Alexis de. *Democracy in America*, vol. 1. London: D. Appleton, 1899.

Topper, David. *How Einstein Created Relativity Out of Physics and Astromony*. Dordrecht, Netherlands: Springer, 2012.

Trudeau, Richard J. *The Non-Euclidean Revolution*. Boston: Birkhäuser, 1987.

Ts'o, Paul O.P., ed. *Basic Principles in Nucleic Acid Chemistry*, vol. 1. New York: Academic Press, 1974.

Tudge, Colin. *Engigeer in the Garden*. New York: Random House, 1993.

Ussher, James. *Annals of the World*. London: E. Tayler, 1658.

Vai, Gian Battista, and W.G.E. Caldwell, eds. *The Origins of Geology in Italy*. Boulder, CO: Geological Society of America, 2006.

Valleriani, Matteo. *Galileo Engineer*. Dordrecht, Netherlands: Springer, 2010.

Van Helden, Albert. *Measuring the Universe: Cosmic Dimensions from Aristarchus to Halley*. Chicago: University of Chicago Press, 1985.

Van Hise, Charles R. "The Problems of Geology." *Journal of Geology* 12, no. 7(1904): 589-616.

Venter, J. Craig. *Life at the Speed of Light: From the Double Helix to the Dawn of Digital Life*. New York: Viking, 2013.

Verbaal, Wim, Yanick Maes, and Jan Papy, eds., *Latinitas perennis*. Vol. 1, *The Continuity of Latin Literature*. Leiden, Netherlands: Brill, 2007.

Vickers, Brian, ed. *Francis Bacon: The Major Works*. Oxford: Oxford University Press, 2002.

Virtuvius Pollio. *Vitruvius: The Ten Books on Architecture*. Translated by M.H. Morgan. New York: Dover, 1960.

Voegelin, Eric. *History of Political Ideas*. Vol. 6, *Revolution and the New Science*. Columbia: University of Missouri Press, 1998.

Vonk, Jennifer, and Todd K. Shackelford, eds. *The Oxford Handbook of Comparative Evolutionary Psychology*. Oxford: Oxford University Press, 2012.

Wald, Robert M. *General Relativity*. Chicago: University of Chicago Press, 1984.

Wallace, Alfred Russel. *Infinite Tropics: An Alfred Russell Wallace Anthology*. Edited by Andrew Berry. New York: Verso, 2002.

———. *The Wonderful Century: The Age of New Ideas in Science and Invention*. London: Swan Sonnenschein, 1903.

Watson, James D. *The Double Helix: A Personal Account of the Discovery of the Structre of DNA*. New York: Scribner, 1993.

Webster, Chalres, ed. *The Intellectual Revolution of the Seventeenth Century*. New York: Routledge, 2011.

Wegener, Alfred. "The Origin of Continents and Oceans." *Living Age*, 8th series, vol. 26 (April/May/June 1922): 657-61.

———. *The Origin of Continents and Oceans*. Translated by John Biram. New York: Dover, 1966.

Weinberg, Steven. *Dreams of a Final Theory: The Scientist's Search for the Ultimate Laws of Nature*. New York: Vintage, 1994.

———. *The First Three Minutes: A Modern View of the Origin of the Universe,* 2nd ed. New York: Basic Books, 1993.

Whiston, William. *A New Theory of the Earth, from Its Original, to the Consummation of All Things,* 5th ed. London: John Whiston, 1737.

Williams, Malcolm. *Science and Social Science: An Introduction*. London: Taylor & Francis, 2002.

Wilison, Edward O. *Letters to a Young Scientists*. New York: Liveright, 2013.

———. *On Human Nature*. Cambridge, MA: Harvard University Press, 2004.

———. *The Social Conquest of Earth*. New York: W.W. Norton, 2012.

———. *Sociobiology: The New Synthesis*. Cambridge, MA: Harvard University Press, 1975.

Wolpert, Lewis. *The Unnatural Nature of Science*. Cambridge, MA: Harvard University Press, 1992.

감사의 글

언제나처럼 유쾌하고 열정적으로 게재 허가 문제를 해결해준 줄리아 카지위츠와 삽화와 사진에 독특한 스타일을 입혀준 리치 건에게 고마움을 전한다.
초고를 꼼꼼히 읽고 사려 깊은 의견을 내어준 그레그 스미스와 저스틴 무어에게 감사를 전한다. (그들의 제안 중 받아들이지 않은 것도 많다. 책의 오류는 전적으로 나의 책임이다.)
경영 관리를 맡아준 잉크웰의 마이클 칼리슬과 뛰어난 비서 해너 슈워츠에게 감사를 전한다.
내가 신이 나서 원고 내용에 대해 떠들어댈 때마다 긴 시간을 꾹 참고 들어준 친구 들 리즈 반스, 멜 무어, 보리스 피시먼에게 고마움을 전한다. 와인으로 조금이나마 보상이 되었기를. 마지막으로, 그리고 언제나처럼, W. W. 노턴 출판사의 스탈링 로렌스에게 감사를 전한다. 그가 슬쩍 던지는 칭찬은 다른 사람들의 찬사보다 값지다.
라이언 해링턴을 비롯해 1999년 이래로 내 프로젝트가 세상에 선보일 수 있게 해준 노턴의 놀라운 직원들(프랜신 카스, 마이클 레반티노 스티븐 킹, 돈 리프킨, 낸시 팜퀴스 트, 유지니아 파카리크, 골다 라데마허, 엘리자베스 릴리 모니 빅터, 조 롭스, 그리고 그 밖에 도 많은 분들)에게 감사를 전한다. 트레이시 베가, 멕 셔먼, 크리스틴 케이스 등 노턴 영업팀에도 고마움을 전한다.

지은이 **수잔 와이즈 바우어** Susan Wise Bauer

1968년 버지니아에서 태어나 초·중·고 과정을 홈스쿨링으로 마친 후 17세에 문학과 언어 부문 미국 최고의 대학인 William & Mary in Virginia에 대통령 전액 장학생으로 입학하였다. 옥스퍼드대학교 교환학생으로 20세기 신학을 공부하고 미국에 돌아와 수석으로 대학을 졸업한 후, 영문학과 미국 종교사 두 개의 전공에서 석사 학위를 취득했으며 미국학으로 박사 학위를 받았다. 1994년부터 동 대학에서 영문학 교수로 재직 중이다. 라틴어, 히브루어, 그리스어, 아랍어, 프랑스어, 한국어를 구사하며 다방면의 장서를 넓고 깊게 읽는 다독가이자 자신의 지식을 쉬운 문체로 풀어쓸 줄 아는 친절한 선생님으로서 『세계 역사 이야기』, 『독서의 즐거움』 등 다수의 베스트셀러를 썼다.

옮긴이 **김승진**

서울대학교 경제학과를 졸업하고 동아일보에서 경제부와 국제부 기자로 일했다. 이후 환경 불평등과 국제 거버넌스를 주제로 시카고대학교 사회학과에서 박사 학위를 받았으며 현재 번역가로 활동 중이다. 옮긴 책으로 『나무의 말』, 『권력과 진보』, 『교육과 기술의 경주』, 『커리어 그리고 가정』, 『돈을 찍어내는 제왕, 연준』, 『격차』 등이 있다.

과학의 첫 문장

역사로 익히는 과학 문해력 수업

펴낸날 초판 1쇄 2016년 9월 1일
초판 6쇄 2019년 7월 1일
신판 1쇄 2025년 5월 14일

지은이 수잔 와이즈 바우어

옮긴이 김승진

펴낸이 이주애, 홍영완

편집장 최혜리

편집3팀 강민우, 안형욱, 이소연

편집 김하영, 박효주, 한수정, 홍은비, 김혜원, 최서영, 송현근, 이은일

디자인 기조숙, 박정원, 김주연, 윤소정, 박소현

홍보마케팅 김준영, 김태윤, 백지혜, 박영채

콘텐츠 양혜영, 이태은, 조유진

해외기획 정미현, 정수림

경영지원 박소현

펴낸곳 (주)윌북 **출판등록** 제2006-000017호

주소 10881 경기도 파주시 광인사길 217

홈페이지 willbookspub.com **전화** 031-955-3777 **팩스** 031-955-3778

블로그 blog.naver.com/willbooks **트위터** @onwillbooks **인스타그램** @willbooks_pub

ISBN 979-11-5581-820-6 (03400)

• 책값은 뒤표지에 있습니다.
• 잘못 만들어진 책은 구매하신 서점에서 바꿔드립니다.